20세기
기술의
문화사

20세기
기술의
문화사

핵, 우주, 인공지능,
생명공학으로 본
야누스의 과학기술

김명진 지음

궁리
KungRee

일러두기

이 저서는 2013년 정부(교육부)의 재원으로 한국연구재단의 지원을 받아 수행된 연구임(NRF-2013S1A6A4018049)

This work was supported by the National Research Foundation of Korea Grant funded by the korean Government(NRF-2013S1A6A4018049)

저자의 말

·

이 책은 지난 십수 년간 나의 관심사와 연구가 집약된 결과물이라 할 수 있다. 20세기를 주름잡은 여러 거대기술(특히 핵기술과 우주기술)의 발전 과정과 이를 둘러싼 논쟁은 오래전부터 내 관심을 사로잡은 주제였다. 이를 포함한 20세기 과학기술사의 여러 주제들은 내가 예전에 내놓은 『야누스의 과학』이라는 책에서 다룬 바 있다. 그리고 영화 속에 재현된 과학기술과 과학기술자의 이미지 역시 대학원 석사과정 시절부터 본의 아니게 나 자신을 규정짓게 된 주제 가운데 하나였다. 이 주제로 숱하게 많은 대중강연을 하고 글을 썼으며, 나중에는 '과학기술 영화'들에 관해 집필한 칼럼들을 묶어 『할리우드 사이언스』라는 책을 내기도 했으니 나와 결코 적지 않은 인연을 가진 주제인 셈이다.

이와 같은 관심사들이 '20세기 기술의 문화사'라는 주제로 이어진 데는 기술의 미래에 대한 '과장되고 (결과적으로) 틀린 예측'에 관한 문제의식이 크게 작용했다. 많은 사람들은 SF나 미래학 논의를 접하면서 그것이 보여준 미래 예측의 혜안과 선견지명에 주목하곤 한다. 하지만 역사적으로 돌이켜보면, 그런 예측이 잘 들어맞은 경우보다는 터무니없이 틀린 경우가 오히려 더 많았다. 다만 사람들이 들어맞(았다고 생각하)는 예측만 기억하거나 주목하고 틀린 예측은 쉽사리 무시하고 망각해버렸을 뿐이다. 미래를 들여다볼 수 있는 '좋은 수정구슬'을 발견하기란 무척이나 어려우며, 미래 예측의 가치는 대단히 제한적이다. 그렇다면 그런 미래 예측은 누가 어떤 이유에서 계속해서 내놓는 것일까? '과거에 예측했던 미래(yesterday's tomorrow)'의 모습을 통해 우리는 무엇을 알 수 있는 것일까?

이러한 문제의식이 처음 떠올랐던 것은 2009년 초 내가 몸담고 있던 시민과학센터의 소식지 《시민과학》 편집회의 자리에서였다. 편집위원들은 기술의 미래에 대한 과장되고 지나치게 낙관적인 예측이 과거에 얼마나 많았는지를 폭로하고 이를 반면교사로 삼아 오늘날의 기술을 바라보는 관점에도 적용해야 한다고 의견을 모았고, 이날의 논의는 《시민과학》 76호(2009년 1/2월호)에 '미래기술 예측의 허구성'이라는 제목의 특집으로 이어졌다. 당시 나는 특집 기사 작성에는 참여하지 않았지만, 이를 계기로 이 주제에 본격적인 관심을 갖고 관련 자료들을 수집하기 시작했다.

아직은 아이디어 차원을 넘지 못했던 이러한 관심이 좀 더 구체화될 수 있었던 데는 2012년 1학기 한양대학교 학부 과학기술학 융합전공에서 '과학기술과 문화'라는 강의를 담당하게 된 것이 중요한 계기로 작용했다. 당시 강의 제목 자체가 두루뭉술한 데다 나로서는 이런 제목의 강의를 처음 맡은 것이어서 강의에 어떤 내용을 담을지 한동안 고민을 했는데, 결국 줄곧 관심을 가지고 있었던 '20세기 기술에 대한 (틀린) 미래 예측'을 중심에 두고 과학기술과 대중문화 사이의 관계를 탐색해보는 강의를 진행하기로 마음을 먹었다. 이후 한 학기 동안은 그동안 모아두었던 여러 자료들을 섭렵하고 강의를 위해 내 나름의 방식으로 정리하는 기간이 되었고, 이 책은 당시 강의를 위해 정리한 내용을 좀 더 발전시킨 결과물이다.

구상에서 강의, 집필로 넘어가는 과정에서 자료 수집과 섭렵에 제법 많은 공을 들였다. 다만 이 책에서 다룬 주제들 중 VI장의 논의는 상대적으로 가까운 과거에 일어나 아직 역사학계의 연구가 깊이 이뤄지지 않은 분야다. 이는 앞으로 기회가 있을 때 수정과 보완 작업을 진행하겠다고 이 자리를 빌려 다짐해둔다.

이 책이 지금과 같은 형태를 갖게 되기까지 많은 분들이 도움을 주었다. 먼저 2012년부터 2016년까지 한양대학교와 한국예술종합학교 영상원에서 내가 이 주제로 진행한 강의를 수강하며 두루 의견을 제시해준 학생들에게 고마움을 전한다. 그들의 적절한 피드백과 의견이 있어 책의 내용을 보완할 수 있었다. 그리고 이 책의 기획안이 2013년 한국연구재단의 저술출판지원사업에 선정되지 못했다면 강의 내용을 책으로 만들어보겠다는 생각은 감히 떠올리지 못했을 것이다. 아이디어 수준의 기획안을 높이 평가해 사업 지원대상으로 선정해주시고 중간 및 최종 평가에서 도움이 되는 의견을 준 한국연구재단 관계자, 선정위원, 심사위원 분들께 감사를 드린다. 흔쾌히 출간을 도맡아 책으로 만들어주신 궁리출판 여러분들께도 감사의 말씀을 전하고 싶다.

2018년 4월

김명진

차례

I
서론:

왜
기술의
문화사인가?

현재 한국 사회에서는 이른바 '4차 산업혁명'을 둘러싼 논의와 실천이 뜨겁다. 2016년 초 클라우스 슈밥의 다보스포럼 강연과 저서 출간, 그리고 뒤이은 '알파고 사태'를 계기로 '뜨기' 시작한 4차 산업혁명론은 순식간에 정책과 대중 담론 영역을 집어삼켰다. 공공부문에서는 연일 4차 산업혁명에 대한 대비를 소리 높여 외치고 있고, 서점가에는 표제어에 '4차 산업혁명'이 노출된 책이 벌써 수백 권이나 깔렸다. 마치 '산업화는 뒤졌지만 정보화는 앞서가자'를 외쳤던 30여 년 전의 모습이 되살아난 것 같은 분위기이다.

　　흥미로운 점은 '4차 산업혁명'에 대한 이러한 논의가 양 극단으로 치우쳐 있다는 사실이다. 한편에서는 사물인터넷, 인공지능, 로봇, 빅데이터 등의 새로운 기술들이 가져다줄 전례 없는 경제적 기회와 새로운 성장동력, 더 나아가 그것이 가져올 풍요롭고 편리한 생활에 초점을 맞춘다. 그러나 다른 한편에서는 이러한 기술들이 다양한 부문에서 인간의 노동을 대체하고 일자리를 축소시킴으로써 도래하게 될 어두운 미래―더할 나위 없이 풍요롭지만 인간이 낄 자리는 없는 미래―의 상을 제시하며 이에 대한 대비가 필요함을 역설한다. 이처럼 모 아니면 도 식의 극단적 시각이 논의를 지배하면서 기술과 사회의 관계에 대한 차분하면서도 현실적인 논의는 좀처럼 힘을 얻지 못하고 있다.[1]

그런데 이러한 모습은 처음 나타나는 것이 아니다. 역사적으로 돌이켜보면 산업화 이후에 새로 등장한 수많은 기술들(철도, 전신, 전기, 자동차 등등)에 대해서는 항상 열광과 비관이라는 시각이 교차해왔고, 20세기로 접어들면서 기술의 미래에 대한 양 극단의 기대, 예측, 상상력은 더욱 강력한 힘을 발휘하기 시작했다. 이는 현대사회에서 기술 개발에 전례 없이 많은 재원이 투자되고, 기술이 사회에 미치는 영향력이 커지며, 그에 따라 기술의 미래를 자신이 원하는 방향으로 형성하려는 집단들의 노력이 배가된 데 기인한다. 그렇다면 여기서 질문을 던져볼 수 있다. 과거에 새로운 기술에 대한 기대, 예측, 상상력은 어떠한 형태로 흔히 나타났는가? 기술에 대한 상상력이 기술 발전에서, 또 기술의 미래에 수행하는 역할은 무엇인가? 우리는 그러한 기술적 상상력에 대해

---

1 현실적인 힘은 다소 미약하지만, 최근 들어 이에 비판적인 학술 담론이 서서히 모습을 드러내기 시작했다. 3차 산업혁명 논의가 시작된 지 얼마 지나지도 않았는데 4차는 또 뭐냐며 변별점을 따져 묻는 역사가의 논의나 '유행어(buzzword)' 같은 이론적 개념들을 빌려와 4차 산업혁명 현상을 이해하려는 과학기술학 연구자의 논문, 현실과 동떨어진 담론의 과잉을 우려하는 여러 분야 학자들의 편저서 등이 이미 등장해 주목을 받고 있다. 손화철 외, 『4차 산업혁명이라는 거짓말』(북바이북, 2017), 홍성욱 외, 『4차 산업혁명이라는 유령』(휴머니스트, 2017) 등을 참고하라.

어떤 태도를 취해야 하며, 그것이 현재의 상황에 던져주는 함의는 무엇인가? 이 책에서는 2차대전 이후 새롭게 등장해 당대 사회뿐 아니라 현재 우리가 살고 있는 21세기 초까지 영향력을 발휘하고 있는 대표적 기술들을 사례로 들어 이 질문에 답해보려 한다.

. . .

지난 백여 년 동안 사회에 도입되어 영향을 미친 기술은 수없이 많지만, 2차대전 이후를 기준으로 보면 특정한 시기를 거의 지배하다시피 하면서 많은 사람들의 상상력을 사로잡았던 기술들의 흐름은 크게 몇 개 시기로 대별해볼 수 있다. 우선 2차대전이 끝난 직후부터 1950년대까지는 핵기술의 시대였다고 할 수 있다. 2차대전을 종식시킨 원자폭탄의 발명은 많은 이들에게 과학기술의 힘―긍정적 · 부정적 모두의 의미에서―을 보여준 상징적인 사건이었고, 이어진 냉전 시기 동안 미소 양대 열강이 위험천만한 핵 군비경쟁에 나서 핵무기 보유고를 증가시키고 원자폭탄보다 훨씬 더 위력이 강한 수소폭탄을 개발하면서 핵기술의 힘에 대한 인식은 절정에 달했다. 이러한 인식은 대중문화에도 강하게 미쳐 1940년대 말에서 1960년대 초까지는 당대 사회를 살아간 사람들의 뇌리 속에 인류 절멸을 가져올 수 있는 핵전쟁의 위협이 깊숙이 각인되었고, 이러한 사건들을 가상적으로 다룬 대중문화 텍스트(소설, 영화, 논픽션 등)가 봇물 터지듯 쏟아져 나왔다.

1950년대를 주름잡은 핵기술의 힘에 대한 인식은 비단 핵무기에만 그치지 않았다. 2차대전 이후부터 1950년대까지는 핵기술의 '평화적' 이용에 대한 다양한 유토피아적 아이디어들이 넘쳐났던 시기이기도 했다. 과학자, 엔지니어, 작가들은 핵분열에서 나오는 무한한 에너지를 이용한 동력원(핵발전), 교통수단(비행기, 로켓, 자동차), 토목공사(새로운 파나마 운하 굴착), 농업 재배(농업생산성의 획기적 증대), 의학의 기적(암과 불치병의 치료) 등을 꿈꾸었고, 이러한 아이디어 중 일부는 실제 구체적인 프로젝트로 열렬히 추구되기도 했다. 이 중 오늘날 살아남은 것은 핵분열에서 나오는 열로 물을 끓이고 터빈을 돌려 전기를 얻는 핵발전 하나뿐이지만, 오늘날의 관점에서 보면 황당무계한 이러한 아이디어들이 당대 사람들에게 매우 진지하게 받아들여졌다―심지어 오늘날까지도 일부 사람들에게 그렇게 받아들여지고 있다―는 사실은 당시 핵기술의 힘이 얼마나 대단한 것으로 인식되었는지를 잘 보여준다.

1950년대가 '핵의 시대'였다면 1960년대는 두말할 것 없이 '우주의 시대'였다. 1960년대에 사람들의 상상력을 가장 사로잡았던 기술이 우주기술이었다는 말이다. 사실 오랜 과거부터 우주여행을 꿈꾸어온 사람들은 많았지만, 그런 상상은 19세기 중엽 이전에는 어디까지나 공상에 그쳤다. 계몽사조기 이후 합리적 정신이 사회에 점차 널리 퍼지면서 우주여행의 '과학적' 수단(로켓 등을 이용한)을 탐구하는 노력과 그것이 실현된 유토피아적 미래에 대한 상상력이 19세기 말부터 발휘되기 시작했지만―물론 그 배경에는 쥘 베른이나 H. G. 웰스 같은 작가들의 상상력이 크게 작용했다―20세기 중반까지도 그러한 노력은 아직 물질적 뒷받침을 받지 못하고 있었다.

그러한 상황에서 우주기술을 단기간에 사회적으로 크게 주목받는 기술로 밀어올린 것은 다름 아닌 1950년대의 핵기술에 대한 매혹과 공포였다. 1957년 10월 4일에 소련이 쏘아올린 최초의 인공위성 스푸트니크를 둘러싼 엄청난 소란은 이를 극적으로 보여주었다. 사람들은 스푸트니크 같은 인공위성에서 지구상으로 핵폭탄을 '떨어뜨릴' 수도 있으리라 생각했고, 스푸트니크를 쏘아올린 거대한 로켓이 곧 엄청난 거리를 가로질러 핵폭탄을 운반하는 수단도 될 수 있음을 깨닫고 전율했다. 심지어 달 표면을 누가 먼저 정복하느냐도 군사적 측면에서 의미가 있다는 주장까지 제기되었다. 달 표면에 핵미사일 기지를 먼저 건설한 나라는 지구상에 있는 다른 나라들에 대해 절대적인 지배력을 행사할 수 있으리라 여겨졌기 때문이다.

이러한 소란의 연장선상에서 핵 군비경쟁의 뒤를 잇는 미국과 소련 간의 우주경쟁이 본격화되었다. 소련은 최초의 인공위성, 최초의 우주 생물(개), 최초의 우주인, 최초의 우주유영 등으로 개가를 올렸으나 1961년 새롭게 미국 대통령에 취임한 케네디는 우주경쟁이 갖는 이데올로기적 · 선전적 의미를 누구보다 더 잘 이해한 인물이었고, 이를 10년 내 달 착륙을 위한 경쟁이라는 새로운 경지로 끌어올렸다. 미국에서 유인 달 탐사라는 목표는 사회의 다른 가치 있는 목표들을 대신하는 일종의 대리 목표와도 같은 것으로 자리를 잡았다. 그 결과 1960년대 중반 이후 우주기술에 대한 투자는 천문학적으로 커졌고, 대중의 흥분과 관심도 그에 비례해 계속 높아졌다. 결국 1969년 7월 아폴로 11호의 달 착륙은 그러한 경쟁에 종지부를 찍었고 우주기술에 대한 열광의 시대는 막을 내렸다.

1960년대에 과학자, 엔지니어, 일반 대중 모두를 흥분시킨 또 하나의 기술이 있다면, 인공지능(artificial intelligence, AI) 기술을 들어야할 것이다. 이 역시 처음에는 군사적 맥락에서 개발이 시작됐다. 2차대전기에 포탄의 탄도 계산을 위해 최초의 디지털 컴퓨터인 에니악이 발명되었고, 대공포로 적의 폭격기를 조준하는 작업을 자동화하려애쓰는 과정에서 인간-동물-기계의 행동이 본질적으로 다르지 않다고 보고 이를 통합적인 관점에서 이해하는 새로운 학문 분야인 사이버네틱스가 등장했다. 이후 1950년대에 군사적 응용을 위해 컴퓨터가 빠른 속도로 발전하고 사이버네틱스가 새로운 사회의 조직 원리로 각광을 받으면서 머지않아 기계(컴퓨터)가 인간을 능가하는 지적능력을 갖게 될 거라는 낙관적(보는 시각에 따라서는 비관적) 관점이 크게 부각되었다.

이러한 상상력은 고대 이후 서구의 과학자와 발명가들을 줄곧 사로잡아온 자동인형(automata)의 신화와 전통 위에서 더 강력한 힘을 얻었다. 과학자와 발명가들은 인간의 지적 활동을 대신할 수 있는 인공지능 기계를 설계 · 제작하는 일에 착수했고, 공장에서는 산업혁명 이후 '인간의 기계화'의 연장선상에서 인간을 대신해 일할 수 있는 자동 로봇들이 등장하기 시작했다. 이러한 상황은 소설, 영화, 희곡 등 다양한 대중매체 텍스트에 반영되어 인간과 기계의 대립을 주제로 하는 수많은 작품들이 1960년대 후반 이후 제작되었다. 1960년대를 풍미한 AI 열풍은 그렇게 만들어진 기계들이 1970년대 이후 실망스러운 성능을 보이면서 한풀 꺾였지만, 인간의 능력을 뛰어넘는 지적 기계의 등장에 대한 믿음은 오늘날까지도 강하게 남아 있고, 일각에서는 그러한 시대가 도래할 때를 대비해 '기계 윤리', '로봇 윤리'를 논의할 시점이 되었다고 주장하기도 한다.

1950년대와 1960년대가 핵폭탄과 원자로, 거대한 우주 로켓, 집채만 한 메인프레임 컴퓨터 등 국가 주도 거대기술의 시대였다면, 상대적으로 냉전이 약화되고 전지구적 자본주의의 힘이 강해진 1970년대 이후는 생명공학이나 나노기술 같은 상업적 기술의 시대로 변모했다. 특히 1970년대와 1980년대에는—관점에 따라서는 현재까지도—생명공학이 당대 사회를 특징지으며 사람들의 상상력을 가장 크게 사로잡은 기술로 부상했다. 생명공학(biotechnology)은 인간의 필요에 따라 생명체의 다양한 특징들을 변형, 조작하는 기술로 넓은 의미에서 보면 인간이 경작, 사육, 발효 등을 통해 오래전부터 줄곧 발전시켜온 기술이라고 할 수 있으나, 1970년대 이후 과학자들과 기업가들을 흥분시킨 것은 1950년대 초 제임스 왓슨과 프랜시스 크릭의 DNA 이중나선 구조 발견과 1970년대 초 허버트 보이어와 스탠리 코헨의 DNA 재조합 기법 개발, 그리고 1996년 복제양 돌리의 탄생 이후 새롭게 열리게 된 거의 무제한적인 생명조작의 가능성이었다.

이처럼 과학자들이 만들어낸 새로운 가능성은 19세기 말에서 20세기 중엽까지 수많은 사람들을 열광시킨—그러나 나치 독일의 패망 이후 반인륜적 범죄 행위가 드러나면서 급속도로 지지세를 잃어버린—

우생학적 미래와 결부되었고, 다른 한편으로는 1960년대 이후 급속도로 부상한 환경운동의 맥락 속에서 새로운 환경적 위해의 원천으로 지목되면서 사람들의 상상력을 자극했다. 사람들은 서로 다른 종에서 나온 유전물질들을 결합시켜 만들어낸 새로운 생명체의 존재가능성을 떠올리며 그 상업적 잠재력에 열광하거나 그것이 만들어낼지 모를 새로운 위험에 경악했다. 이에 따라 1970년대 이후 생명공학은 기술의 (물질적·상업적) 잠재력과 (사회적·윤리적) 위험을 상징하는 대표적인 기술로 부각되었고, 그러한 잠재력과 위험 모두를 나타내는 프랑켄슈타인의 은유가 대중문화 텍스트를 휩쓸게 되었다. 생명공학에 대한 대중적 열광은 1980년대 이후 등장한 (농업과 의료에서의) 성과들이 초기의 높았던 기대에 부응하지 못하면서 다소 수그러들기도 했지만, (적어도 잘사는 선진국 사람들에게) 건강이 다른 그 어떤 목표보다도 더 높은 사회적 우선순위를 차지하게 되면서 그러한 기대를 계속 이어나가고 있다.

지금까지 설명한 네 가지 기술 분야들(핵, 우주, 인공지능, 생명공학)이 20세기의 기술 모두를 대표할 수 있는 것은 분명 아닐 터이다. 그리고 이들 각각이 특정한 시기에만—가령 핵기술은 1950년대 하는 식으로—존재했거나 열광의 대상이 되었던 것으로 보기도 어렵다. 그러나 이 기술들이 20세기에 지배적인 영향력을 행사한 주요 기술들 중 하나라는 점만큼은 분명하며, 그것에 대한 열정 내지 투자가 시간의 흐름에 따라 동일한 정도로 지속된 것이 아니라 일정한 '유행'을 타고 나타났다는 것 역시 분명하다. 또 한 가지, 이 기술들은 상대적으로 사람들의 눈에 띄지 않으면서 그들의 삶에 크게 영향을 미친 기술이라기보다는, 대중매체 등을 통해 요란하게 선전되고 알려지면서 그들의 상상력을 사로잡은 기술이라는 점에서도 공통점을 갖는다. 이 책에서는 바로 이 마지막 측면에 초점을 맞추어 이 네 가지 기술 분야들과 그것의 문화적 재현이 서로 뒤얽히며 변화, 발전해 나간 역사를 기술해볼 것이다.

• • •

이 책은 제목에서 시사하듯, 이러한 네 가지 기술이 서로 뒤얽히며 전개되어 나간 '문화사'를 기술하는 것을 목표로 한다. 그렇다면 기술의 '문화사'는 통상적인 기술사 서술과 어떤 차이가 있는가? 나는 기술의 '문화사'가 기술사 내에 일종의 소분야로 따로 존재한다기보다는 기술사에 접근하는 방식과 관점의 차이를 나타내는 한 가지 방식이라고 본다. 가령 많은 기술사 저작들은 기술생산의 주체(발명가, 엔지니어, 기업가, 벤처자본가 등)에 초점을 맞추며, 특정한 기술이 어떻게 등장해 사회에 확산되어 갔는지를 그런 주체들의 활동을 중심으로 서술한다. 반면 이 책에서 서술하고자 하는 기술의 '문화사'는 기술의 발명, 혁신, 확산의 과정에도 주목하지만, 그보다는 기술의 수용자 내지 소비자가 실제로 경험하고 느끼는 기술의 모습을 그려내려는 것에 가깝다. 그런 점에서 대중매체, 광고, 언론 등 대중문화의 영역과 밀접한 연관이 있다. 이 둘은 서로를 배제하는 것이 아니라 보완하는 관계지만,

둘 중 어느 한쪽에 좀 더 초점을 맞춘 역사 서술은 충분히 가능하다. 이 책은 그중 후자에 초점을 맞추고 있다.

그렇다면 2차대전 이후 한 시기를 풍미했던 네 가지 기술의 '문화사'를 기술하는 것이 지니는 현재적 의미는 어떤 것이 있을까? 특히 그러한 기술들의 현재가 아니라 그것에 대한 기대가 가장 높았던 시기에 초점을 맞추는 것은 '잘못된' 과거의 예측들에 대한 회고적 의미를 지닐 뿐이 아닐까? 결론부터 말하자면 그렇지 않다. 우선 이 기술들은 (문화적 상상력의 측면에서) 비록 그 '전성기'는 지났을지언정 현재 우리가 사는 사회에도 막대한 영향을 미치고 있다는 점에서 그것의 기원을 추적하는 것은 오늘날 우리가 처한 상황을 이해하는 데도 도움이 된다. 일례로 최근 북한의 자칭 '수소탄' 개발과 장거리 미사일 발사는 1950년대와 1960년대를 각각 풍미했던 핵기술과 우주기술의 역사의 연장선상에 놓여 있으며, 근래 언론에서 화제로 다루고 있는 '컴퓨터가 인간의 지능을 뛰어넘을 것인가'나 '로봇이 사람들의 일자리를 앗아가고 있는가' 같은 질문들은 1960년대의 인공지능에 대한 기대를 상기시킨다. 그런 측면에서 과거 사람들이 가졌던 기술에 대한 기대나 두려움은 오늘날 우리에게도 매우 긴 그림자를 드리우고 있다고 할 수 있다. 핵폐기물 처분장을 둘러싼 논쟁이나 유전자변형식품을 둘러싼 대중적 거부감의 문제도 마찬가지이다. 그런 논쟁들 역시 해당 기술의 '전성기'와 그 시기를 특징지은 문화적 상상력에 대한 이해가 없이는 제대로 접근할 수 없기 때문이다.

아울러 이 네 가지 기술의 역사를 나란히 살펴봄으로써 얻을 수 있는 흥미로운 통찰도 간과할 수 없다. 혹자는 시기적으로 이웃해 빠른 속도로 성장하고 열광이 나타났다가 급속도로 식어버렸다는 점을 빼면 얼른 공통점을 찾아보기 어려운 여러 가지 20세기 기술들을 한꺼번에 다루는 것이 과연 바람직한지—혹은 제한된 지면을 감안하면 심지어 가능하긴 한지—질문을 던질지 모른다. 그중 어느 하나에 집중해 좀 더 세밀한 연구를 하는 것이 낫지 않을까 하는 의문을 품을 수 있는 것이다. 그러나 이들 간에 존재하는 유사성은 오늘날 우리가 새로운 기술의 부상을 바라볼 때도 의미 있는 시사점을 제공해준다.

이와 관련해 중요한 주제가 바로 유토피아/디스토피아라는 대립구도이다. 유토피아/디스토피아 논의는 사상사에서 주로 다루어질 뿐, 그 자체로 아주 대중적이지는 않은 소수 분야이지만, 20세기 주요 기술들의 역사를 다룰 때는 대단히 중요한 주제로 부상한다. 왜냐하면 핵기술, 우주기술, 컴퓨터/인공지능기술, 생명공학기술이 처음 사회에 등장해 지지를 얻고 지원을 받아 개발되고 사람들의 인식 속에 각인되는 과정 전체에서, 그러한 기술이 발전한 미래에 대한 유토피아/디스토피아적 상이 강력한 추동력을 발휘해왔기 때문이다. 가령 1950년대의 핵기술이 빠른 속도로 발전한 것은 그것이 가져올 수 있는 구체적이고 실용적인 이득과 성과물에 대한 고려뿐만 아니라, 그러한 핵기술이 발전했을 때 나타날 수 있는 가상의 긍정적 미래(유토피아-'순백의 도시')를 앞당기거나 부정적 미래(디스토피아-'핵전쟁으로 인한 인류의 절멸')를 방지하려는 의도를 담은 것이기도 했다. 흥미로운 것은 그러한 긍정적 내지 부정적 미래상이 대중문화를 매개로 해서 나타났으며, 그런 미래상을 자신들에게 유리한 방향으로 만들어내기 위해 사회의 여러 세력들이 각축을 벌여왔다는 사실이다. 그렇게 만들어진 유토피아/디스토피아의 상이 사회 전반의 변화에 따라 설득력을 잃어버렸을 때 해당 기술이 지닌 힘과 광휘는 스러졌고, 더 이상 사람들의 상상력을 사로잡지 못하게 되었으며, 기술의 약속에 대한 환멸과 함께 쇠퇴기가 시작되었다.

이러한 일반화는 오늘날 새로 등장하고 있는 기술들에 대해서도 적용될 수 있다. 가령 1990년대 이후 각광받기 시작한 나노기술의 경우가 그렇다. 나노기술이라는 이전에 없던 새로운 기술 범주가 만들어지고 이를 지원하기 위한 국가 주도의 거대 프로그램이 속속 등장하게 된 배경에는 나노기술에 대한 유토피아/디스토피아적 상상력이 강력한 영향을 미쳤다. 문제는 나노기술의 경우에도 머지않아 그런 약속에 대한 회의적 태도가 나타날 것이고—이미 나타났는지도 모른다—그러면 환멸과 쇠퇴의 시기가 시작될 거라는 점이다. 이처럼 지난 기술과 현재의 기술 모두에서 반복되는 패턴은 과연 기술의 발전을 떠받치는 논리가 이처럼 극단적인 시각밖에 없을까 하는 의문이 들게 한다. 엄청나게 긍정적인, 혹은 부정적인 미래상에 대한 묘사를 동원해 사람들을 들뜨게 하거나 겁을 줘서 기술 개발(혹은 그에 대한 반대)을 뒷받침하는 방식이 아닌, 좀 더 성숙하고 차분한 방식의 기술에 대한 논의는 불가능할까? 물론 인류가 존속하는 한 유토피아적 꿈과 디스토피아적 악몽은 사라지지 않을 것이지만, 이를 넘어서는 기술에 대한 논의와 미래 전망을 적어도 시도는 해볼 수 있지 않을까?

이 책은 이러한 문제의식을 담아내기 위해 다음과 같이 구성되었다. 먼저 II장에서 IV장까지는 1950년대와 1960년대를 풍미했던 국가 주도 거대기술인 핵기술, 우주기술, 컴퓨터/인공지능기술의 문화사와 그것이 오늘날에 던지는 현재적 의미를 탐구한다. 그다음 V장은 앞선 세 가지 사례연구에서 공통적으로 드러나는 유토피아/디스토피아의 요소들을 깊이 들여다보기 위해 이 개념의 역사를 되돌아보는 짧은 사상사적 간주 역할을 하며, 이어 VI장은 1970년대 이후 현재까지 사람들의 상상력을 사로잡고 있는 민간 주도의 상업적 기술인 생명공학기술의 문화사를 기술하고 그 함의를 짚어본다. II, III, IV, VI장에서 기술된 사례연구들은 그것을 둘러싼 논쟁과 유토피아/디스토피아의 대립이 부각되었던 1950~1970년대의 해당 시기에 초점을 맞추긴 하지만 반드시 그 시기에 국한돼 논의를 진행하지는 않으며, 주제에 맞춰 그러한 논쟁의 배경이 되는 역사적 맥락을 필요에 따라 길게 서술하는 방식으로 구성되었다. 마지막으로 결론에 해당하는 VII장에서는 1980년대 이후 대중적으로 주목받기 시작한 나노기술을 예로 들어 앞서 살펴보았던 일련의 패턴들이 현재에도 유효한지 여부를 살펴보고, 이러한 일련의 사례연구들이 현재를 살아가는 우리가 기술을 바라보는 관점에 어떤 도움을 줄 수 있는지 고민해볼 것이다.

본론으로 들어가기 전에 이 책의 한계를 미리 밝혀둔다. 이 책에서 다루는 20세기 후반을 풍미한 네 가지 기술의 문화사는 여러 가지 제약 요인으로 인해 (반드시 그런 것은 아니지만) 대체로 미국을 중심으로 기술되었다. 그 이유로는 미국, 구소련, 영국 등 여러 국가를 다루기에는 지면의 제약이 크다는 점과 저자가 미국 기술사를 주된 학문적 배경으로 한다는 점이 크게 작용했고, 여기에 더해 그러한 기술의 역사에서 중요한 계기들과 이를 다룬 역사학 저술들이 미국에서 압도적으로 많이 나왔다는 점도 고려했다. 최근에는 미국을 중심으로 기술되던 핵 문화(nuclear culture), 우주 문화(space culture 혹은 astroculture), 컴퓨터 문화(computer culture)에서도 구소련과 유럽, 아시아 등 다른 지역을 사례연구로 다룬 저작들이 쏟아져 나오기 시작했지만,[2] 이 책에서는 그런 논의들을 충분히 담아내지 못했다. 이는 차후의 과제로 미루기로 한다.

---

2 미국이 아닌 다른 국가들의 사례를 담은 최근의 역사적 저작으로는 다음과 같은 책이 있다. Dick van Lente (ed.), *The Nuclear Age in Popular Media: A Transnational History, 1945-1965* (New York: Palgrave Macmillan, 2012); Paul R. Josephson, *Red Atom: Russia's Nuclear Power Program from Stalin to Today* (New York: W. H,. Freeman & Co., 2000); *British Journal for the History of Science* 45:4 (2012), Special Issue: British Nuclear Culture, edited by Jonathan Hugg and Christoph Laucht; Jonathan Hogg, *British Nuclear Culture: Official and Unofficial Narratives in the Long 20th Century* (London: Bloomsury Academic, 2016); *History and Technology* 28:3 (2012), Special Issue: Rethinking the Space Age: Astroculture and Technoscience; Alexander C. T. Geppert (ed.), *Imagining Outer Space: European Astroculture in the Twentieth Century* (London: Palgrave Macmillan, 2012); Eva Maurer et al. (eds.), *Soviet Space Culture: Cosmic Enthusiasm in Socialist Societies* (New York: Palgrave Macmillan, 2011); James T. Andrews and Asif A. Siddiqi (eds.), *Into the Cosmos: Space Exploration and Soviet Culture* (Pittsburgh: University of Pittsburgh Press, 2011); Asif A. Siddiqi, *The Red Rocket's Glare: Spaceflight and the Soviet Imagination, 1857-1957* (Cambridge: Cambridge University Press, 2010); Gabrielle Hecht and Paul N. Edwards, "The Technopolitics of Cold War: Toward a Transregional Perspective," Michael Adas (ed.), *Essays on Twentieth-Century History* (Philadelphia: Temple University Press, 2010), pp. 271-314.

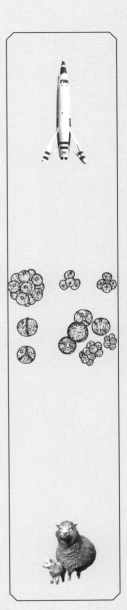

II
1950년대:

핵전쟁의
공포와
핵 유토피아의
전망

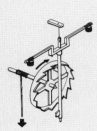

핵기술은 오늘날 많은 이들에게 한물간 과거의 기술로 치부되곤 한다. 오늘날 핵기술이 존재하는 두 가지 주요 형태(핵폭탄과 핵발전) 중 어느 것도 더 이상 '미래지향적'인 것으로 간주되지 않으며, 이러한 기술의 발전이 우리 사회에 획기적인 전환점이 될 거라고 믿는 사람도 거의 없다. 그러나 이러한 인식에도 불구하고, 핵기술은 좋은 의미에서든 나쁜 의미에서든 여전히 '우리 옆에' 있으며, 북한 등 이른바 '불량국가'들의 핵실험, 몇 년 전에 있었던 후쿠시마 원전사고의 여파, 국내의 원전 추가건설과 방사성폐기물 처분장 선정을 둘러싼 논쟁 등의 형태로 계속 언론과 대중의 주목을 받고 있다. 그렇다면 현재 우리가 처해 있는 상황을 이해하는 데 이러한 기술의 과거를 이해하는 것은 어떤 도움을 줄 수 있을까? 핵 유토피아와 핵 디스토피아가 팽팽하게 맞섰던 1950년대의 모습을 돌아보며 답을 구해보자.

1. 핵무기의 개발과 핵 군비경쟁의 시작[1]

1 | 방사능 연구와 방사능에 대한 초기의 대중적 이미지

19세기 말에 영국, 프랑스, 독일 등 유럽 여러 국가의 과학자들은 방사능(radioactivity)이라는 새로운 현상을 연구하기 시작했다. 이러한 일련의 연구는 1895년 독일의 물리학자 빌헬름 뢴트겐이 물체를 꿰뚫고 지나가는 눈에 보이지 않는 선(線, ray), 즉 X-선을 새롭게 발견하면서 촉발되었다. 이에 자극받은 프랑스의 과학자 앙리 베크렐은 그 이듬해에 비슷한 선을 찾아내려 시도하는 과정에서 우연히 우라늄의 방사선을 발견했고, 1898년에 역시 프랑스의 피에르 퀴리와 마리 퀴리 부부는 우라늄보다 수백 배나 더 강한 방사선을 내뿜는 새로운 원소인 폴로늄과 라듐을 발견했다. 라듐은 이전에 없던 새로운 방사선원(源)으로서 이후 방사능 연구의 강력한 수단을 과학자들에게 제공해주었다.

이듬해인 1899년에 뉴질랜드 출신의 영국 과학자 어니스트 러더퍼드는 우라늄의 방사선이 하나가 아니라 여러 종류라는 사실을 발견하고 여기에 알파(α)선과 베타(β)선이라는 이름을 각각 붙여주었다(나중에 이는 헬륨 원자핵과 전자의 흐름이라는 사실이 밝혀졌고, 여기에 전자기파의 일종인 감마(γ)선이 덧붙여졌다). 1903년 러더퍼드는 캐나다의 화학자 프레더릭 소디와 함께 토륨의 방사선을 연구하다가 토륨이 방사

---

1   이 절의 내용 중 일부는 김명진, 「평화로운 핵 이용은 가능한가?」, 김명진 외, 『탈핵』(이매진, 2011)을 수정, 보완한 것이다.

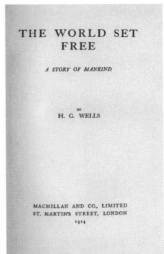

〈그림 II-1〉 프랑스 잡지 표지에 실린 퀴리 부부의 실험실. 라듐 발견 이후 퀴리 부인이 대중적 유명인사가 되었음을 엿볼 수 있다.
〈그림 II-2〉 H. G. 웰스의 소설 『해방된 세계』의 표지.

선을 내뿜으며 다른 원소(정확하게는 토륨의 동위원소)로 바뀐다는 사실을 알아냈고, 소디는 이러한 현상에 원소변환(transmutation)이라는 이름을 붙였다('변환'이라는 용어는 과학자들 사이에서 사이비과학으로 비난을 받은 연금술과 관련되어 있다는 인상을 주었기 때문에 처음에 러더퍼드는 이러한 용어를 쓰는 데 반대했다). 이후 과학자들의 연구를 통해 자연적으로 방사선을 내뿜는 원소들이 다른 원소나 동위원소로 차례로 변환되어 결국 안정된 원소인 납에 이르는 이른바 방사성 붕괴 사슬(radioactive decay chain)이 규명되었다.[2]

2 임경순, 『현대물리학의 선구자』(다산출판사, 2001).

방사능이라는 새로운 현상은 특정한 물질들이 에너지를 계속해서 내뿜는다는 점에서 기존에 알려져 있던 물리 법칙을 완전히 깨뜨리는 것이었고, 이는 원자 속에 숨어 있는 무진장한 에너지의 원천에 대한 대중적인 흥미와 관심을 불러일으켰다. 한편에서는 원자 내부에 저장된 무진장한 에너지를 끌어내 쓸 수 있다면 "에덴동산", "황금기", "순백의 도시(white city)"가 도래할 거라고 예언했다. 가령 소디는 "맥주병 하나 분량의 우라늄으로 대양 여객선이 런던과 시드니를 왕복할 수 있을" 거라고 내다보았고, 미국의 언론인 발데마 캠퍼트는 한 술 더 떠서 "작은 마을에 있는 우체국만 한 건물에서 미국 전체에 필요한 에너지를 공급하는 것도 가능할 것"이라고 낙관했다. 그러나 다른 한편에서는 원자에너지를 이용한 무시무시한 과학 무기의 개발가능성을 점쳤다. 크룩스관을 개발한 영국의 물리학자 윌리엄 크룩스는 "라듐 1그램에 갇힌 에너지로 영국 함대 전체를 수천 피트 들어올릴 수 있다"며 당시 세계 최강이던 영국 해군을 한 번에 날려버릴 수 있는 폭탄의 가능성을 제시했고, 『타임머신*The Time Machine*』, 『우주전쟁*The War of the Worlds*』 등으로 명성을 쌓은 영국의 과학소설가 H. G. 웰스는 이에 착안해 1913년 발표한 『해방된 세계*The World Set Free*』에서 "원자폭탄(atomic bomb)"이라는 용어를 처음으로 사용했다.[3]

뒤이은 연구를 통해 방사능이 생명체에 미치는 영향이 알려지자 이

---

3 Spencer R. Weart, *Nuclear Fear* (Cambridge, MA: Harvard University Press, 1988), chaps. 2-3.

역시 낙관과 비관 양 극단으로 나뉘는 예측을 낳았다. 먼저 방사능을 암 치료에 이용할 수 있을 것이라는 기대는 비교적 초기부터 제기되었다. 이와 함께 방사능이 생명에 '활력'을 불어넣을 수 있다는 당시의 믿음에 편승한 상업적 시도도 나타났다. 가령 미국에서는 라듐을 함유한 일종의 강장제인 '라디토르(Radithor)'가 시판되어 고가에도 불구하고 인기를 끌었다. 이러한 기대는 이른바 '현자의 돌

〈그림 II-3〉 20세기 초 고가에 판매되었던 라듐 함유 음료 라디토르.

(philosophers' stone)'을 통해 기적에 가까운 현상을 일으킬 수 있다는 중세 이래 연금술의 이미지가 덧씌워져 더욱 힘을 얻었다. 반면 이온화 방사선(ionizing radiation)이 인체에 미치는 위험이 점차 인식되면서 방사능이 건강에 미치는 악영향을 우려하는 목소리가 커지기도 했다. 먼저 1차대전 이후 X선, 라듐, 라돈 기체를 다루던 방사선학자들 중 여러 사람이 백혈병에 걸리며 방사능에 대한 경각심이 높아졌다. 1920년대 중반에는 미국에서 라디토르를 장기 음용한 피츠버그의 기업가 에벤 바이어스가 사망한 사건이 악명을 떨쳤고, 거의 같은 시기에 시계의 야광 표시용으로 라듐을 붓으로 칠하던 젊은 여성 채색공들(일명 '라듐 걸') 사이에 각종 희귀암이 빈발하는 직업병 사건이 터지면서 방사능의 위험성이 대중적으로도 널리 알려지게 되었다. 이러한 방사능의 위험성은 1927년 미국의 생물학자 허먼 멀러가 방사선이 생명체에

〈그림 II-4〉 1920년대에 '라듐 걸'로 불렸던 시계 문자판 채색공들. 라듐 용액을 붓에 찍은 후 붓 끝을 뾰족하게 만들기 위해 혀에 문지르는 관행이 구강암, 설암 등 희귀암의 발생 원인이 되었다.

돌연변이를 유발할 수 있음을 밝히면서 과학적 뒷받침을 얻었고, 결국 1930년대 들어 방사능 안전을 담당하는 국제기구가 만들어지고 조악하나마 허용선량(tolerance dose) 기준치가 정해지는 등 방사능에 대한 제도적 규제가 시작되었다.[4]

이렇듯 방사능은 아직 그 연구가 진행되는 초기였던 20세기 초부터 그것이 사회에 미칠 수 있는 영향을 놓고 약속과 위험이 극명하게 엇갈리는 존재였다. 이러한 양면적 인식은 2차대전을 전후한 핵분열

4 Alison Kraft, "Manhattan Transfer: Lethal Radiation, Bone Marrow Transplantation, and the Birth of Stem Cell Biology, ca. 1942-1961," *Historical Studies in the Natural Sciences* 39:2 (2009): 171-218.

의 발견과 원자탄 개발을 통해 극적으로 분출하게 된다.

2 │ 핵분열 연쇄반응의 발견과 원자탄 개발 계획의 진행[5]

원자핵 속에 막대한 에너지가 숨어 있으며 이를 이용하면 좋은 쪽으로든 나쁜 쪽으로든 엄청난 변화를 일으킬 수 있다는 주장은 이미 20세기 초에 널리 알려져 있었다. 그러나 이러한 에너지를 실제로 끄집어내는 물리 반응이 규명된 것은 그로부터 수십 년 뒤의 일이었다. 그것의 가장 중요한 계기는 2차대전이 발발하기 직전인 1938년 말, 독일의 베를린에 있던 물리학자 오토 한과 분석화학자 프리츠 슈트라스만의 실험으로 거슬러 올라간다. 당시 물리학자들은 원자핵의 구조를 이해하기 위해 새롭게 발견된 아원자 입자인 중성자를 원자핵에 쏘아넣고 그 결과를 관찰하는 실험(일명 중성자 포격 실험)을 하고 있었다. 한과 슈트라스만이 특히 주목했던 것은 원자번호 92로 당시까지 주기율표상에서 가장 무거운 원소였던 우라늄에 대한 중성자 포격 실험이었다. 그들은 여기서 나온 반응 생성물에 대해 정밀한 화학 분석을 실시했고, 우라늄의 중성자 포격에서 원자번호 56인 바륨이 생성된다는 믿을 수 없는 결과를 얻었다.

이는 이전까지 물리학계의 정설을 벗어나는, 일견 말도 안 되는 결과로 보였다. 2백 개가 넘는 양성자와 중성자가 모여 만든 우라늄의

---

5 원자탄 개발의 배경을 이루는 20세기 초 핵과학의 발전과 맨해튼 프로젝트의 진행 과정에 대해서는 리처드 로즈, 『원자폭탄 만들기 1, 2』(사이언스북스, 2003)가 가장 좋은 설명을 제공한다.

<그림 II-5> 우라늄 핵분열의 공동 발견자인 오토 한(오른쪽)과 리제 마이트너.

거대한 원자핵이 중성자 한 개에 의해 거의 반으로 쪼개진다는 것은 마치 유리창을 뚫고 들어온 야구공이 집을 반으로 쩍 갈라놓는 것만큼이나 일어날 법하지 않은 일로 생각되었기 때문이다. 한은 이 사실을 당시 나치의 유대인 박해 때문에 스웨덴으로 피신해 있던 동료 물리학자 리제 마이트너에게 알리고 이론적인 설명을 요청했다. 마이트너는 조카인 물리학자 오토 프리시와 함께 이 문제를 곰곰이 생각해본 후, 우라늄 원자핵이 중성자 포격을 받고 바륨과 크립톤으로 쪼개지며 이때 생기는 질량 결손(양자 질량의 1/5 정도)은 200MeV(2억 전자볼트)에 해당하는 막대한 에너지로 방출된다는 결론을 얻어냈다($U^{92} + n \rightarrow Ba^{56} + Kr^{36} + E$). 알기 쉽게 비유하자면 우라늄 원자핵 하나가 깨질 때 나오는 에너지가 눈에 보이는 모래알 하나를 폴짝 뛰어오르게 하는 데 충분할 정도의 크기였다(참고로 우라늄 1그램에는 대략 2.5×10^{21}개의 원자핵이 있다).

이 발견은 곧 독일과 영국의 전문 학술지에 실렸고, 당시까지만 해도 그리 규모가 크지 않았던 물리학 공동체 내에서 순식간에 퍼져나갔다. 소식을 들은 사람들은 이내 그것이 지닌 엄청난 의미를 알아차렸다. 1905년 알베르트 아인슈타인이 특수상대성이론에서 도출해낸 역사상 가장 유명한 공식 $E=mc^2$에서 예견했던, 물질 속에 '압축된' 엄청난 에너지를 방출시킬 수 있는 물리반응이 발견된 것이었다. 그들은 우라늄의 이러한 반응에 핵분열(nuclear fission)이라는 이름을 붙였다. 하지만 핵분열로부터 큰 에너지를 얻기 위해서는 또 하나의 가정이 필요했다. 만약 중성자 하나가 우라늄 원자핵 하나만을 분열시키고 만다면, 많은 수의 원자핵을 분열시키기 위해서는 매우 많은 수의 중성자가 필요하게 될 것이다. 그러나 만약 핵분열 반응 자체에서 두 개 이상의 여분의 중성자('2차 중성자')가 나온다면 이들이 인근의 우라늄 원자핵 두 개를 분열시키고 거기서 다시 네 개의 여분의 중성자가 나오고… 하는 과정을 반복해 추가적인 중성자 투입 없이도 반응은 기하급수적으로 커지며 지속될 것이다.

이러한 연쇄반응(chain reaction)의 가능성은 원래 헝가리 출신의 물리학자 레오 실라르드가 1933년 나치를 피해 영국에 체류할 때 처음 생각해냈지만, 당시에는 과학자들에 의해 공상적인 것으로 받아들여졌다. 그러나 우라늄 핵분열 현상이 발견되면서 이는 현실에서도 실현 가능한 것으로 탈바꿈했다. 물리학자들의 관심은 이제 2차 중성자의 존재 여부에 쏠렸고, 1939년 3월에 프랑스의 프레데리크 졸리오(마리 퀴리의 사위)와 미국으로 이주한 실라르드가 각기 독립적으로 2차 중성자의 생성 사실을 밝혀냄으로써 연쇄반응의 가능성 여부는 의심할 수 없는 것이 되었다. 물리학자들은 대략 80차례의 핵분열 반응이 연쇄적으로 일어날 경우 우라늄 덩어리 1킬로그램(골프공보다 크기가 더 작은)은 대략 TNT 2만 톤에 해당하는 위력을 갖고 폭발할 것으로 내다보았다.

<그림 II-6> 알베르트 아인슈타인(왼쪽)과 레오 실라르드. 실라르드는 아인슈타인을 설득해 원자폭탄 개발을 촉구하는 편지를 루스벨트 대통령에게 보내게 했다.

이러한 상황에서 1939년 8월에 독일이 폴란드를 침공하면서 제2차 세계대전이 발발했다. 전쟁이 터지자 미국과 영국의 망명 과학자들은 핵분열 현상이 발견된 곳이 나치 독일의 심장부인 베를린이었다는 점에 주목했고, 만약 핵분열 연쇄반응을 이용한 폭탄이 히틀러의 수중에 들어간다면 전세계에 돌이킬 수 없는 재앙이 빚어질 거라고 걱정했다. 이 중 실라르드와 유진 위그너 같은 일부 과학자들은 역시 미국으로 망명와 있던 아인슈타인을 설득해 루스벨트 대통령에게 이러한 사실을 경고하는 편지를 쓰도록 하기도 했다.

그러나 처음에는 과학자들 사이에서 핵분열 폭탄의 가능성에 대한 회의론이 지배적이었다. 그 이유는 우라늄의 여러 동위원소들이 중성자 포격에 서로 다른 반응을 보인다는 것과 관련돼 있었다. 천연 우라늄에는 크게 두 종류의 우라늄 동위원소(우라늄 235와 우라늄 238)가 있는데, 이 중에 핵분열을 하는 것처럼 보이는 것은 우라늄 235뿐이었다. 그런데 천연 우라늄에서 우라늄 235가 차지하는 비중은 0.7퍼센트에 불과한 데다가, 화학적 성질이 같은 우라늄 235와 238을 서로 분리해내는 것은 매우 어려운 과제였다. 뿐만 아니라 과학자들은 우라늄이 연쇄반응을 통해 거대한 폭발을 만들어내기 위해 필요한 최소의 질량, 즉 우라늄의 임계질량(critical mass)을 수 톤 정도로 턱없이 과대평가하고 있었다. 이러한 이유 때문에 과학자들은 단기간 내에 폭탄을 만들어낼 가능성을 낮게 판단했고, 개전 후 2년 동안 폭탄 연구와 그에 대한 지원은 지지부진했다.

이러한 상황에 결정적인 변화를 가져온 것은 1941년 가을에 미국 정부로 전달된 일명 '모드 보고서(MAUD report)'였다. 영국의 과학자들이 작성한 이 보고서는 우라늄의 동위원소인 우라늄 235의 임계질량이 수 킬로그램에 불과하며, 따라서 전시에 이를 이용한 핵분열 폭탄을 만드는 것이 실제로 가능하다는 내용을 담고 있었다. 아울러 이해에는 또 다른 핵분열 물질로 쓸 수 있는 원자번호 94인 새로운 원소 플루토늄이 글렌 시보그에 의해 발견되었다. 이에 자극받은 미국 정부는 진주만 습격이 있기 하루 전인 1941년 12월 6일에 원자탄 개발 계획을 추진하기로 결정했다.

1942년 6월부터 원자탄 개발 계획은 미 육군이 관장하게 되었고 '맨해튼 공병 지구(Manhattan Engineering District)'라는 암호명이 붙었다. 프로젝트 전체의 책임은 미 공병대 출신의 레슬리 그로브스 준장이 맡게 되었다. 그는 폭탄의 '원료'가 될 천연 우라늄 광석을 충분히 확보하려고 노력하는 한편으로, 핵분열 물질인 우라늄 235와 플루토늄을 임계질량 이상으로 수집하기 위한 대규모 설비 마련에 착수했다. 극비리에 엄청난 자금을 들여 테네시 주 오크리지에 우라늄 235를 분리해 '농축'하는 거대한 공장들을 여럿 지었고, 워싱턴 주 핸퍼드에는 우라늄 핵반응을 일으키는 원자로와 핵반응 생성물에서 플루토늄을 분리해내기 위한 엄청나게 큰 공장들이 들어섰다. 아울러 그는 최종

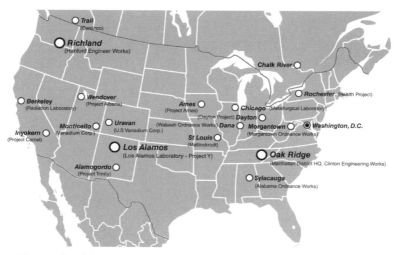

〈그림 II-7〉 미국 전역에 위치한 맨해튼 프로젝트 관련 시설들. 이 중 크게 표시된 오크리지, 리치랜드(핸퍼드), 로스앨러모스가 가장 중요한 역할을 했다.

폭탄 설계 및 조립을 책임질 인물로 젊은 이론물리학자 로버트 오펜하이머를 선정했고, 1943년 3월부터는 오펜하이머의 조언에 따라 폭탄 설계 연구를 수행할 외딴 연구소를 뉴멕시코 주의 황량한 고지대인 로스앨러모스에 건설했다. 로스앨러모스에는 여러 명의 노벨상 수상자들을 포함한 3천여 명의 과학자와 엔지니어들이 모여 폭탄의 내부 구조를 설계하고 핵분열 물질의 임계질량을 계산하는 연구에 밤낮없이 몰두했다.

　모두 20억 달러가 넘는 막대한 예산을 소모한 맨해튼 프로젝트는 전쟁이 끝날 무렵이 되면 전쟁 이전의 미국 자동차산업의 규모에 맞먹는 거대한 규모의 과업으로 성장했다. 전쟁 초기에 덴마크의 물리학자 닐스 보어는 "미국 전체를 거대한 공장으로 바꿔놓지 않는 이상 원

〈그림 II-8〉 우라늄 농축을 담당했던 오크리지 시설에서 교대근무를 위해 출근하는 여성들. 여기서 일했던 사람들은 전쟁이 끝날 때까지 자신들이 맡은 일의 성격을 알지 못했다.

자폭탄의 제조는 불가능할 것"이라고 예언한 바 있었는데, 맨해튼 프로젝트가 불과 2년여 만에 해낸 일이 바로 그것이었다. 이처럼 엄청난 전시(戰時) 노력은 1945년 7월 16일에 뉴멕시코 주 사막 한가운데의 트리니티(Trinity) 실험장에서 인류 역사상 최초의 원자폭탄 실험에 성공함으로써 결실을 맺었다. 그러나 이때쯤에는 미국과 영국이 필사적으로 원자폭탄 제조에 나서게 된 동인이 이미 사라진 후였다. 독일이 전쟁 기간 내내 폭탄 연구에서 별반 진전을 보지 못했고 실제 폭탄 제조에는 전혀 근접하지도 못했다는 사실이 이미 1944년 말부터 알려져 있었고, 게다가 독일은 1945년 5월에 이미 항복한 상황이었다. 이에 따라 폭탄의 투하 목표는 태평양전선에서 아직 완강하게 버티고 있던 일본으로 돌려졌다.

일본에 대한 원자탄 투하 계획의 추진은 상당한 반감을 불러일으켰다. 독일과 달리 일본은 원자탄을 만들어낼 능력이 결여된 것으로 여겨졌고, 이미 일본은 해군과 공군력을 거의 잃어 저항할 힘을 사실상 상실한 시점이었기 때문이다. 특히 시카고에 있던 실라르드는 대통령에게 올린 탄원서에서 일본에 대한 원자탄 공격이 앞으로의 미래에 나쁜 선례를 남기게 될 거라고 우려를 표했고, 역시 시카고에 있던 제임스 프랑크를 위시한 일군의 과학자들은 국무장관에게 보낸 일명 '프랑크 보고서'를 통해 폭탄을 일본에 떨어뜨리는 대신 제3국의 참관 하에 무인도에 실험해 일본의 항복을 유도하고, 동시에 전후 핵무기의 국제적 통제 방안 마련에 나서야 한다고 역설했다.[6] 그들은 원자탄의 제조에 관한 사항이 결코 비밀이 될 수 없음을 잘 알고 있었고, 따라서 머지않아 미국의 핵독점이 깨지면 위험천만한 무한 군비경쟁의 시대가 도래할 거라고 우려했던 것이다.

그러나 당시 이러한 의견에 동조했던 사람들은 소수였다. 오펜하이머를 비롯한 로스앨러모스의 과학자 대다수는 자신들의 과학 연구의 성과를 알리고 싶은 생각에서, 프로젝트를 책임진 그로브스 장군과 헨리 스팀슨 육군 장관은 20억 달러라는 막대한 돈을 예산 심의도 받지 않고 써버린 것을 의회에 변명하기 위해서, 해리 트루먼 대통령과 제임스 번스 국무장관은 일본에 조속한 승전을 거두어 극동에서 소련의 영향력이 커지는 것을 막기 위해 각각 원자탄 투하에 찬성했다. 결

---

6 David C. Cassidy, *A Short History of Physics in the American Century* (Cambridge, MA: Harvard University Press, 2011), chap. 4.

〈그림 II-9〉 히로시마 원자폭탄이 만들어낸 버섯구름.

국 1945년 8월 6일에는 히로시마에 '리틀 보이(Little Boy)'라는 이름의 우라늄폭탄이, 8월 9일에는 나가사키에 '팻 맨(Fat Man)'이라는 이름의 플루토늄폭탄이 각각 투하되었다. 두 도시에서 그해 말까지 20만 명이 넘는 사람들이 목숨을 잃었고, 이후에도 수많은 사람들이 방사능의 후유증으로 고통받게 되었다. 8월 15일 일본이 무조건 항복함으로써 2차대전은 종말을 고했다.

3 │ 수소폭탄의 개발과 핵 군비경쟁의 시작

2차대전이 끝난 직후 미국의 군부나 정치인들은 다른 나라가 독자적으로 원자폭탄을 개발하려면 상당한 시간이 소요될 거라고 낙관했다. 가령 맨해튼 프로젝트를 책임졌던 그로브스는 미국이 전시에 막대한 재원을 쏟아부은 점과 이제 전쟁이 끝나 긴급한 필요성이 사라졌다는 점을 들어 소련이 원자폭탄을 개발하는 데 적어도 20년은 걸릴 거라고 보았다. 이와 같은 판단에 근거해 그들은 우라늄 농축이나 원자로 같은 핵무기 관련 기술을 다른 나라에 알려주는 것을 거부했다. 이를 통해 미국의 핵독점이 당분간 유지될 수 있을 것으로 판단했기 때문이다. 그러나 이러한 낙관적 예측은 소련이 1949년 여름 핵실험에 성공했다는 첩보가 입수되면서 불과 4년 만에 무참히 깨지고 말았다. 소련이 단기간에 원자탄 개발에 성공을 거둔 데는 독자적인 연구개발 노력도 있었지만, 2차대전 시기의 로스앨러모스에 영국의 과학자 클라우스 푹스를 비롯한 여러 명의 소련 스파이가 있어 맨해튼 프로젝트의 진행 상황을 소상하게 전달해주었기 때문이기도 했다.[7]

소련의 원자탄 개발 소식은 미국 내에서 심리적 공황 사태를 야기했고, 원자폭탄보다 수백·수천 배 더 강력한 수소폭탄을 개발해야 한다는 주장에 힘을 실어주었다. 수소폭탄은 핵분열이 아니라 중수소의 열핵융합 반응(태양의 중심부에서 일어나는 것과 동일한)에서 방출되는 에너지를 이용하는 것으로, 이론적으로는 거의 무제한의 위력을 가진 폭탄을 만들 수 있었다. 오펜하이머를 비롯한 대다수 과학자들은 수소폭탄의 개발 가능성을 회의적으로 판단했고 설사 만들어낸다 해도 그렇게 엄청난 대량살상무기를 실전에 사용할 수는 없다고 보아 개발에

---

7 소련의 원자폭탄 개발 과정과 이에 대한 미국의 반응은 리처드 로즈, 『수소폭탄 만들기』(사이언스북스, 2016)의 전반부에 소상하게 다뤄지고 있다.

반대했다. 그러나 1948년 소련의 베를린 봉쇄와 1949년 중국의 공산화로 반공주의의 경각심이 높아지고, 설사 미국이 도덕적인 이유에서 수소폭탄 개발에 나서지 않는다 해도 당시 '절대악'으로 간주된 소련은 어차피 수소폭탄을 개발할 거라는 현실론이 부상하면서, 미국도 수소폭탄 개발을 시급하게 추진해야 한다는 주장에 힘이 실리게 되었다. 이에 트루먼 대통령은 1950년 1월 대다수 과학자들의 반대 의견을 무시하고 수소폭탄 개발을 위한 긴급 프로그램을 추진하기로 결정했다.[8]

수소폭탄 개발에서는 맨해튼 프로젝트에 참여했던 헝가리 출신의 물리학자 에드워드 텔러가 수학자 스타니슬라프 울람과 함께 기본 설계에서 결정적인 역할을 했다. 미국은 1952년에 처음으로 수소폭탄 실험에 성공했고, 얼마 후 소련도 그와는 다른 방식의 수소폭탄을 만들어냈다. 두 나라는 1954년과 1955년에 각각 비행기로 투하할 수 있는 형태의 메가톤급 수소폭탄 개발에 성공함으로써 본격적인 핵 군비경쟁의 막이 올랐다. 미국은 적국이 선제 핵공격을 감행할 경우 그를 훨씬 상회하는 전면적 보복공격을 가하겠다고 위협함으로써 적의 공격을 억제하고자 하는 핵억지(nuclear deterrence)를 국가의 공식 정책으로 채택했고, 소련도 그 뒤를 따랐다. 미국과 소련 양대 열강은 1980년대 말까지 인류 문명을 몇 번이고 종식시키고도 남을 6만여 개의 핵무기를 경쟁적으로 만들어냈다.

이 과정에서 대부분의 과학자들은 핵무기의 개발에 찬성하거나 국

---

8 존 루이스 개디스, 『냉전의 역사』(에코리브르, 2010), pp. 57-60, 91-94.

〈그림 II-10〉 미국의 캐슬-브라보 수소폭탄 실험(1954).

가안보를 위해서는 불가피하다는 입장을 취했다. 그러나 모든 과학자들이 그랬던 것은 아니었다. 2차대전이 끝난 직후부터 과학자들은 시카고를 중심으로 원자과학자연맹(이후 미국과학자연맹[Federation of American Scientists]으로 개칭)을 결성하고 《원자과학자회보 Bulletin of Atomic Scientists》를 발간해 핵무기의 국제적 통제와 핵확산 방지를 위해 활동하기 시작했다. 이러한 과학자들의 사회운동은 1940년대 말부터 미국에서 의회 반미행위조사특별위원회와 조지프 매카시 상원의원을 중심으로 과학자들을 사상검증하고 정치 활동을 탄압하는 일명 '빨갱이 사냥(red baiting)'이 기승을 부리면서 크게 위축되었다. 그럼에도 핵 군비경쟁에 반대하는 과학자들의 노력은 계속해서 명맥이 이어졌다. 아인슈타인은 세상을 뜨기 직전인 1955년 7월에 철학자 버트런드

러셀과 함께 인류 절멸의 위기를 경고하고 핵전쟁 회피를 호소한 러셀-아인슈타인 선언을 발표했고, 이 선언의 정신을 이어받아 1957년에는 영국의 물리학자 조지프 로트블랫의 주도하에 과학과 세계문제에 관한 퍼그워시회의(Pugwash Conferences on Science and World Affairs)가 출범했다. 노벨 화학상을 수상한 미국의 화학자 라이너스 폴링은 1958년부터 핵실험 중단을 국제사회에 호소하는 캠페인을 정력적으로 전개해, 결국 1963년 대

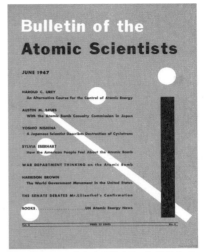

〈그림 II-11〉《원자과학자회보》 창간호 표지. 자정 전 7분으로 맞춰진 '파멸의 날 시계 (Doomsday Clock)'가 보인다. '파멸의 날 시계'는 핵무기로 인한 인류 절멸의 위기 상황을 정치인과 일반 대중에게 경고하는 역할을 했다.

기중, 바닷속, 우주공간에서의 핵실험을 금지한 부분핵실험금지조약 (Limited Test Ban Treaty)이 체결되도록 하는 데 중요한 역할을 했다(이러한 공로를 인정받아 폴링은 1962년에, 로트블랫과 퍼그워시회의는 1995년에 각각 노벨 평화상을 수상했다). 세인트루이스에 있는 워싱턴대학의 생물학자 배리 카머너는 시민핵정보위원회(Citizen's Committee on Nuclear Information)의 설립을 주도해 핵실험에서 나오는 방사능 낙진의 위험성을 널리 알림으로써 일반 대중이 핵무기 반대운동에 나서게 하는 데 일조했다.[9] 이러한 사례에서 엿볼 수 있듯이, 핵무기 개발은 과학자 공

9 김명진, 「과학기술자의 사회운동」, 한국과학기술학회 편, 『과학기술학의 세계』(휴머니스트,

동체에 과학자의 사회적 · 도덕적 책임이라는 중대한 의제를 새롭게
던져주었다.

2. 핵전쟁/핵실험의 공포와 대중적 상상력

1 │ 히로시마의 경험에 대한 반향

2차대전을 종식시킨 원자폭탄의 히로시마 투하는 즉각적으로 강렬한
대중적 반응을 불러왔다. 원자폭탄에 대한 불안과 공포는 거의 종전과
동시에 시작되었다. 종전 직후에는 전쟁이 끝났다는 기쁨과 전시 내내
철저한 악으로 묘사된 적국 일본에 대한 정당한 응징이라는 생각에
가려졌지만, 시간이 지나면서 점차 미래에 대한 불안감과 불확실성을
특징으로 하는 무거운 분위기가 드리우기 시작했다. 언론은 미래에 있
을지 모를 군비경쟁, 제3차 세계대전, 미국에 대한 핵공격을 가상으로
그려냈고, 원자폭탄의 위력에 비해 인간은 왜소한 존재가 되었다고 지
적하기도 했으며, 원자폭탄을 프랑켄슈타인의 괴물에 비유하기도 했
다. 이러한 생각은 라디오, 영화, 신문과 잡지 기사, 만평, 광고, 대중음
악 등 대중문화 전반에 영향을 미쳤다.[10]

그러나 히로시마와 나가사키에 투하된 원자폭탄이 빚어낸 참상이

2014), pp. 273-302; 켈리 무어, 『과학을 뒤흔들다』(이매진, 2016).
10 Paul Boyer, *By the Bomb's Early Light: American Thought and Culture at the Dawn of the Atomic Age* (New York: Pantheon, 1985), chap. 1.

곧바로 일반 대중에게 알려진 것은 아니었다. 이는 전후 일본을 점령한 미 군정 당국의 철저한 정보 통제가 빚어낸 결과였다. 군정 당국은 정해진 기자들에 대해서만 현장 방문과 기사 작성을 허용했고, 그들이 작성한 기사의 내용도 사실상 검열해 일반 대중을 동요시킬 수 있는 정보의 확산을 막았다.[11] 이러한 상황에서 처음으로 미국 대중에게 원자폭탄이 가져온 진정한 결과를 알린 것은 탐사보도 기자 존 허시의 공로가 컸다. 허시는 원자폭탄 투하 직후에 미 군정 당국의 통제를 뚫고 히로시마에 들어갔고, 원자폭탄 투하 현장에서 살아남은 여섯 명의 생존자들을 심층 인터뷰해 그들의 경험을 기록했다. 그는 1946년에 자신의 조사 결과를 정리해 잡지 《뉴요커 The New Yorker》 특집호에 실었다. 허시의 기사가 실린 《뉴요커》는 발간 당일에 불과 몇 시간 만에 매진되었고, 잡지를 구하지 못한 사람들을 위해 영국, 캐나다, 미국, 오스트레일리아의 라디오 방송사들이 정규 프로그램을 중단하고 성우를 써서 책을 실황으로 읽어주었을 정도로 엄청난 대중적 반향을 불러일으켰다.[12] 허시의 특집 기사는 곧이어 『히로시마 Hiroshima』라는 제목의 단행본으로 출간되어 오늘날까지도 미국의 대학 신입생들에게 필독서로 추천되는 고전으로 자리를 잡았다.[13] 아울러 거의 같은 시기에 원

---

11 윌프레드 버체트, 『히로시마의 그늘』(창작과비평사, 1995).

12 The Bomb, directed by Rushmore Denooyer and Kirk Wolfinger (PBS documentary, 2015). 이 작품은 히로시마 원폭투하 70주년을 맞아 미국의 PBS 방송에서 방영한 것으로, 맨해튼 프로젝트부터 1980년대까지에 이르는 핵폭탄의 역사를 최신의 역사적 해석에 입각해 흥미롭게 다루고 있다.

13 허시의 책은 국내에도 여러 차례에 걸쳐 번역, 소개되었다. 가장 최근에 나온 판본은 존 허시, 『1945 히로시마』(책과함께, 2015)이다.

〈그림 II-12〉 1945년 트루먼 대통령을 '올해의 인물'로 선정한 《타임Time》 표지. 통상의 표지 인물 재현과 다르게 트루먼이 원자의 막대한 위력에 의해 왜소하게 그려진 모습이다.
〈그림 II-13〉 허시의 특집 기사가 실린 《뉴요커》 표지. 암울한 내용과 극적인 대조를 이루는 뉴욕 센트럴 파크의 하루를 발랄하게 그려내고 있다.

자폭탄 투하의 영향을 조사하기 위해 히로시마와 나가사키를 방문한 과학자들이 찍어온 필름을 편집해 만든 두 편의 다큐멘터리 필름 〈하나의 세계 혹은 전무One World or None〉와 〈두 도시 이야기A Tale of Two Cities〉가 영화관을 통해 공개되었다. 대부분의 미국 대중들은 이러한 책과 필름을 통해 처음으로 원자폭탄 투하의 결과와 히로시마의 실상에 대해 접하게 됐고, 과학의 힘이 빚어낸 참상을 보고 엄청난 충격을 받았다.[14]

이에 대해 당시의 언론과 학자들은 원자폭탄의 도래와 그것이 앞으

---

14 Robert A. Jocobs, *The Dragon's Tail: Americans Face the Atomic Age* (Amberst: University of Massachusetts Press, 2010), pp. 78-82.

로의 세계에 미칠 영향을 놓고 다양한 추측을 내놓았다. 그들은 역사상 처음으로 인간이 스스로를 파괴할 수 있는 힘을 갖게 된 원자 시대가 도래했다고 선언하면서, 이제 인류 문명은 "전지구적 파괴냐, 아니면 새로운 사회의 탄생이냐"의 기로에 서게 되었다고 주장했다. 일부 논자들은 인류가 역사상 줄곧 보여온 대립과 반목을 극복하고 이른바 '세계 국가'를 건설하는 것이야말로 원자 시대를 무사히 살아나갈 수 있는 유일한 길이라고 역설했다. 그러나 과연 이러한 엄청난 과업을 달성할 수 있을지에 대해서는 의문부호가 붙어 있었다. 무엇보다도 대다수 사람들의 뇌리 속에는 7천만이 넘는 생명을 앗아간 두 차례 세계대전의 참상이 생생하게 남아 있었고, 이러한 기억은 우리가 과연 인간성에 희망을 걸 수 있을까 하는 회의적이고 비관적인 태도를 불러일으켰다. 어떤 사람들은 원자폭탄을 만들어낸 과학의 힘이 아니라 선사시대 이래로 인간 본성에 줄곧 내재해 있는 폭력성이 모든 것을 관통하는 근원적 문제라는 시각을 내보이기도 했다.[15]

2 | 핵전쟁의 위협과 대중의 반응

원자 시대의 미래에 대한 급진적 주장(세계 국가의 건설)이 점차 힘을 잃고 미국의 핵독점이라는 현실적 이해타산에 입각한 정책이 자리를 잡아가던 시점에서, 1949년 여름 소련이 원자폭탄을 개발했다는 사실이 알려지자 이는 2차대전 종전 이후 줄곧 대중적 의식의 심연에 가라

---

15 위의 책, pp. 42-53.

앉아 있었던 공포감을 더욱 부채질하는 결과를 가져왔다. 자본주의와 공산주의를 각각 대표하는 미국과 소련이라는 두 초강대국 사이의 긴장이 일련의 사건들을 통해 점차 고조되고 있는 와중에 터져 나온 소련의 원자폭탄 개발 소식은 이제 미국 본토가 원자폭탄이 빚어낼 수 있는 엄청난 파괴로부터 전혀 안전할 수 없다는 것을 의미했다. 미국 언론은 미국에 원자폭탄이 떨어졌을 때 나타날 수 있는 가상의 결과들을 앞다투어 보도함으로써 대중의 불안감을 더욱 부채질했고, 이는 수소폭탄 개발에 대한 대중의 지지로 이어졌다.

이에 따라 미국 정부는 고조된 대중적 불안감을 가라앉히기 위한 방편의 일환으로 핵공격이 일어날 때를 대비한 민방위(civil defense) 대책을 내놓기 시작했다. 지역별로, 또 연방정부 산하에 구축된 민방위 조직들은 일반시민들을 대상으로 핵공격시의 '생존 요령'을 전달하는 소책자를 발간하고 다큐멘터리 필름을 제작하는 등 홍보 활동에 나섰다.[16] 1951년에 제작되어 각급 학교와 지역사회 등에서 상영된 홍보 필름 〈덕 앤드 커버Duck and Cover〉는 핵공격이 일어났을 때 어떻게 행동해야 하는지―즉시 땅에 엎드려서('duck') 손이나 엄폐물로 머리를 보호해라('cover')―를 알려주어 유명세를 탔다.[17] 민방위 대책에서는 특히 핵공격이 일어나더라도 절망하지 말고 생존의 의지를 갖는 것이 중

---

16 Elaine Tyler May, *Homeward Bound: American Families in the Cold War Era* (New York, Basic Books, 1988), pp. 99-108.

17 〈덕 앤드 커버〉는 유튜브(https://www.youtube.com/watch?v=LWH4tWkZpPU)에서 고화질로 동영상을 감상할 수 있다.

요하다는 메시지를 전달했다. 핵전쟁 역시 일종의 전쟁이고, 핵전쟁에서의 승리는 전쟁이 끝났을 때 어느 쪽이 더 많이 살아남아 정체(政體)를 유지하는가가 중요하므로, 결국 시민 개개인이 살아남는 것 자체가 승리라는 식의 논리였다.[18]

〈그림 II-14〉 미국 전역에서 수천만 명이 시청한 민방위 홍보 영화 〈덕 앤드 커버〉(1951)의 한 장면.

그러나 이처럼 일견 '소박한' 민방위 대책은 1950년대 중반에 원자폭탄의 위력을 크게 능가하는 수소폭탄이 등장하면서 사실상 의미를 잃었다. 특히 1954년 3월에 태평양의 비키니 섬에서 있었던 캐슬-브라보 실험—미국이 비행기로 수송할 수 있는 형태의 수소폭탄을 처음으로 실험했던—은 미국 정부가 숨

〈그림 II-15〉 '덕 앤드 커버'를 연습하고 있는 아이들을 다룬 잡지 《콜리어스》 기사(1952).

기고 싶어했던 수소폭탄의 위력을 일반 대중에게 알리는 계기가 됐다. 캐슬-브라보 실험은 과학자들의 계산 오류로 인해 예상했던 위력의 두 배가 넘는 규모(15메가톤)로 폭발했고, 이 때문에 미국 정부가 설정한 안전 반경 바깥에 있던 인근 섬의 원주민들과 근방을 지나던 일본

---

18 Jacobs, *The Dragon's Tail*, pp. 61-68.

어선의 선원들이 폭탄에서 나온 낙진을 뒤집어써 원자병에 걸리고 나중에 일본 선원 한 명이 사망하는 피해를 입었다. 이처럼 반경 수십 수백 킬로미터를 완전히 죽음의 지대로 만드는 무시무시한 무기의 등장은 '덕 앤드 커버' 식의 민방위 훈련을 거의 우스꽝스러운 것으로 만들어버렸다.

핵무기에 대한 대응과 연관된 일련의 기술적 발전도 일반 대중의 불안감과 공포를 높이는 데 크게 기여했다. 일례로 소련의 원자폭탄 개발 이후 핵공격에 대비하기 위해 미국이 엄청난 예산을 들여 구축한 컴퓨터화된 방공망을 들 수 있다. 미국이 방공망 개발에 나선 것은 소련이 원자폭탄을 장거리 폭격기에 싣고 북극 상공을 넘어 공격해 올 경우 이를 감지해 대응책을 가동할 수 있게 하는 조기경보 시스템이 갖춰져 있지 않다는 지적이 설득력을 얻었기 때문이다. 이에 따라 미국 공군은 1950년 MIT의 젊은 전기 엔지니어 제이 포레스터가 개발 중이던 실시간 컴퓨터 휠윈드(Whirlwind)를 인수해 새롭게 구축할 세이지(SAGE) 방공망의 기반으로 삼았다. 미국 정부가 1960년대 초까지 (맨해튼 프로젝트에 들어간 돈의 몇 곱절에 해당하는) 80억 달러를 들여 개발한 세이지 방공망은 미국 전역을 23개 권역으로 나눠 각각의 권역 상공을 날고 있는 비행 물체들을 실시간으로 감시하고 이러한 정보를 한 곳에 모아 일목요연하게 볼 수 있게 함으로써 애초 목표로 했던 조기경보 체제를 성취해냈다.[19]

---

19 휠윈드와 세이지 방공망 개발에 관해서는 김명진, 『야누스의 과학』(사계절, 2008)의 4장을

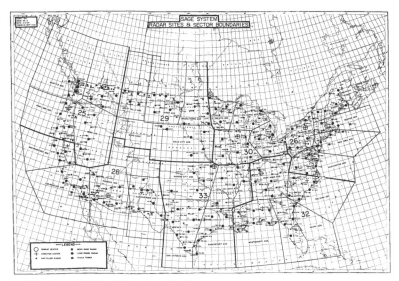

〈그림 II-16〉 미 공군이 개발한 세이지 방공망.

그러나 인간(공군 요원)과 기계(컴퓨터)가 뒤섞이고, 거기에 공군 기지와 장거리 폭격기가 실시간으로 결합된 이러한 자동화된 무기 시스템은 그것에 내재한 불확실성과 오류가능성 때문에 그것이 제공한 안도감만큼이나 큰 불안감과 공포감을 새롭게 자아냈다. 이제 핵전쟁은 최고 통수권자(와 그가 대변하는 국민들)의 의지에 의해서가 아니라 인간의 실수, 정신적 붕괴, 기계적 오류 등에 의해서도 일어날 수 있는 것이 되었기 때문이다.[20] 여기에 종래의 장거리 폭격기를 대신해 불과 수십 분 만에 상대 국가를 타격할 수 있는 대륙간탄도미사일(ICBM)이

참조하라.

20 홍성욱, 「1960년대 인간과 기계」, 이중원 외 엮음, 『인문학으로 과학 읽기』(실천문학사, 2004), pp. 211-239.

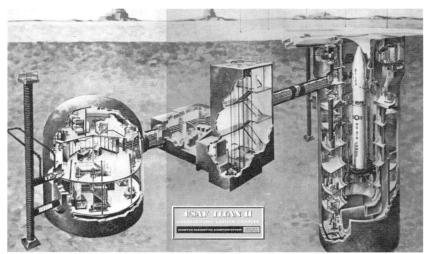

〈그림 II-17〉 '푸시버튼 전쟁'을 실행에 옮기기 위해 만들어진 공군 ICBM 미사일 사일로의 내부 구조. 냉전 종식 후 일부는 관광지로 개방되었다.

1950년대 말에 개발되면서 일명 '푸시버튼 전쟁(push-button war)'이 현실화된 것은 상황을 더욱 악화시켰을 뿐이었다. 이제 대중이 보기에 핵전쟁은 인간의 의지와 노력에 의해 피할 수 있는 사건이 아니라 우발적으로 일어날 수 있는―그런 점에서 언젠가 일어날 수밖에 없는―어떤 것이 되었다.

1950년대를 거치며 새롭게 핵전쟁에 관한 '전문가' 집단으로 부상한 랜드 연구소(RAND Corporation)의 전략분석가들은 바로 이런 점을 강조했다. 그들은 2차대전 직후 대중적으로 존경받고 정책 영역 내에서 상당한 영향력을 행사했던 핵과학자들의 위치를 대신해, 핵전쟁을 사고하는 '합리적'인 사고방식을 제안했다. 그들은 수소폭탄 개발 반대와 군비 축소, 핵실험 중단을 주장했던 과학자들의 논의를 '문외한의 견해'로 일축하면서, 냉전 상대국의 의도에 대해 무지한 '죄수의 딜레마' 상황에서 게임이론에 입각한 '최선의' 의사결정 방식을 추구해 나갔다.[21] 특히 랜드 연구소의 전략분석가였던 허먼 칸은 『열핵전쟁에 관하여On Thermonuclear War』(1960)와 『상상할 수 없는 것을 상상한다 Thinking about the Unthinkable』(1962) 같은 저서들을 통해, 설사 전면 핵전쟁이 발발한다 하더라도 선제공격을 통해 적의 보복능력을 파괴하는 등 철저하게 '대비'하면 피해를 최소화(대략 4천만에서 8천만 명의 미국인 사망)하고 전쟁을 승전으로 이끌 수 있다는 주장을 펼쳐 악명을 떨쳤다.[22]

그러나 이처럼 달라진 상황에도 불구하고, 1960년대 초까지 핵전쟁에 대비하는 '구태의연한' 민방위 대책은 여전히 계속되었다. 특히 1950년대 말에서 1960년대 초까지는 미국 전역의 중산층 가정에 이른바 낙진 대피소(fallout shelter)를 만드는 것이 크게 유행했다.[23] 낙진 대피소는 핵전쟁이 일어났을 때 일차적으로 폭탄의 직접적인 충격에서 살아남고 더 나아가 지상에 떨어진 낙진의 방사능이 위험하지 않은 수준으로 떨어질 때까지 그 속에 머무를 수 있도록 식량과 비품 등을 구비해둔 곳이었다. 낙진 대피소는 흔히 가정의 지하실에 마련되었는데, 원래 있던 지하실에 단순히 식량 등의 물품만 비치해놓은 수준

---

21 윌리엄 파운드스톤, 『죄수의 딜레마』(양문, 2004); 알렉스 아벨라, 『두뇌를 팝니다』(난장, 2010).
22 홍성욱, 「1960년대 인간과 기계」.
23 Kenneth D. Rose, *One Nation Underground: The Fallout Shelter in American Culture* (New York: New York University Press, 2001).

〈그림 II-18〉 외부로부터의 충격에 견딜 수 있게 금속제로 특별히 제작한 낙진 대피소.

에서부터 외부의 충격을 견디도록 금속제로 특별히 제작하고 공기 정화 설비를 갖춘 대피 공간에 이르기까지 그 수준은 천차만별이었다. 이에 대해 군비 축소와 핵실험 중단을 주장하는 비판적 논평가들은 종래의 원자폭탄보다 훨씬 위력이 큰 수소폭탄이 등장하면서 지하 대피소는 사실상 아무런 의미가 없는 공간이 되었다고 비판의 목소리를 냈다.[24]

낙진 대피소의 유행은 핵전쟁 상황에서 (공동체와 이웃이 아니라) 개

---

24 1982년 미국에서 제작된 다큐멘터리 〈원자 카페Atomic Cafe〉는 1940년대 말과 1950년 대에 만들어진 뉴스릴, 홍보 필름, 교육용 영화 등을 편집해 만들어진 작품으로, 핵전쟁에 대비하기 위해 미국인들이 기울인 노력의 무용성을 폭로함으로써 당시의 핵 문화를 풍자하고 있다.

인과 가족의 생존이 절대명제로 부각되었음을 드러내었다. 그러나 이는 냉전 초기의 미국에서 골치 아픈 딜레마를 제기했고, 1961년 주요 언론매체들을 통해 열띤 논란이 빚어진 이른바 '대피소 도덕성 논쟁'은 이를 잘 보여준다. 이 논쟁에서 핵심적인 질문은 "핵전쟁이 일어나 가족이 낙진 대피소로 피한 상황에서 미처 대피소를 마련하지 못한 이웃이 문을 두드리면 대피소에 받아주어야 하는가?"라는 것이었다. 일부 논자들은 개인과 가족의 생존이 최우선이며(그것의 총합이 곧 국가이므로) 다른 사람들을 들여보낼 경우 식량 부족 등으로 그 속에 대피한 가족의 생존까지 위협받을 수 있으므로 받아주어서는 안 된다고 주장한 반면, 다른 논자들은 이런 사고방식이 기독교적 공동체 정신을 망각한 이기적인 발상이라며 비판의 목소리를 높였다. 1961년 텔레비전 드라마 시리즈 〈환상특급Twilight Zone〉에서 방영된 '대피소(The Shelter)'라는 제목의 에피소드는 가상의 핵전쟁 발생시 일어날 수 있는 이러한 딜레마를 흥미롭게 그려내어 주목을 받았다.[25]

---

25 이 에피소드는 미국 교외의 어떤 마을을 배경으로 하고 있다. 어느 날 저녁, 마을에 있는 의사의 집에서 사람들이 모여 생일축하 파티를 하던 와중에 갑자기 라디오에서 소련의 핵공격이 임박했다는 속보가 발표된다. 모였던 사람들은 각자 가족들을 찾아 황망하게 흩어지고, 마을에서 유일하게 낙진 대피소를 마련해놓고 있었던 의사와 그 가족은 대피소에 숨는다. 이후 마땅한 대피 장소를 찾지 못한 마을 사람들은 다시 의사의 집으로 몰려들어 대피소에 들여보내줄 것을 요구하고, 의사는 모든 사람들을 수용할 공간과 식량이 부족하다는 이유로 이를 거부한다. 사람들은 쇠지레 등으로 대피소 문을 부수려고 하는 한편으로 의사의 집에 있는 집기들을 부수며 난동을 부린다. 대피소 문을 사이에 두고 한참 실랑이가 벌어지던 와중에 다시 라디오 속보를 통해 앞서 나간 핵공격 속보는 새떼를 미사일로 착각해 발령된 오보였음이 밝혀진다. 마을 사람들은 대피소로 인해 빚어진 헛소동에 당혹감을 느끼고, 의사는 망가진 공동체 의식을 암시하는 발언을 한다. Jacobs, *The Dragon's Tail*, p. 74-77 참조.

3 │ 핵실험의 일상화와 반대운동의 성장

핵무기와 관련해 일반 대중의 공포감을 야기한 것은 가까운 미래에 나타날지 모를 핵전쟁만이 아니었다. 미국 정부가 새로운 핵무기 개발과 그 성능 시험을 위해 진행한 일련의 핵실험 역시 불안감을 자아낸 요소였다. 미국은 히로시마와 나가사키에 원자폭탄을 투하한 다음 해인 1946년부터 부분핵실험금지조약이 체결된 1963년까지 모두 317회의 대기중 핵실험을 수행했고, 이 중 207회는 네바다 주의 사막에 마련된 핵실험장에서, 나머지는 태평양의 비키니 섬과 알래스카 등지에서 이뤄졌다. 핵실험은 시간이 갈수록 점점 빈도가 높아져 1950년대 후반에서 1960년대 초반 사이에 가장 많이 진행되었다(가령 1962년 한 해 동안에만 80회의 핵실험이 있었을 정도였다).

핵실험의 일차적인 목적은 새로 개발한 핵무기가 물리적 구조물과 생명체에 미치는 영향을 평가하는 것이었지만, 그에 못지않게 미국 대중에게 핵전쟁 대비에 관한 일종의 '교훈'을 심어주는 동시에 핵무기를 '일상적'인 것으로 만들어 불안감을 제거하려는 의도도 있었다. 이를 위해 미국 정부는 네바다 핵실험을 라디오와 텔레비전으로 중계하는 한편으로 핵실험이 있을 일시와 장소를 부분적으로 공개해 사람들이 멀리 떨어진 곳에서 핵실험을 참관할 수 있게 했다.[26] 이러한 과정을 거치며 대중의 눈에 핵실험은 국가 안보를 위한 필수적 수단이자

---

26 Jacobs, *The Dragon's Tail*, pp. 16-17; Joyce A. Evans, *Celluloid Mushroom Clouds: Hollywood and the Atomic Bomb* (Boulder, CO: Westview Press, 1998), p. 105.

〈그림 II-19〉 네바다 주 핵실험장 인근의 미리 공개된 일시와 장소에서 핵실험을 참관하는 사람들.

〈그림 II-20〉 핵실험의 위력을 파악하기 위해 네바다 주 핵실험장 인근에 지어진 가옥과 그 안에 비치된 마네킹.

일종의 '장관(spectacle)'으로 자리 잡게 되었다. 미국 정부는 핵실험의 위력을 측정한다는 명분으로 가상의 마을과 가옥을 짓고 사람을 대신하는 마네킹이나 동물들을 비치해 핵실험 때 어떤 일이 일어나는지를 기록했는데, 이렇게 핵실험에서 파괴된 주택과 마네킹의 모습은 일반 대중에게 제대로 된 대비만이 핵전쟁에서의 생존을 보장할 수 있다는 교훈적인 이야기로 바뀌어 전달되었다.[27]

그러나 핵실험의 일상화를 통해 핵무기에 대한 대중의 불안감을 씻으려던 미국 정부의 노력은 별반 성공을 거두지 못했다. 1954년 캐슬-브라보 실험에서 나온 낙진이 현지 원주민들과 인근을 지나던 선원들에게 방사능 피해를 입혔다는 소식은 미국 대중이 품고 있던 두려움에 불을 질렀고, 이후 '낙진'이라는 단어는 사람들의 일상 속에 스며들어 어디서나 접할 수 있는 것이 되었다. 특히 일반 대중은 방사능이 신비스러우면서도 두려운 존재라는 인식을 갖고 있었는데, 이는 앞서 지적한 대로 19세기 말 방사능 연구가 처음 시작되고 대중에게 알려진 이래 줄곧 지속되어온 이미지의 연장선상에 있었다. 방사능은 눈에 보이지도 않고 냄새도 맛도 없어 전혀 감지할 수 없는데도 원거리에서 작용해 유전적 돌연변이를 일으킬 수 있고, 부지불식간에 몸의 세포를 망가뜨려 사람을 죽음으로 몰아넣을 수도 있는 두려운 존재였다. 심지어는 눈에 보이지 않는 방사능을 탐지하기 위해 만들어진 가

---

27 Laura McEnaney, *Civil Defense Begins at Home* (Princeton: Princeton University Press, 2000).

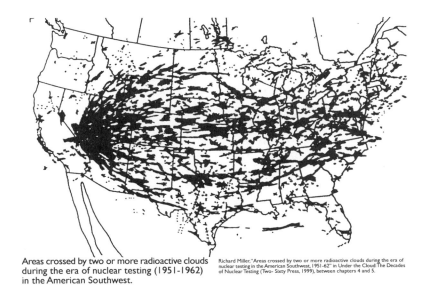

Areas crossed by two or more radioactive clouds during the era of nuclear testing (1951-1962) in the American Southwest.

Richard Miller,"Areas crossed by two or more radioactive clouds during the era of nuclear testing in the American Southwest, 1951-62" in Under the Cloud: The Decades of Nuclear Testing (Two- Sixty Press, 1999), between chapters 4 and 5.

〈그림 II-21〉 네바다 주의 핵실험에서 나온 낙진 구름이 상공으로 지나간 패턴을 나타내는 지도.

이거 계수기의 틱틱거리는 소리마저도 사람들에게는 일종의 불길하고 초자연적인 아우라로 다가갔다.[28]

이에 따라 1950년대 후반으로 접어들면서 무분별한 군비증강 정책과 핵실험에 반대하는 과학자들과 시민들의 활동은 더욱 활발해졌다. 전미 분별 있는 핵정책 위원회(National Committee for a Sane Nuclear Policy, 약칭 SANE) 같은 단체들은 핵실험에서 나온 낙진이 성층권까지 올라가 바람을 타고 전세계로 퍼지면서 지구상에 있는 모든 인간의 치아와 뼈 속에서, 심지어는 북극 주변과 같은 아주 외딴 지역에 거

---

28 Jacobs, *The Dragon's Tail*, p. 6. 방사능에 대한 이러한 이미지는 현재까지도 일반 대중에게 강력한 영향력을 발휘하고 있다는 점에서 주목을 요한다.

〈그림 II-22〉 1950년대 초 핵실험을 이용한 작전 훈련에 동원된 군인들.

주하는 사람들의 모유 속에서도 스트론튬 90과 같은 방사능물질을 검출할 수 있게 되었음을 보였고, 이것이 자라나는 아이들의 뼈에 축적되어 성장에 문제를 야기할 수 있음을 지적해 큰 공감대를 얻었다. 낙진에서 나오는 방사능은 위험하지 않은 수준이므로 안심해도 된다는 미국 정부와 (에드워드 텔러 같은) 일부 과학자들의 주장은 미량의 방사능이라도 장기적으로는 돌연변이 유발과 암 발생 등 위험을 내포할 수 있다는 (라이너스 폴링 같은) 반대측 과학자들의 주장과 정면으로 충돌했고, 핵실험장 인근에서 종종 발생한 우발적인 사고들은 정부 측 주장의 신빙성을 훼손했다. 가령 1953년 네바다 실험장 인근에서는 낙진이 잘못된 방향으로 날아가 4,200마리의 양들이 떼죽음을 당하고 정부가 목장주에게 배상을 하는 사건이 있었다. 결국 핵실험에 대한 불안감에서 비롯된 과학자들과 일반 대중의 압력은 미국과 소련이 1963년 핵실험 금지조약에 합의하는 데 결정적인 계기가 되었다.[29]

1960년대 초까지의 핵실험과 거기서 나온 낙진이 일반 대중에게 미친 영향은 다분히 불확실한 상태로 남아 있지만, 그로부터 구체적이고 직접적인 피해를 입은 사람들도 있었다. 핵실험장 인근인 네바다 주와 유타 주에 거주하던 10만여 명의 주민들—일명 '바람 부는 쪽에 사는 사람들(downwinders)'—은 핵실험의 낙진을 수시로 접하며 평균적인 미국인들보다 훨씬 더 많은 방사능에 노출되었다. 또한 국지적 핵전쟁 발생시의 군사 작전에 필요하다는 이유로 동원돼 핵실험에 참여했던 30만 명 이상의 군인들 역시 원자폭탄이 터진 직후 폭심지를 걸어서 통과하면서 다량의 방사능에 노출되어 그중 상당수가 암이나 백혈병 같은 질병에 걸려 사망하는 등 큰 피해를 입었다. 이러한 사실들은 오랜 시간이 흐른 뒤인 1980년대에야 비로소 대중적으로 알려지기 시작했고, 피해 당사자들은 미국 정부를 상대로 배상을 요구하는 소송을 제기하기도 했다.[30]

4 | 대중문화의 반향

핵전쟁의 가능성과 핵실험의 위험에 대한 이러한 인식과 이를 둘러싼 일련의 사건들은 당대의 대중문화에 강하게 영향을 미쳤다. 1940

---

29 Weart, *Nuclear Fear*, chap. 11.
30 Carole Gallagher, *American Ground Zero* (Cambridge, MA: MIT Press, 1993).

년대 말에서 1960년대 초까지는 핵전쟁이 불러온 암울한 미래사회를 그려내는 대중문화 텍스트(소설, 영화, 논픽션)들이 봇물 터지듯 쏟아져 나왔다.[31] 먼저 전면 핵전쟁이라는 대재앙이 빚어지는 과정과 그 이후에 살아남은 사람들의 '짧은' 삶을 다룬, 이른바 재앙 이후(post-catastrophe) 장르의 작품들이 이 시기부터 유행하기 시작했다. 네빌 슈트의 소설 『해변에서On the Beach』(1956)는 북반구에 위치한 국가들 사이에 핵전쟁이 일어나 대부분의 사람들이 사망한 후 남반구에 있는 오스트레일리아의 사람들만 직접적인 화를 면한 근미래의 풍경을 그렸다. 여기서 살아남은 오스트레일리아 사람들 역시 북반구에서 서서히 다가오는 죽음의 방사능 구름 앞에서 무기력한 모습을 보이며 생의 마지막 몇 달을 보낸다. 이 작품은 1959년에 그레고리 펙 주연의 할리우드 영화로도 만들어져 큰 화제를 모았다. 이와 흔히 비견되는 모데카이 로쉬왈트의 『레벨 세븐Level 7』(1959)은 지하 수 킬로미터 깊이에 위치한 군 작전 본부에서 일하는 핵무기 발사담당 요원의 관점에서 핵전쟁이 일어나고 이후 지구상의 생명이 절멸하게 되는 과정을 암울하게 묘사했다. 1960년에 처음 출간되어 이듬해 휴고 상을 받은 월터 M. 밀러의 『리보위츠를 위한 찬송A Canticle for Leibowitz』은 전면핵전쟁을 겪고 살아남아 기술 수준이 크게 퇴행하고 종교가 지배적 역할을 하는 중세적 사회를 그려내었는데, 저자는 이 사회에서 금기시되

---

31 이 중 소설 작품들의 목록과 간략한 소개는 Paul Brians, *Nuclear Holocausts: Atomic War in Fiction, 1895-1984* (Kent, OH: Kent State University Press, 1987)을 참고하라.

던 과학 연구가 다시 꽃을 피우고 이것이 결국 핵무기의 개발로 이어
져 인류가 두 번째 핵전쟁으로 절멸하는 비관적이고 윤회적인 세계관
을 다뤄 주목을 받았다.[32]

그런가 하면 자동화된 무기 시스템의 불확실성과 통제불가능성을
모티브로 삼은 소설과 영화 작품들도 여럿 등장했다. 1964년에 동시
에 개봉한 〈닥터 스트레인지러브Dr. Strangelove〉와 〈페일 세이프Fail-
Safe〉는 미국과 소련 사이에 미처 의도하지 않은 계기들로 인해 핵전쟁
이 발발하는 모습을 그려냈다. 스탠리 큐브릭 감독의 걸작으로 흔히
회자되는 〈닥터 스트레인지러브〉는 공군 기지를 관장하는 장군이 일
종의 피해망상—소련이 불소화된 수돗물을 통해 자신을 죽이려 한다
는—에 빠져 기지를 장악한 후 휘하 부대에 소련에 대한 핵공격을 명
령한다는 설정으로 전개된다. 이러한 핵공격은 소련이 미국의 핵공격
에 대비해 배치한 일명 '최후의 날 장치(doomsday device)'를 작동시켜
결국 지구의 생명 전체의 절멸을 가져온다. 이와는 달리 〈페일 세이프〉
는 현실 속의 세이지 방공망과 흡사한 자동화된 방공 시스템에서 기계
적 오류가 발생해 모스크바를 수소폭탄으로 공격하라는 명령이 폭격
기에 잘못 전달되고 소련 쪽의 전파 방해가 우연찮게 겹치며 명령이 취
소되지 않아 생겨나는 핵 재난을 담고 있다. 이러한 재현들은 당대 사
회를 살아간 사람들의 뇌리 속에 인류 절멸을 가져올 수 있는 핵전쟁의

---

32 이 소설들은 국내에도 번역, 소개되었다. 네빌 슈트, 『해변에서』(황금가지, 2011); 모르데
카이 로쉬월트, 『핵폭풍의 날』(세계사, 1989); 월터 M. 밀러 Jr., 『리보위츠를 위한 찬송 1,
2』(시공사, 2000).

위협과 그로 인해 빚어진 디스토피아의 모습을 깊숙이 각인시켰고, 현실에서 전개된 핵실험 반대운동이나 군비축소를 위한 노력과도 중요한 방식으로 영향을 주고받았다.

3. 핵 유토피아의 발흥과 쇠퇴

1 | 핵 유토피아주의의 등장과 그 배경

1950년대는 핵무기 개발과 핵 군비경쟁, 핵전쟁의 가능성과 핵실험의 위험으로 인해 핵기술에 대한 부정적인 인식과 공포가 절정에 달했던 시기였다. 그러나 흥미롭게도, 바로 그 시기는 핵기술의 응용과 그것이 빚어낼 미래사회에 대한 유토피아적 낙관이 풍미한 시기이기도 했다. 이미 1940년대 말부터 기자나 저술가, 학자들은 핵기술의 군사적 활용을 넘어 사회의 모든 부문에 핵에너지가 응용되고 그에 따라 사람들의 생활방식이 근본적인 변화를 겪은 유토피아적 이상사회를 구상하기 시작했다. 그러한 유토피아에서는 에너지 생산, 운송, 토목공사, 대량의 에너지가 필요한 다양한 활동(제조업, 전기 생산, 새로운 화학 물질과 금속 제조, 운송, 토목공사, 담수화, 농업)에서 핵에너지를 활용할 것으로 생각되었고, 그런 전망에 따라 실제로 다양한 기술 개발 프로젝트들이 정부와 군대의 막대한 지원을 등에 업고 추진되었다.[33]

---

33 Stephen L. Del Sesto, "Wasn't the Future of Nuclear Energy Wonderful?" in Joseph

이러한 핵 유토피아의 선전이 최고조에 달했던 시기는 히로시마 원자폭탄 투하로 2차대전이 종식된 시점부터 소련이 원자폭탄을 개발한 시점 사이에 위치한 1940년대 후반이었다.[34] 미국의 저술가들은 잡지 기사와 단행본 등을 통해 핵기술이 발전한 유토피아의 모습을 환상적으로 그려냈다. 가령 존 J. 오닐은 『전지전능한 원자: 원자에너지의 진짜 이야기Almighty Atom: The Real Story of Atomic Energy』(1945)라는 책에서 핵분열의 응용으로 가능해질 값싼 에너지로부터 원자력 로켓, 비행기, 배, 자동차 등이 실현될 것이고, 방사선 빔을 금속 채굴 및 정련에 활용할 수 있을 것이며, 원자폭탄으로 북극의 빙하를 녹여 인류의 거주 지역과 경제 활동이 더 확대될 것이고, 심지어 "원자에너지 비타민 알약"이 등장할 거라고 내다보기까지 했다. 같은 해에 출간된 데이비드 디에츠의 『다가올 시대의 원자에너지Atomic Energy in the Coming Era』 역시 원자력에서 동력을 얻는 비행기와 자동차의 실용화를 점쳤고, 특히 "높은 철탑 위에 설치된 인공태양"을 통해 날씨에 대한 제어가 가능할 것으로 내다보았다. 그에 따르면 날씨 제어가 가능해진 미래에는 다음과 같은 상황들이 가능해질 터였다.

원자에너지의 시대에는 우천으로 야구경기가 취소되는 일이 없

J. Corn (ed.), *Imagining Tomorrow: History, Technology, and the American Future* (Cambridge, MA: MIT Press, 1986), p. 59.

34 이 시기의 핵 유토피아 이미지는 Boyer, *By the Bomb's Early Light*, pp. 109-121을 주로 참고해 서술했다.

을 것이다. 안개 때문에 비행기가 공항을 지나치는 일도 없을 것이다. 폭설로 겨울철에 교통체증을 겪는 도시도 없을 것이다. 여름 휴양지는 날씨를 장담할 수 있을 것이고, 인공태양이 농장뿐 아니라 실내에서도 옥수수와 감자를 수월하게 키우도록 할 것이다. (…) 세계 역사상 처음으로 인간은 대자연의 힘에 대처할 만큼 충분한 양의 에너지를 수중에 넣을 것이다.

이러한 저술가들의 주장에 당대의 신문과 잡지들도 마치 20세기 초 방사능 연구에서 제기된 낙관적 주장들을 연상케 하는 언어로 호응했다. 《밀워키 저널*Milwaukee Journal*》은 손톱만 한 크기의 물질로 대양여객선이 운항할 수 있고, 눈에 보이지 않는 크기의 연료로 자동차를 평생 몰 수 있을 거라고 했고, 《콜리어스*Collier's*》는 거대한 수력발전소를 "작고 산뜻한 에너지생산 건물"과 소형 가정용 원자에너지 장치—연료 보급 없이 "10년간 냉난방을 제공"할 수 있는—로 대체할 수 있을 거라고 보았다. 《네이션*The Nation*》은 플라스틱 생산, 고속도로 건설, 열대의 냉방과 극지방 난방 등 원자에너지의 다양한 용도를 제시하면서, 특히 원자폭탄을 "운하를 파고, 산맥을 뚫고, 빙산을 녹이고, 세계의 험한 지역을 정돈"하는 데 사용할 수 있을 거라고 주장했다. 여기서 보듯 핵기술의 미래에 대한 낙관은 정치적 좌우파를 불문하고 엿볼 수 있었고, 초기에는 다가올 핵 유토피아에 대한 일종의 '집단 최면'에 가까운 현상이 나타났다. 이에 대해 과학자와 전문가들은 우라늄에서 핵분열 연쇄반응으로 에너지를 뽑아낼 때 최소한의 임계질량

이 필요하기 때문에 장치가 일정 규모 이상이 되어야 한다는 점을 지적했고, 핵분열을 이용한 에너지 생산이 과연 경제적일지, 또 그로부터 나올 수 있는 방사능의 안전성 문제는 어떻게 할지 같은 비판적 논평을 제시하기도 했다. 이러한 논평들이 나오면서 언론과 대중 작가들의 열광적 어조는 다소 누그러졌지만, 낙관적 전망이 쉽게 사라지지는 않았다. 1940년대 말부터는 방사성 동위원소가 새로운 희망의 원천으로 부상하기 시작했는데, 가령 표지 원자(tagged atoms)를 활용해 생명

〈그림 II-23〉 '원자 의학'의 기적과도 같은 힘을 선전하는 《콜리어스》 1947년 5월 3일자 기사의 삽화. 방사능을 상징하는 버섯구름 속에 휠체어에서 일어서 미소를 짓고 있는 환자복을 입은 사람이 보인다.

과정을 이해함으로써 암 같은 불치병을 치료하고, 심지어 죽음을 지연시키는 "원자 의학의 황금기"가 도래할 수 있다는 주장도 제기되었다.

이 시기에 핵 유토피아주의가 득세한 이유에는 서로 다른 집단들의 동상이몽이 자리 잡고 있었다. 먼저 미국 정부는 핵에 관한 모든 것이 폭탄과 연관되어 대중의 반대 정서가 커지는 것을 막을 필요가 있었다. 여기서 핵 유토피아의 이미지는 미국인들이 당장의 군사적 활용이라는 현실에서 눈을 돌리고, 심지어 이를 좀 더 크고 유익한 과정에 필요한 단계로 여기게 하며, 더 나아가 핵전쟁의 공포에 대처하는 것을 좀 더 용이하게 했다. 다른 한편으로 과학자들은 원자폭탄을 만들

〈그림 II-24〉 핵에너지에 대한 낙관적 예측이 핵전쟁에 대한 공포를 누그러뜨리기 위해서였음을 보여주는 《콜리어스》 1947년 5월 3일자 기사. '이것(핵전쟁의 폐허)이 아니라 이것(핵산업의 융성)'이라는 그림 속 설명이 이를 잘 보여준다.

어 수많은 인명을 살상하는 데 기여했다는 죄의식에서 벗어나기 위해 핵에너지의 민간 용도에 매달렸고, 이를 이용해 엄청나게 값싼 동력을 제공할 수 있다는 생각에 빠져 있었다. 그런가 하면 동시대의 일반 대중은 첨단 과학기술이 상징하는 진보의 힘에 매혹돼 있었고, 그런 점에서 핵에너지에 대한 과장된 비전에 넘어가기 쉬웠다. 당대를 풍미한 핵 유토피아 이미지와 이를 실현하기 위한 여러 프로젝트들은 이러한 여러 집단들의 이해관계와 인식이 맞물린 결과였다.[35]

---

35 Del Sesto, "Wasn't the Future of Nuclear Energy Wonderful?" pp. 59-60.

2 | 1950년대의 핵기술 프로젝트

이러한 유토피아적 전망에 부응해 1950년대에는 정부와 그로부터 지원을 받은 기업들이 다양한 용도의 핵기술을 개발하는 구체적 기술 프로젝트들이 등장했다. 그중에는 냉전 상황에서의 군사적 필요에 의해 추진된 것들이 많았다. 가령 에너지 생산에서는 원자력으로 도시에 필요한 모든 에너지를 청정하게 공급해 산업도시에 흔히 수반되는 매연이나 우중충함이 사라진 '순백의 원자 도시(atomic white city)'나[36] 자동차, 세탁기, 심지어 작은 손목시계용 라디오까지 동력을 공급할 수 있는 초소형 원자 전지(atomic battery)가 가능할 거라는 낙관적 예측이 1950년대까지도 나오고 있었다.[37] 이러한 전망에 발맞추어 미 육군은 현지 주둔하는 부대가 활용할 수 있는 야전용 이동식 원자로의 개발에 나섰고, 실제로 몇 기를 생산하기도 했으나 유지 보수가 어렵고 비용이 많이 들어 결국 해체하고 말았다.[38]

핵에너지의 유토피아적 미래에서 가장 각광받은 분야 가운데 하나는 운송이었다. 소량의 우라늄만 가지고도 엄청난 에너지를 얻을 수 있어 연료를 재보급하지 않고도 운송수단에 필요한 동력을 공급받을 수 있다는 생각에서였다. 이 분야에서는 육군이 실용화되진 못했지만

---

36 Weart, *Nuclear Fear*, p. 158.
37 Del Sesto, "Wasn't the Future of Nuclear Energy Wonderful?" pp. 60-62.
38 Richard G. Hewlett and Jack M. Holl, *Atoms for Peace and War, 1953-1961: Eisenhower and the Atomic Energy Commission* (Berkeley: University of California Press, 1989), pp. 519-520.

〈그림 II-25〉 1950년대 미 육군에서 구상했던 원자력 탱크의 모델.

〈그림 II-26〉 포드의 컨셉카 뉴클레온(1958). 차 뒤쪽에 소형 원자로의 모습이 보인다.

원자력 탱크의 모델을 구상하기도 했으며,[39] 2차대전 직후부터 미 해군이 하이먼 리코버 제독의 주도 하에 핵잠수함의 개발에 착수해 1954년 최초의 핵잠수함 USS 노틸러스호의 진수에 성공함으로써 실용화를 이룬 성공 사례도 존재했다.[40] 이러한 전망에 자극받은 군대와 회사들은 원자력을 이용한 자동차, 비행기, 로켓, 상선 등을 구상했다. 대중 저술가들은 원자력 자동차를 '처음 출시할 때 한 번 연료를 넣으면 평생 연료 걱정 없는 자동차'로 개념화했고, 1958년 포드 사는 일종의 컨셉카 개념으로 뉴클레온(Nucleon)이라는 원자력 자동차의 축소 모델을 제시하기도 했다.[41]

원자력 운송수단 중에서 가장 많은 연구개발비가 투입된 것은 원자력 비행기였다. 일부 논평가들은 "우라늄 연료 1파운드로 10만 마일을 비행할 수 있는" 원자력 비행기의 개발을 낙관했다. 이에 따라 1953년부터 제너럴 일렉트릭, 유나이티드 에어크래프트의 프랫 앤드 휘트

39 Joseph J. Corn and Brian Horrigan, *Yesterday's Tomorrow: Past Visions of the American Culture* (Baltimore: Johns Hopkins University Press, 1996), p. 122.
40 김명진, 『야누스의 과학』, 3장.
41 Corn and Horrigan, *Yesterday's Tomorrow*, p. 102.

니 지부 등이 두 가지 설계 방식(직접 분사와 간접 분사)으로 군용 원자력 항공기의 개발에 착수했다. 그러나 초기의 낙관에도 불구하고 6억 달러의 비용과 5년의 시간을 들였음에도 항공기용 원자로는 크게 진척을 보지 못했다. 미 공군이 보기에 원자력 항공기는 공군의 통상 항공기보다 성능이 떨어졌고, 방사능과 관련된 다양한 위험도 문제였다. 원자력 항공기에 탑승하는 조종사의 경우 방사능 조사량을 감안해 연간 비행시간을 제한해야 했고, 사고로 지상에 추락할 경우 심각한 방사능 오염이 생길 수 있었으며, 직접 분사 방식의 경우 원자로에서 나온 고열의 증기를 곧장 분사하기 때문에 대기오염의 문제도 발생했다. 이러한 불만을 감안해 1959년 초 원자에너지위원회(Atomic Energy Commission, AEC)의 신임 의장이 된 존 맥콘이 관련 예산의 삭감을 건의했고, 공군과 합참본부도 프로젝트의 지속에 소극적인 태도를 보였다. 이에 1960년 말에는 핵추진 항공기에 대한 예산 지원이 거의 사라졌고, 7년여의 기간 동안 도합 10억 달러의 예산을 소모한 채 이듬해 취임한 케네디 대통령에 의해 프로젝트가 공식 종료되었다.[42]

원자력 로켓 역시 1957년 소련의 인공위성 스푸트니크 발사 이후 원자력 비행기에 못지않게 각광받은 기술 분야였다. 미국의 과학자와 정책결정자들은 미국이 소련에 비해 우주경쟁에서 한 발 늦은 이유가 장거리 미사일 기술(이는 대기권 재진입 부분만 빼면 로켓 기술과 동일하다)에서 뒤처졌기 때문이라고 믿었고, 이러한 기술 격차를 종래의 화

---

42 Hewlett and Holl, *Atoms for Peace and War*, pp. 516–518.

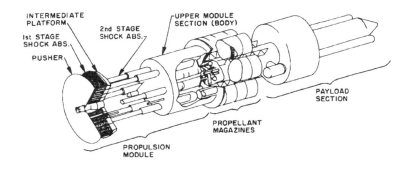

<그림 II-27> 프리먼 다이슨이 구상한 오리온 우주선의 구조. 수 킬로톤 규모의 소형 원자폭탄을 마치 기관총처럼 후방으로 발사해 폭발시킬 때 나오는 충격파를 이용해 상승하는 '핵 펄스 추진' 방식을 채용했다.

학 로켓과는 전혀 다른 새로운 기술인 핵추진 로켓으로 만회하려 했다. 아울러 우주여행 지지자들은 핵추진 로켓을 통해 자신들의 꿈인 행성간 탐사와 여행이 실현될 수 있다는 희망을 품고 있기도 했다. 이에 따라 핵무기 개발을 담당하는 국립연구소들이 핵추진 로켓의 개발에 나서게 되었다. 로스앨러모스 연구소와 리버모어 연구소는 도합 5천만 달러 이상을 들여 각각 로버 프로젝트(Project Rover)와 플루토 프로젝트(Project Pluto)를 진행하며 조금 다른 방식의 원자로와 추진 방식을 연구했다. 이들 연구는 1960년경에 최초의 시험용 원자로를 건설했고 이로부터 다소 유망해 보이는 결과를 얻었으나, 신뢰성이 떨어지고 통상 추진 방식이 훨씬 우월한 것으로 밝혀지면서 이내 종료되었다.[43] 거의 같은 시기에 물리학자 프리먼 다이슨이 이끄는 오리온 프

43 Del Sesto, "Wasn't the Future of Nuclear Energy Wonderful?" pp. 65-68.

로젝트(Project Orion)는 공군으로부터 대략 1천만 달러의 지원을 받아 소형 핵폭탄의 연쇄 폭발에서 나오는 충격파를 이용해 동력을 얻는 핵 펄스 추진(nuclear pulse propulsion) 방식을 연구했으나 1963년 부분 핵실험금지조약이 체결되며 프로젝트의 동력을 상실하고 말았다.[44]

핵에너지를 활용하려는 아이디어 가운데 가장 기발했던 것 중 하나는 핵폭탄을 대형 토목공사에 활용하겠다는 발상이었다. 이러한 발상의 주창자들은 수소폭탄의 엄청난 폭발력을 바닥에 구멍을 내고 다량의 흙을 치우는 데 활용할 수 있다고 생각했고, 더 나아가 이를 산불을 끄거나 빙산을 녹이거나 수로 내지 항구를 준설하는 데 이용하려 했다.[45] 당시 특히 관심을 끌었던 것은 19세기의 토목기술로 만들어져 노후화된 파나마 운하를 대체할 새로운 해수면 운하를 중남미에 건설하겠다는 아이디어였다. 이러한 생각은 1958년 초 리버모어 연구소를 중심으로 발족한 플로셰어 프로젝트(Project Plowshare)로 공식화되었다.[46] 리버모어 연구소의 물리학자 에드워드 텔러는 그 해 여름 새로운 파나마 운하 건설을 염두에 둔 일종의 '연습 프로젝트'인 채리엇 프로젝트(Project Chariot)를 제안했다. 이는 도합 2.4메가톤에 달하는 수소폭탄 5기를 써서 알래스카의 외딴 북쪽 지역에 항구를 준설하겠다는

---

44 조지 바살라, 『기술의 진화』(까치, 1996), pp. 269–276.

45 Scott Kaufman, *Project Plowshare: The Peaceful Use of Nuclear Explosives in Cold War America* (Ithaca: Cornell University Press, 2013).

46 프로젝트의 명칭인 플로셰어('보습'이라는 뜻)는 이사야서 2장 4절("무리가 그들의 칼을 쳐서 보습을 만들고 그들의 창을 쳐서 낫을 만들 것이며 이 나라와 저 나라가 다시는 칼을 들고 서로 치지 아니하며 다시는 전쟁을 연습하지 아니하리라")에서 따온 것으로, 1953년 루이스 스트로스가 AEC 의장에 취임할 때 한 말에서 유래한 것이다.

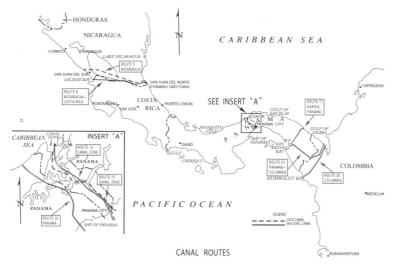

CANAL ROUTES

〈그림 II-28〉 수백 개의 수소폭탄을 써서 중남미에 새로운 해수면 운하를 만들겠다는 플로셰어 프로젝트에서 후보로 거론된 노선들을 보여주는 지도.

계획이었다. 그러나 이 계획은 알래스카의 원주민단체와 종교단체, 그리고 이를 지원하고 나선 환경단체와 생태학자들의 반대로 점차 규모가 축소되고 연기되다가 부분핵실험금지조약 체결을 앞둔 1962년에 '무기한 보류' 조치가 내려졌고,[47] 플로셰어 프로젝트 전체의 운명도 1960년대를 거치며 점차 내리막을 걸으며 1970년에 최종적으로 프로젝트가 취소되었다.[48]

47 Dan O'Neill, "Alaska and the Firecracker Boys: The Story of Project Chariot," in Bruce Hevly and John M. Findlay (eds.), *The Atomic West* (Seattle: University of Washington Press, 1998), pp. 179–199.

48 1950년대 이후 소련에서도 미국의 선례에서 힌트를 얻어 핵폭탄을 토목공사 등에 활용하는 유사한 프로젝트가 진행되었다. 미국의 경우 대기중 핵실험에 대한 대중의 반대로 인해 플로셰어 프로젝트가 비교적 일찍 좌절된 반면, 소련에서는 관련 프로젝트가 대중의 참여를 배제한 채 대부분 비밀리에 추진되어 시도 횟수도 더 많았고 시기적으로도 체르노빌 원

마지막으로 핵에너지를 농업과
식량 생산에 응용한다는 생각 역시
1950년대에 크게 힘을 떨쳤다. 논평
가들은 핵에너지를 이용해 바닷물에
서 담수를 생산함으로써 사막을 옥
토로 바꿀 수 있고, 극지방의 만년설
과 빙하를 녹여 경작지의 면적도 넓
힐 수 있다는 주장을 펼쳤다. 또한 방
사성 동위원소를 표지 원자로 이용한
연구를 통해 식물의 대사 기작을 알아

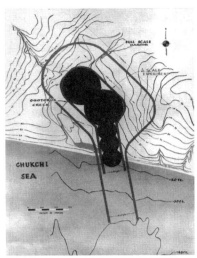

〈그림 II-29〉 크고 작은 수소폭탄 다섯 개로 흙
을 '파내어' 알래스카에 새로운 항구를 준설하겠
다는 채리엇 프로젝트의 계획을 보여주는 지도.

낼 수 있고 궁극적으로는 광합성을 인공적으로 재연하거나 원하는 형
질을 가진 식물을 합성할 수도 있을 거라는 낙관적인 제안도 있었다.[49]
일각에서는 방사능을 이용한 돌연변이로 식량 작물을 크게 만들어 농
업생산성을 향상시킬 수 있을 거라는 희망을 품기도 했다.[50]

전사고가 일어난 1980년대 중반까지 계속되었다. Trevor Findlay, *Nuclear Dynamite: The
Peaceful Nuclear Explosions Fiasco* (Sydney: Brassey's, 1990). 이 책에 부분적으로
기초하여 1999년에 제작된 다큐멘터리 〈핵 다이너마이트Nuclear Dynamite〉는 미국의 플
로셰어 프로젝트와 오리온 프로젝트, 그리고 이에 해당하는 소련의 여러 프로젝트의 역사
를 통해 냉전 초 핵에너지의 '평화적' 이용의 여러 양상들을 흥미롭게 다루고 있다.

49 Del Sesto, "Wasn't the Future of Nuclear Energy Wonderful?" pp. 68-70.

50 이러한 생각은 1957년 미국 상공회의소가 제작한 홍보 필름 〈원자가 우리 마을에 찾
아오다The Atom Comes to Town〉에 잘 나타나 있다. https://www.youtube.com/
watch?v=GkZ4MUPUrHk 참조. 1954년 발표된 영화 〈뎀!Them!〉 이후 할리우드 영화에
는 핵실험의 방사능을 맞고 거대해진 괴물들이 숱하게 쏟아져 나왔는데, 이 역시 방사능에
대한 비슷한 이해에서 비롯한 착상이라고 할 수 있다. 김명진, 『할리우드 사이언스』(사이언
스북스, 2013), pp. 16-18.

3 | 평화를 위한 원자 선언과 핵발전의 부상

미국의 아이젠하워 대통령이 1953년 12월 유엔 총회 연설에서 제창한 일명 '평화를 위한 원자(Atoms for Peace)' 선언은 핵에너지에 대한 이러한 유토피아적 미래가 제안되고 있던 시점에서 나왔다. 흥미로운 점은 원래 아이젠하워 대통령이 유엔 총회에서 연설하려던 주제는 핵에너지의 평화적 이용이 아니라 당시 막 개발된 수소폭탄에 관한 것이었다는 사실이다. 아이젠하워는 수소폭탄의 개발과 이어질 군비경쟁이 인류의 미래에 어두운 그림자를 드리우고 있음을 강조하며 공존을 위한 길을 찾아야 한다는 취지의 연설을 할 계획이었으나, 수소폭탄의 파괴력에 관한 연설 내용이 대중에게 지나친 공포감을 심어줄 것을 우려해 평화적 용도를 강조하는 쪽으로 연설의 방향을 바꾸었다. 이는 당시의 미국 사회뿐 아니라 전세계에서 대단한 찬사를 받았고 엄청난 파급효과를 불러왔다. 이 연설의 숨은 의도는 당시 미국 정부가 불가피한 것으로 여겼던 핵 군비경쟁이 가져올 부정적 인식을 가라앉히고 미국의 체제 우월성을 제3세계에 선전하는 심리전의 성격이 강했으나, 많은 대중은 아이젠하워의 선언을 핵 시대의 암울함을 몰아내는 진정한 희망으로 받아들였다.

미국의 기업가들은 이러한 선언 속에서 단순한 비전 제시를 넘어선 새로운 사업 기회를 보았고, 다른 국가들에 앞서 관련 시장을 선점하기 위해 발빠른 행보를 보이기 시작했다. 그들은 핵에너지와 관련해 미국 산업계의 이해관계를 대변할 원자산업포럼(Atomic Industrial Forum)을 창립하고, 이를 매개로 유럽이나 제3세계 국가들에 연구용 원자로를 제공해 자신들의 이해관계를 다져놓았다.[51] 이 기구는 안보 증진을 이유로 이를 지원한 미국 정부를 등에 업고 1957년 말까지 모두 49개국에 원자로를 제공하는 계약을 맺었다. (당시 원자로를 제공받은 국가들 중에는 한국도 포함돼 있었다.) 원자력 기술 분야를 선점해 다른 국가들에 관련 기술을 판매하려는 미국 산업계의 노력은 해군의 핵잠수함 프로젝트를 이

〈그림 II-30〉 1953년 12월 8일 유엔 총회에서 제시된 아이젠하워의 '평화를 위한 원자' 연설.

끌었던 하이먼 리코버의 주도 하에 1957년 12월 미국 최초의 상업적 핵발전소인 시핑포트 발전소가 준공되면서 탄력을 받게 되었다.

1960년대로 접어들며 핵에너지의 다양한 용도에 관한 프로젝트들이 속속 종료되고, 핵발전의 시류영합 시장(bandwagon market)이 도래해 신규 주문되는 핵발전소의 숫자가 크게 늘면서 이제 핵에너지의 민간 용도는 좀 더 현실적인 핵발전 하나뿐인 것으로 점차 인식되기 시작했다.[52] 그러나 이처럼 일견 평범하고 일상적인 기술로 사회 속에 자리 잡은 듯 보이는 핵발전도 1950년대에 비관과 낙관의 양 극단을 달렸던 핵에너지에 대한 인식을 피해갈 수는 없었다. 원자력은 19

51 Weart, *Nuclear Fear*, chap. 8.
52 위의 책, pp. 172-173.

〈그림 II-31〉 1957년에 가동을 시작한 미국 최초의 상업용 핵발전소인 시핑포트 발전소.

세기 말에 방사능 연구가 시작되고 2차대전기에 원자폭탄이 개발된 이래로 계속해서 덧씌워져 있었던 신화적인 힘으로서의 이미지를 그대로 유지했고, 위험, 낙인, 비밀, 통제 같은 단어들과의 연관성도 계속 그대로 남아 있었다. 부분적으로는 이 때문에 1960년대 이후 과학자와 엔지니어들은 핵발전소에서 일어날 수 있는 소소한 문제점보다는 가능한 최악의 사고—일명 '최대가능사고(Maximum Credible Accidents)'—에 초점을 맞추었고, 핵연료가 녹아내릴 때 생기는 노심용해(meltdown)와 이른바 "차이나 신드롬(China Syndrome)"에 대한 우려를 표명했다. 아울러 핵발전소에서 누출되는 방사능이 인근 지역 주민들을 서서히 죽이고 있다는 주장이나 핵폐기물을 핵폭탄에서 나온 낙진과 흡사하게 보는 시각도 제시되었다.[53] 이는 오늘날 많은 사람들

53 위의 책, chaps. 15-17.

이 핵발전에 대해 갖고 있는 이미지와도 일치하는 면이 있다.

4 | 1950년대 핵 문화의 현재적 의미

지금까지 설명한 바와 같이, 핵기술에 대한 디스토피아적 전망과 유토피아적 전망은 1960년대로 접어들며 모두 크게 쇠퇴했다. 한편으로 1960년대 초 쿠바 미사일 위기라는 극적인 사태를 겪은 후 부분핵실험금지조약이 체결되면서 핵전쟁에 대한 공포가 다소 완화되고, 다른 한편으로 구체적인 연구개발 프로젝트를 거치며 핵에너지에 대한 과장된 기대가 한풀 꺾인 탓이다. 이는 핵기술이 한 시기의 대중적 상상력을 사로잡았던 기술로서의 지위를 다른 기술에 내주었음을 의미했다. 그러나 오늘날 역사가들을 제외하면 그런 사실이 있었다는 것조차 거의 망각된 1950년대의 '열정적인' 기술 찬미 내지 공포는 결코 사라지지 않고 그 그림자를 길게 드리우고 있다. 이는 1950년대의 열광에서 유일하게 살아남은 핵기술의 평화적 응용인 핵발전을 둘러싼 오늘날의 논쟁을 이해하는 데 한 가지 중요한 실마리를 제시해준다.

오늘날 핵발전을 둘러싼 논쟁을 들여다보면, 핵발전이 '특별하게 위험한' 기술이라는 인식에 대한 핵발전 옹호자들의 항변을 흔히 들을 수 있다. 그들의 논리를 정리해보면 다음과 같다. 요컨대 핵발전소는 대단하고 특별한 기술이 아니라 다른 기술들과 비견할 만한 평범한 기술이며, 말하자면 일종의 거대한 물끓이기 기계에 불과하다. 차이가 있다면 물을 끓이고 여기서 나온 수증기로 터빈을 돌려 전기를 얻는 과정에서 석탄이나 천연가스가 아닌 우라늄을 '연료'로 사용한다는 점뿐이다. 그런데도 핵발전 반대자들은 다른 에너지 생산 기술과 핵발전을 동일선상에서 비교하려 하지 않고 다른 기술에 내재한 위험성을 간과한다. 가령 화력발전의 경우 매년 탄광에서 수천 명이 목숨을 잃거나 치명적인 질병에 걸리고, 수력발전은 많은 사람들을 수몰된 삶의 터전에서 쫓아내고 인근 생태계를 교란하며, 태양광발전도 지금과 달리 대규모로 도입하면 관련 자원이 고갈되고 환경오염을 유발할 가능성이 있다. 그에 비하면 핵발전도 사고가 나곤 하지만 그 빈도가 훨씬 드물고 평균적으로 따져본 피해도 미미한 수준이다. 하지만 핵발전 반대자들은 다양한 에너지 생산 기술의 비용과 편익을 따져 어떤 기술을 선택할지 결정하는 식의 합리적인 논의 자체를 거부하며, '핵은 죽음의 에너지'라는 식의 구호에만 집착한다는 것이다.[54]

그러나 이러한 생각은 핵발전의 기원과 확산 배경을 제대로 이해하지 못한 소치이다. 이미 보았다시피 핵발전은 1950년대에 핵전쟁에 대한 거대한 공포를 완화하는 한편으로 핵에너지의 활용에 투사된 엄청난 기대를 충족시키려 했던 핵 유토피아의 이미지 속에서 태동했다. 그런 엄청난 기대와 함께 냉전기의 국가안보 및 체제경쟁이라는 맥락이 존재하지 않았다면 핵발전은 아예 실용화되지 않았거나 훨씬 늦게 더 적은 규모로 도입되었을 것이다. 1950년대에는 아직 새로운 에너지원을 찾아야 할 절박한 필요가 없었고(오늘날 '석유정점' 문제로 대표

---

54 흥미롭게도 20세기를 관통하는 핵의 이미지에 관해 연구해온 미국의 과학사학자 스펜서 웨어트도 이러한 입장을 취하고 있다. Weart, *Nuclear Fear*, pp. 329-339의 논의 전개를 참고하라.

되는 석유자원의 '고갈' 얘기가 나오기 전이었고, 화석연료의 온실효과에 관한 우려도 존재하지 않았다), 당시에—그리고 한참 뒤까지도—핵발전은 경쟁 에너지원에 비해 비용도 훨씬 비쌌다.

따라서 '평범한 기술'로서의 핵발전은 애초에 존재 의의를 가질 수 없었고, 오직 신화적 힘이자 유토피아의 원동력으로서만—흔히 '너무나 값이 싸서 계량기로 요금을 매기는 것이 불가능한 에너지(power too cheap to meter)'로 표현되었던—생겨날 수 있었다는 것이 핵발전의 탄생 비화이다. 이처럼 거대하고 신화적인 힘에는 그에 못지않게 거대한 위험이 도사리고 있(는 것으로 생각되)기 마련이다. 이후 핵 유토피아에 대한 낙관과 기대—혹은 인류 절멸을 가져올 수 있는 핵전쟁의 절대적 공포—는 스러졌지만, 그것과 결부되어 있던 신화적 힘으로서의 이미지는 사라지지 않았고 간간히 발생하는 원전 대형사고들과 거의 지질학적 시간이 흘러야 그 독성이 완화되는 고준위 핵폐기물은 그러한 이미지를 영속시키는 데 일조하고 있다.[55] 결국 1950년대를 풍미한 핵기술에 대한 공포와 기대는 그로부터 오랜 시간이 지난 지금까지도 이를 둘러싼 논쟁에 그림자를 계속 드리우고 있는 것이다. 이는 일견 낡은 기술에 대한 고고학적 관심으로 비춰질 수 있는 것이 중요한 현재적 의미를 띨 수 있음을 보여주는 장면이다.

---

[55] 웨어트도 핵에 대한 대중적 이미지가 중요하다는 데까지는 동의하지만, 그것이 오늘날의 핵발전의 위험과 편익에 관한 '진실'을 가리고 있다는 데 안타까움을 표현하는 것처럼 보인다는 점에서 나와 입장을 달리한다.

III

1960년대:

냉전과
우주개발의
전망

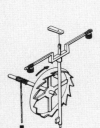

최근 개봉한 여러 편의 영화들에서 볼 수 있듯, 우주개발의 꿈은 사람들을 계속해서 사로잡고 있다. 지구에서 가장 가까이 있는 천체인 달을 1960년대에 이미 '정복'한 상황에서, 많은 사람들의 관심은 이제 태양계의 다른 천체들(행성, 소행성, 위성, 혜성 등)로 넘어가고 있다. 사람들은 〈마션The Martian〉(2015) 같은 영화들을 보면서 인간이 달을 잇는 다음 목표지인 화성에 언제 도달할 수 있을지를 궁금해하며, 미국과 구소련에 이어 중국이 제3의 유인 우주비행 국가가 된 것을 부러움의 시선으로 쳐다보곤 한다. 그러나 유인 우주비행은 거저 이뤄지는 일이 아니며 이를 실현하기 위해 막대한 자원 투자를 필요로 한다는 점에서 오늘날 첨예한 대중적 · 정책적 논쟁의 대상이 되고 있다. 이 장에서는 유인 우주비행의 지난 역사를 우주 문화라는 측면에서 되돌아보면서 현재 존재하는 우주개발의 꿈과 이를 둘러싼 논쟁을 새로운 시각에서 조명해보도록 하자.

1. 우주개발의 전사(前史)

1 | 우주여행의 꿈과 군사무기로서의 로켓

우리가 사는 지구를 떠나 우주로 나가는 것은 인류의 오랜 꿈이었다. 고대 이후 수많은 환상 모험담들은 지구 바깥의 다른 세계, 그중에서도 특히 달을 여행하고 탐험하는 이야기들을 담고 있었다. 그런 이야기들에서 다른 세계에 도달하는 방법은 대체로 환상적인 수단에 의존했다. 로마 시대(AD 2세기)의 작가였던 루키아노스는 대양을 항해하던 배가 거대한 회오리바람에 휘말려 다른 세계에 불시착하는 여행을 다뤘고, 17세기 작가 도밍고 곤잘레스(잉글랜드의 주교 프랜시스 고드윈의 가명)는 야생 백조 떼들을 묶은 큰 틀에 매달려 달로 여행을 떠나는 줄거리를 구상했으며, 비슷한 시기 프랑스의 시인 시라노 드 베르주라크는 새벽이슬이 가벼운 성질을 갖는다는 것을 이용해 새벽이슬을 모은 병들을 허리춤에 매달고 달로 여행한다는 설정을 도입했다. 이러한 설정은 19세기 이후에도 계속되어, 반(反)중력물질을 찾아내 모든 물체들을 지구상에 묶어두는 힘을 이겨낸다거나, 심지어 꿈속에서 텔레파시를 이용해 다른 세계를 경험하고 돌아온다거나 하는 등의 이야기들이 계속해서 등장했다.[1] 이러한 모험담들은 동서고금을 막론하고 사람들이 품고 있던 열망을 표현하고는 있으되, 어디까지나 환상적인

---

[1] Howard E. McCurdy, *Space and the American Imagination*, 2nd ed. (Baltimore: Johns Hopkins University Press, 2011), pp. 13-14.

〈그림 III-1〉AD 2세기 작가 루키아노스의 환상 모험담을 19세기 프랑스의 삽화가인 귀스타브 도레가 묘사한 그림.

〈그림 III-3〉17세기 프랑스 작가 시라노 드 베르주라크가 그려낸, 새벽이슬을 이용한 다른 세계로의 여행.

〈그림 III-2〉17세기 잉글랜드의 주교 프랜시스 고드윈이 그려낸, 야생 백조떼를 이용한 달 여행.

이야기에 그쳤고, 우리가 현실 속에서 시도해볼 수 있는 방법이나 수단을 제시하지는 못했다.

한편, 이와는 다른 맥락에서 화약을 써서 추동력을 얻는 추진체, 즉 로켓이 중국에서 발명되어 군사무기로 쓰이기 시작했다. 로켓은 AD 1200년경에 처음 등장해 전투에 활용되기 시작했고, 이후 인도, 중동을 거쳐 유럽으로 전파되었다. 중세에 간헐적으로 쓰이던 로켓 무기는 근대 이후 대포가 발전하면서 무기로서 효용이 감소했으나, 19세기 초 영국의 군인 윌리엄 콩그리브가 인도의 무기에서 힌트를 얻어 개발한 콩그리브 로켓이 유럽과 아메리카의 전장에서 쓰이면서 다시 등장했다. 그러나 로켓 무기는 기술적 개량에도 불구하고 정확성 측면에서 여전히 떨어졌고, 특히 연료의 한계(흑색화약 등 고체연료의 추진력 부족) 때문에 19세기 중반 이후에는 제한적으로만 쓰였다.[2]

얼른 보아 서로 연관이 없을 듯했던 이러한 두 가지 흐름은 흔히 '과학의 세기'로 불렸던 19세기에 서로 합쳐지기 시작했다. 계몽사조와 산업혁명을 거치며 과학기술의 힘에 새롭게 눈을 뜨게 된 19세기와 20세기 초의 사람들은 이러한 인식을 우주여행에도 투사했다. 그들은 환상 모험담들에서 우주여행의 수단으로 제시되었던 기존 방법들의 부정확성과 오류를 지적했고, 이를 대체할 수 있는 새로운 우주여행의 탈것으로 로켓에 주목했다. 물리법칙에 어긋나지 않고 당대의

---

2 Paul Dickson, *Sputnik: The Shock of the Century* (New York: Walker & Co., 2001), pp. 32-36.

기술 수준에서 외삽가능한 우주여행의 '현실적' 방법을 추구한 '과학적' 우주탐사의 시대가 도래한 것이다.

이러한 가능성에 가장 먼저 주목한 이들은 오늘날 과학소설(SF)의 선구자로 흔히 일컬어지는 작가들이었다. 프랑스의 소설가 쥘 베른은 1865년에 발표한 『지구에서 달까지De la Terre à la Lune』에서 거대한 대포를 이용해 사람을 달로 쏘아보낸다는 설정을 도입했다. 이에 따르면 충분한 추진력 확보를 위해 길이가 270미터나 되는 대포를 상공으로 향하게 한 후 이로부터 달 로켓을 마치 포탄처럼 발사해 달에 도달한다는 것이었다. 오늘날의 관점에서 보면 앞선 시기의 환상 모험담의 전통에서 벗어나지 못한 듯 보일지 몰라도, 이는 물리법칙에 어긋나지 않는 우주여행의 수단을 제시했다는 점에서 현대적 우주 탐험의 전망을 제시한 선구적 작품으로 평가할 수 있다. 베른은 1869년에 발표한 일종의 속편격인 『달나라 탐험Autour de la Lune』을 통해 달세계 여행의 구체적인 측면들(가령 달의 중력은 지구 중력의 6분의 1밖에 안 되기 때문에 몸무게가 훨씬 가벼워진다는 등)을 흥미롭게 기술하기도 했다.[3]

그 뒤를 이어 영국의 소설가 H. G. 웰스는 1898년에 발표한 『우주전쟁』에서 지구보다 앞선 문명을 가진 화성인들이 역시 포탄처럼 발사된 원통을 타고 지구로 날아와 지구인들을 공격한다는 설정을 통해 행성간 여행의 가능성을 제시했다. 이어 그는 1901년에 발표한 『달 최초의 인간The First Men on the Moon』에서 반중력물질을 이용해 달 여행을

---

3 쥘 베른, 『지구에서 달까지』(열림원, 2008); 쥘 베른, 『달나라 탐험』(열림원, 2009).

〈그림 III-4〉쥘 베른의『지구에서 달까지』에 묘사된 길이 270미터의 거대한 대포와 여기서 달 로켓을 발사하는 광경.

〈그림 III-5〉1906년에 출간된『우주전쟁』프랑스어판에서 화성인의 전쟁 기계를 보여주는 타이틀 페이지의 삽화.

시도하는 모습―아직은 여러모로 환상 모험담에 가까운―을 그려냈
다.[4] 두 사람이 제시한 우주여행의 전망은 20세기 들어 수 차례에 걸쳐
영화화되어 우주여행에 대한 사람들의 상상력에 불을 지폈다.[5]

2 | 우주여행의 과학화와 선구자들의 등장

현대적인 의미의 로켓 연구가 시작된 것은 베른
과 웰스 같은 선구적 작가들의 영향을 받은 콘스
탄틴 치올콥스키(러시아, 1857~1935), 로버트 고
다드(미국, 1882~1945), 헤르만 오베르트(독일,
1894~1989) 같은 1세대 선구자 내지 몽상가들
이 우주비행을 꿈꾸기 시작한 19세기 말에서 20
세기 초의 일이다. 이들은 인간이 지구의 중력을
벗어나 우주로 나갈 수 있는 방법과 이를 실현시
킬 수 있는 수단을 이론적 · 실험적으로 탐구했다.[6]

〈그림 III-6〉 러시아의 로켓 선구
자 콘스탄틴 치올콥스키.

　　콘스탄틴 치올콥스키는 제정 러시아에서 태어나 독학으로 과학과

4　H. G. 웰스, 『우주전쟁』(황금가지, 2005). 웰스의 『달 최초의 인간』은 아직 우리말로 번역 소
　　개되지 않았지만 http://www.gutenberg.org/ebooks/1013에서 읽어볼 수 있다.
5　환상영화의 선구적 작품으로 평가받는 조르주 멜리에스의 1902년 작품 〈달세계 여행Le
　　Voyage dans la Lune〉이나 1950년대와 1960년대에 각각 영화로 만들어진 〈우주전쟁〉,
　　〈달 최초의 인간〉 등이 대표적이다.
6　이어지는 치올콥스키, 고다드, 오베르트에 관한 내용은 우주개발의 초창기를 다루는 수많
　　은 저작들에 조금씩 다른 형태로 실려 있다. 여기서의 서술은 Chris Gainor, *To a Distant
　　Day: The Rocket Pioneers* (Lincoln: University of Nebraska Press, 2008), chaps.
　　2-4; Tom D. Crouch, *Aiming for the Stars: The Dreamers and Doers of the Space Age*
　　(Washington: Smithsonian Institution Press, 1999), chaps. 2-4를 주로 참고했다.

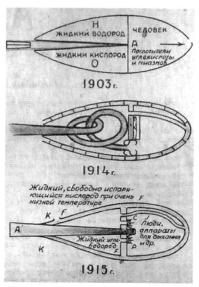

<그림 III-7> 치올콥스키가 1903년, 1914년, 1915년에 그린 로켓 스케치.

우주에 관한 관심을 쌓았고(이 시절에 그는 쥘 베른의 소설을 읽고 영향을 받았다), 교사 시험에 합격해 학교에서 학생들을 가르치던 1883년에 일련의 일기 노트를 써서 우주여행의 가능성을 선구적으로 제기했다. 그의 사후에 『자유 공간Free Space』이라는 제목으로 출간된 이 노트에서, 그는 무중력 상태인 우주의 진공 속에서 그가 '반작용 장치'라고 불렀던 로켓이 어떻게 움직일 수 있는지를 이론적으로 탐구했다. 이어 1898년에 그는 자신의 가장 중요한 저작인 「반작용 장치를 이용한 우주 탐사」를 완성해 5년 후인 1903년에 출간했다. 여기서 그는 기존의 고체연료 로켓이 아닌 액체 추진제를 사용하는 로켓을 우주 탐사의 수단으로 제시했고, 이를 이용해 지구 중력으로부터의 탈출 속도에 도달할 수 있음을 방정식으로 입증했으며, 그가 '로켓 기차(rocket train)'라고 불렀던 다단 로켓을 이용해 지구 궤도에 오를 수 있음을 제안하는 등 여러 선구적 주장들을 내놓았다.

그는 풍동을 이용한 비행기 연구 같은 실험도 했지만, 재원의 한계로 인해 이론적인 측면의 논의에 많이 치우쳤고, 인공위성의 가능성을 제시한 것으로 널리 알려진 『지구와 하늘에 대한 꿈Dreams of Earth and Sky』(1895) 같은 소설을 써서 자신의 생각을 알렸다. 그는 러시아혁명 이후 잠시 감옥에 갇히는 등 고초를 겪기도 했지만, 1920년대에 국제적으로 로켓과 우주탐사가 붐을 이루면서 소련 당국에 의해 조국의 명예를 드높인 영웅이자 선구자('우주항행학의 아버지')로 상찬받기 시작했다. 치올콥스키는 상대적으로 고립된 생활을 했고 당시 소련도 다른 국가들과 교류가 적었기 때문에 그가 다른 국가의 논의에 미친 영향은 제한적이었지만, 적어도 20세기 초부터 소련 내에서 우주여행을 꿈꿨던 사람들(유리 콘드라튜크, 프리드리히 찬더, 발렌틴 글루시코, 세르게이 코롤료프 등)은 치올콥스키로부터 직·간접적 감화를 받았고, 1924년에는 찬더를 회장으로, 치올콥스키를 명예 회원으로 하는 행성간통신연구협회가 설립되기도 했다.

그보다 사반세기 뒤의 인물인 로버트 고다드는 철저한 이론가였던 치올콥스키와 달리 실제로 로켓 제작에 몰두했던 실험가의 면모를 훨씬 더 강하게 띄었다. 미국 매사추세츠 주에서 태어난 그는 병약했던 어린 시절부터 과학과 발명에 관심을 보였다. 그는 쥘 베른의 소설을 즐겨 읽었고, 특히 열여섯이던 1898년에 보스턴의 한 신문에 연재됐던 웰스의 『우주전쟁』을 보고 깊은 인상을 받았다. 그는 1911년에 클라크대학에서 물리학 박사학위를 받은 후 이곳의 물리학 교수로 자리를 잡았는데, 이에 앞서 클라크대학에 입학하던 즈음부터 우주로 나가는 방법으로 로켓에 관심을 가지게 되었다. 그는 1914년 이후 고체로켓 실험을 시작해 특허를 출원하는 한편으로, 로켓의 탈출 속도, 다단로켓 등에 대한 이론적 개념을 치올콥스키와는 독립적으로 발전시켰다. 고다드가 명성을 얻고 세상에 알려지기 시작한 것은 1919년에 발

〈그림 III-8〉 미국의 선구적 로켓 실험가 로버트 고다드와 그가 1935년경에 실험하던 액체로켓.

표한 논문「매우 높은 고도에 도달하는 방법A Method of Reaching Extreme Altitudes」이 1920년 1월 스미소니언협회에 의해 다시 소개되면서부터였다. 다단 고체로켓을 이용해 달에 도달할 수 있다는 그의 주장은 대중 언론의 관심을 끌었고, 국제적으로도 널리 알려져 각국에서 로켓 붐을 일으켰다. 그러나 일각에서는 그의 생각을 노골적으로 조롱하기도 했는데, 대표적인 사례로 1920년 1월 13일의《뉴욕 타임스New York Times》기사는 고다드를 "월인(moon man)"으로 부르면서 그가 "고등학교에서 매일 배우는 지식을 결여하고 있는 것 같다"고 비꼰 것으로 유명해졌다.[7]

1920년대 들어 다단 고체로켓에 실망한 고다드는 점차 액체로켓으로 방향을 선회했고, 유명한 비행사 찰스 린드버그의 주선으로 구겐하

---

7 일각에서는 이 사건 이후 모멸감을 느낀 고다드가 자신의 연구를 공개하는 것을 그만두고 대중 앞에서 자취를 감추었다고 쓰고 있지만, 이는 사실과 거리가 멀다. 고다드는《뉴욕 타임스》를 비롯한 언론과 (선별적이긴 하지만) 계속 좋은 관계를 유지했다. 다만 그는 같은 분야에 종사하는 경쟁자들로부터 자신의 발명을 지키려고 애썼고, 이러한 비밀주의가 고다드에 얽힌 대중적 신화를 만든 것으로 보인다.

임재단의 후원을 받아 1920년대와 1930년대에 일련의 액체로켓 실험을 계속했다. 그는 1926년 3월 26일에 매사추세츠 주 오번에서 최초의 액체로켓 실험에 성공했고(수직으로 12미터, 수평으로 55미터 비행), 1930년대에 뉴멕시코 주로 장소를 옮긴 후에는 더 큰 로켓들을 만들어 1937년에는 2.4킬로미터 상공까지 로켓을 쏘아올리는 데 성공했다. 그는 사후에 허용된 것까지 합쳐 모두 214개의 특허를 취득했을 정도로 실용적 로켓 연구에서 중요한 족적을 남겼지만, 정작 액체로켓 연구의 성과에 대해서는 비밀을 유지했다. 이 때문에 그의 성과가 대중적으로 알려진 것은 스미소니언협회가 이를 요약해 발표한 1936년의 일이었다. 미국에서는 주로 과학소설에서 영향을 받은 개인들이 모여 1930년에 미국행성간협회(American Interplanetary Society)를 만들었는데(1934년에 미국로켓협회[American Rocket Society]로 개칭한 후부터는 로켓 실험에 초점을 맞추었다), 고다드는 만년에 이 협회 활동에 관여하기도 했다.

마지막으로 헤르만 오베르트는 당시 오스트리아-헝가리 제국의 일부였던 트란실바니아알프스에서 태어나 2세 되던 해에 독일로 이주했다. 그는 어렸을 때 망원경을 통한 천체관측에 관심이 많았고 베른의 책 『지구에서 달까지』를 탐독하며 우주여행을 꿈꾸었다. 그는 의사였던 아버지의 뒤를 잇기 위해 의대에 진학했지만, 1차 대전 때 입대해 부상을 입고 의무병으로 복무한

〈그림 III-9〉 독일의 로켓 선구자 헤르만 오베르트.

후 원래 가졌던 우주탐사의 꿈을 좇기로 결심했다. 그는 여러 대학을 떠돌다 1922년 하이델베르크대학에 로켓과 우주여행에 관해 준비한 박사논문을 제출했으나 대학 당국이 거부해 학위를 받지는 못했다. 이즈음에 독일 신문에 실린 고다드에 관한 기사를 읽은 오베르트는 고다드에게 편지를 보내 유명한 1919년 논문을 받아서 읽었고, 이어 주위의 권유에 따라 1923년에 자신의 논문을『로켓을 타고 항성간 우주로 *Die Rakete zu den Planetenräumen*』라는 제목의 책으로 출판했다. 로켓과 우주여행에 관한 전문적 내용과 2단 액체로켓의 설계, 다른 세계로 가는 우주선의 구조 등의 내용이 담긴 이 책은 비평가들의 혹평에도 불구하고 대중적으로 성공을 거뒀고 유럽 전역에 우주여행 열풍을 일으켰다.

독일 내에서 오베르트로부터 영감을 얻어 우주여행에 관심을 갖게 된 사람들로는 막스 발리어, 윌리 레이, 요하네스 빙클러 같은 이들이 있었다. 1927년에는 이들을 주축으로 해서 우주여행협회(Verein für Raumschiffahrt)가 설립되었고, 이내 1천 명이 넘는 회원들을 거느릴 정도로 급성장해 독일 내에서 로켓과 우주여행에 대한 관심을 높이기 위한 활동들을 전개했다. 발리어는 자동차 기업가 프리츠 폰 오펠과 힘을 합쳐 로켓 자동차의 개발에 나섰고(나중에 그는 자동차에 부착할 액체로켓 실험을 하다 폭발 사고로 사망했다), 오베르트는 첫 번째 책을 새롭게 고쳐 쓴『우주여행으로 가는 길*Wege zur Raumschiffahrt*』(1929)을 출간하는 한편으로 독일 영화계의 거장 프리츠 랑의 신작 〈달의 여인Frau im Mond〉(1929)의 기술 자문을 맡아 영화 홍보를 위한 액체로켓 제작을 시작했다. 오베르트의 로켓은 실패를 거듭해 영화 개봉 전

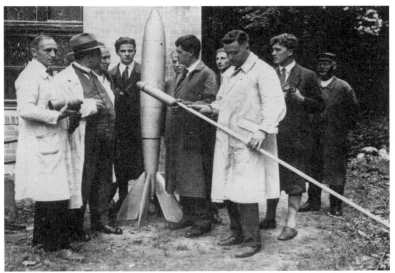

〈그림 III-10〉 1930년경의 우주여행협회 회원들. 로켓 바로 오른편에 선 사람이 오베르트이고 맨 오른쪽에서 두 번째 사람이 젊은 베르너 폰 브라운이다.

에 발사되지 못했지만, 우주여행협회의 다른 구성원들(루돌프 네벨, 클라우스 리델, 베르너 폰 브라운 등)은 이 작업을 계속 밀어붙여 1931년 베를린 근교에서 최초의 액체로켓 발사에 성공했다. 우주여행협회는 베를린 근교에서의 로켓 발사가 사고를 우려해 금지되고 대공황으로 후원이 끊긴 1934년 초에 해산했으나, 다른 유사한 그룹들이 그 자리를 대신해 활동을 계속했다.

시대를 앞서나간 것으로 흔히 평가받는 세 명의 선구자들이 걸어갔던 길에는 흥미로운 유사성이 있다. 그들은 모두 어릴 때 쥘 베른, H. G. 웰스 같은 과학소설의 선구자들로부터 영향을 받았고, 우주여행을 위한 이론적 기반을 닦고 이를 널리 알리는 데 몰두했으며, 이를 실현시킬 수 있는 구체적 수단인 액체로켓에 관심을 갖고 직접 실험을 하

〈그림 III-11〉 독일의 영화감독 프리츠 랑이 1929년에 발표한 영화 〈달의 여인〉에 묘사된 달 로켓.

기도 했다. 그들은 다양한 저술과 시연을 통해 자신이 속한 나라 혹은 대륙에서 로켓과 우주여행에 대한 대중적 관심을 높이는 데 크게 기여했고, 우주여행을 꿈꾸던 사람들이 각국에서 만든 단체들—로켓협회, 항성간여행협회, 우주여행협회 등 다양한 명칭을 가진—에서도 일정한 역할을 했다. 1950년대 이후 미국과 소련에서 로켓 개발과 우주 탐사를 이끌었던 대표적 인물인 베르너 폰 브라운과 세르게이 코롤료프는 세 명의 선구자들로부터 직·간접적으로 감화를 받은 2세대 인물로 볼 수 있다. 마지막으로 그들의 선구적 작업은 1930년대 이후 파시즘의 발호로 전세계에 전운이 드리우면서 각국에서 로켓의 군사적 이용을 모색하는 과정에서 밑거름 구실을 했다.

3 │ 2차대전과 V-2 로켓의 유산

유럽 대륙에 전쟁이 임박했음을 누구나 느끼고 있던 1930년대 말에 소련, 미국, 독일, 프랑스 등 여러 나라들은 모두 로켓의 군사적 활용에 관한 프로그램을 진행하고 있었고, 실제로 2차대전 때 어느 정도 이를 활용하기도 했다. 소련에서는 로켓에 대한 관심과 연구가 국가의 엄격한 통제 하에 있었는데, 이미 1921년에 군대의 지원을 받는 기체동역학연구소(GDL)가 설립돼 군사용 고체로켓 연구를 시작했고, 1931년에 레닌그라드와 모스크바에 생긴 반작용추진연구그룹(GIRD)은 우주여행을 염두에 둔 액체로켓을 제작하는 일에 집중했다. 이러한 노력은 1933년 코롤료프를 중심으로 한 모스크바 그룹에서 소련 최초의 액체로켓을 발사하는 데 성공하면서 소기의 성과를 거두었다. 그러나

〈그림 III-12〉 1932년경의 반작용추진연구그룹 구성원들. 아랫줄 가운데 앉은 사람이 코롤료프이다.

1933년에 두 기관을 합쳐 반작용과학연구소(RNII)를 설립하는 과정에서 구성원들 간에 내부 갈등이 깊어졌고, 이것이 1937년 이후 대숙청 기간에 곪아터지면서 연구소장과 주요 연구자들이 숙청되는 결과가 초래되었다(냉전 시기 소련의 로켓 개발과 우주 탐사를 이끌게 되는 주요 인물인 글루시코와 코롤료프도 이때 체포돼 강제수용소에서 노동교화형을 선고받았다). 이 때문에 2차대전 때 소련은 카튜샤라는 이름의 경량 고체로켓을 포병대에서 활용하는 등 다소의 군사적 응용을 이루긴 했지만, 액체로켓 개발에서는 두각을 나타내지 못했다.[8]

미국에서는 1차대전 때 만들어진 항공자문위원회(NACA)와 캘리포니아공과대학(칼텍)의 구겐하임항공학연구소(GALCIT)의 주도 하에 1930년대 말부터 군사용 로켓 연구가 본격화되었다(GALCIT은 2차대전 중에 제트추진연구소[Jet Propulsion Laboratory, JPL]로 명칭을 바꿨다). 고령으로 건강이 나빠진 고다드 역시 1940년에 해군 및 육군 항공대와 계약을 맺고 군사용 로켓 개발에 참여했다. 그러나 고다드와 GALCIT의 관계는 개인연구를 선호하며 자신의 연구 데이터를 가급적 비밀로 하고 싶어했던 고다드의 성향으로 인해 처음부터 삐걱거렸고, 그가 군대와 공동으로 개발했던 제트추진 이륙보조장치는 액체로켓의 장점을 살리기에 부적합했다. 결국 전쟁이 끝날 때까지 미국 역시 로켓 그 자체를 군사 무기로 응용하는 데서는 별다른 성과를 거두

---

8 Asif A. Siddiqi, "The Rocket's Red Glare: Technology, Conflict, and Terror in the Soviet Union," *Technology and Culture* 44:3 (2003): 470-501.

지 못했다.[9]

결과적으로 2차대전의 교전국들 중 로켓의 활용에서 가장 큰 성공을 거둔 나라는 독일이었다.[10] 2차대전 말에 독일이 선보인 '비밀무기' V-2 로켓은 탄도미사일의 군사적 활용가능성을 입증했으며, 개인과 소집단 위주의 로켓 개발의 시대가 끝나고 군대와 정부의 후원이 이 분야를 지배하게 되었음을 알렸다. V-2 로켓의 기원은 앞서 다뤘던 1930년대 초로 거슬러 올라간다. 1927년에 설립되어 액체로켓을 만들고 시험 발사를 하면서 대중적 주목을 끌던 우주여행협회 구성원들의 활동이 당시 베르사유 조약에 어긋나지 않는 무기의 개발을 모색하고 있던 독일 육군의 관심을 받은 것이다. 1932년 봄에 육군 병참부의 카를 베커 중령은 부관들을 이끌고 우주여행협회의 로켓 시험장을 방문했고, 이 해 여름에 육군 시험장에서 우주여행협회의 로켓 발사 시험을 후원했다. 이때의 시험은 실패로 돌아갔지만, 베커는 시험을 함께 준비한 젊은 공학도 베르너 폰 브라운의 능력과 열정에 깊은 인상을 받았고, 그 해 말에 폰 브라운을 육군 내부에 새로 만든 로켓 부서에 고용했다.

폰 브라운은 독일에서 고위 공직을 두루 역임한 귀족의 자제로, 어렸을 때 오베르트의 첫 번째 책을 읽고 우주에 관심을 갖게 되었다. 그는 샤를로텐부르크 공과대학에 입학한 후 오베르트의 조수로 우주여

---

9 Gainor, *To a Distant Day*, pp. 48-50.
10 트레이시 D. 던간, 『히틀러의 비밀무기 V-2』(일조각, 2010).

〈그림 III-13〉 1941년 3월 페네뮌데에서 독일군 장교들과 베르너 폰 브라운(양복 입은 사람)이 함께 찍은 사진.

행협회의 일을 돕겠다고 자원했고, 이후 독일 최초의 액체로켓 발사에도 기여했다. 그는 독일 육군에 합류한 이후 베를린대학에서 박사학위를 받았는데, 2차대전이 끝나기 전까지 비밀에 붙여졌던 그의 논문 주제는 액체로켓 엔진의 다양한 문제에 관한 것이었다. 폰 브라운은 육군에 새로 합류한 사람들로 구성된 로켓 팀을 이끌었고, 1934년 말에는 A-2로 명명한 로켓을 2킬로미터 상공까지 쏘아올리는 데 성공을 거두었다. 이 즈음에 독일 공군과 육군이 로켓 연구를 두고 경쟁을 벌여 지원되는 예산의 규모가 커지면서, 이러한 지원을 정당화하기 위해 새로운 목표와 새로운 발사 시험장이 필요하게 되었다.

폰 브라운이 이끄는 로켓 팀은 1937년부터 발트해 연안의 외진 마을인 페네뮌데에 마련된 로켓 시험장에서 활동하기 시작했고, 자신들이 지향하는 무기의 최종 형태를 A-4로 설정했다. 로켓 팀의 규모는 1938년 초의 411명에서 1939년 9월에는 그것의 3배까지 늘어났다. 그들은 1939년부터 1942년까지 엔진 설계의 개선, 풍동 연구를 통한 초음속 비행의 이해, 자이로스코프 유도 장치의 개발 등 여러 방향에서 큰 진전을 이뤘고, 1942년 10월에 A-4 로켓의 시험 발사에 성공했다. 알코올과 액체 산소를 연료로 하는 A-4 로켓은 시험 발사에서 80킬로미터 고도까지 올라간 세계 최초의 탄도미사일로 기록되었다. 그보다 앞서 히틀러의 공식 재가를 받은 A-4 로켓 프로그램은 점차 대량생산 체제를 갖추었고, 1943년 8월 연합군이 페네뮌데를 대규모로 공습한 이후에는 튀링겐 주의 하르츠산맥 내부에 있는 미텔베르크라는 이름의 폐광 지대에 은폐된 공장에서 연합군 포로와 유대인 등 노예노동을 이용해 생산되었다. '보복 무기'라는 뜻의 Vergeltungswaffe라는 단어의 머릿글자를 따서 V-2로 다시 명명된 이 로켓은 1944년 9월부터 3,200기 이상이 영국과 벨기에 등지의 연합군 목표로 발사되었다. 그러나 V-2 로켓이 미친 피해는 폭격기에 의한 공습과 비교하면 미미한 수준이었고, 주로 겁주기 효과에 의존했다. 아이러니한 사실은 V-2 공격으로 인한 사망자가 5천여 명 정도로 추정되는 데 반해, 미텔베르크의 극도로 열악한 작업 환경 때문에 V-2 생산 과정에서 노예노동을 하다가 사망한 희생자의 수가 1만 명이 넘었다는 것이다.[11]

---

11 Michael J. Neufeld, *The Rocket and the Reich: Peenemünde and the Coming of the Ballistic Missile Era* (Cambridge, MA: Harvard University Press, 1995).

〈그림 III-14〉 1943년 여름 고정 사대에서 발사되는 V-2 로켓.

V-2 로켓은 독일 당국이 선전했던 대로 전세를 역전시킬 수 있는 경이의 무기는 아니었지만, 그럼에도 미국을 포함한 연합군 측에 강한 인상을 남겼다. 이 때문에 전쟁 말기에는 독일의 V-2 로켓 개발의 유산을 선점하기 위한 미국, 영국, 소련의 경쟁이 치열하게 전개되었다. 이 경쟁에서는 소련보다 한 발 앞서 폰 브라운을 비롯한 독일의 로켓 기술자들을 확보하고 백여 기의 V-2 로켓 부품과 주요 설계도까지 챙긴 미국이 승리를 거두었다.[12] 전쟁 말기에 폰 브라운은 A-4 로켓의 후속으로 미국을 곧장 공격할 수 있는 다단 로켓—이와 동시에 인공위성 발사나 우주비행, 행성간 여행도 가능하게 해줄—에 대한 구상도 갖고 있었는데, 일명 페이퍼클립 작전(Operation Paperclip)에 의해 폰 브라운을 비롯한 독일 로켓 기술자들이 미국으로 향하게 되면서 이러한 원대한 야망을 담은 A-10에서 A-12에 이르는 거대한 로켓들의 아이디어도 미국으로 향

12 통설에 따르면 독일 로켓 기술자들이 자신들의 연구를 후원해줄 곳으로 영국이나 소련이 아닌 미국을 선택해 투항했다고 하지만, 이는 사실과 다소 거리가 있다. 폰 브라운을 비롯한 페네뮌데의 기술자들은 친위대 장군 한스 캄러의 밀착 감시를 받고 있어 독자 행동이 사실상 불가능했고, 미군이 점령한 바이에른 지방으로 이동하게 된 것 역시 캄러의 지시를 따른 것이었기 때문이다. 결국 독일 로켓 기술자들에게는 투항할 대상을 '선택할' 수 있는 여지가 거의 없었다.

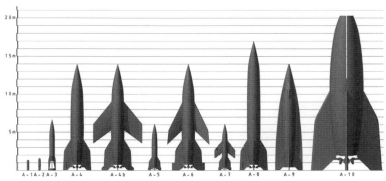

〈그림 III-15〉 독일의 로켓 팀이 계획했던 A 시리즈의 로켓들. A-10 이후로는 미국을 직접 공격하거나 궤도상에 인공위성을 띄울 수 있는 장거리 로켓으로 구상되었다.

하게 되었다.[13]

---

2. 냉전과 스푸트니크 충격, 달 착륙 경쟁

1 | 전후에 무르익은 우주여행의 꿈: 유토피아적 전망

앞서 우리는 치올콥스키, 고다드, 오베르트 등 선구자들로부터 영향을 받은 소수의 우주여행 지지자(space enthusiast)들이 1920~1930년대 사이에 생겨나는 것을 보았다. 동시대의 과학소설로부터 영감을 얻은 그들은 각국에서 관련 협회를 구성해 활동했고, 자신들의 전망을 널리 퍼뜨리기 위해 애썼다. 그들은 인간이 이전 시기에 지구상 곳곳을 누볐던 탐험가들처럼 앞으로는 우주에서 야심적인 원정을 떠나게 될 것

---

13 애니 제이콥슨, 『오퍼레이션 페이퍼클립』(인벤션, 2016).

<그림 III-16> 독일 우주여행협회의 기관지 《로켓 Die Rakete》의 창간호 표지. 초기 우주여행 지지자들의 비전을 잘 보여준다.

이라고 선언했고, 이러한 활동의 본질에는 모험과 발견의 정신이 있다고 주장했다. 그들이 보기에 인간은 답답하고 좁은 지구 위에 붙어서 살도록 정해진 것이 아니라 저 넓은 우주공간으로 퍼져나가도록 운명 지어진 존재였다. 인류의 '발상지'는 지구지만, 인류가 결국 향해야 할 곳은 그 바깥에 존재하는 우주라는 것이었다. 이러한 그들의 주장은 당시 시대 분위기에 잘 부합했다. 19세기에 미국의 서부와 아프리카 내륙이 개척자와 탐험가들에 의해 개방되고, 20세기 초에 북극점과 남극점, 히말라야 산맥의 고산준령들이 차례로 '정복'되면서 이제 지구상에는 더 이상 탐험 시대의 뒤를 이을 만한 후보지가 거의 남아 있지 않았고, 이에 따라 지구상 탐험의 전통을 이을 자연스러운 다음 후보지는 우주공간이 되었다. 또 이러한 주장은 당시 신문을 팔아먹을 선정적인 수단으로 탐험 이야기에 의존하던 황색 언론과 싸구려 잡지들에도 솔깃한 얘깃거리를 제공해주었다.[14]

1930년대의 우주여행 지지자들은 이러한 시대 분위기에 발맞추어

---

14 McCurdy, *Space and the American Imagination*, pp. 22-23.

우주탐사의 구체적 상을 만들어냈다. 그들이 생각했던 우주탐사는 전적으로 유인 우주비행이었고, 과학자들이 흔히 생각했던 망원경을 통한 천체 관측이나 우주로부터 들어오는 전파 신호의 연구가 아니었다. 여기서 더 나아가 그들은 앞으로 인간이 우주로 진출하게 될 때 밟아야 할 수순까지도 상세하게 정해놓았다. 그들에 따르면 유인 우주여행은 다음과 같은 여섯 단계를 거쳐야 했다. ① 사람들을 우주로 보낼 수 있는 거대한 로켓 우주선을 건조한다 ② 우주로 진출한 후 우주정거장을 건설해 그곳에서 지구를 넘어 여행할 수 있는 우주선을 조립한다 ③ 달과 인근 행성(금성, 화성)으로 원정을 떠난다 ④ 달과 인근 행성에 영구 기지와 정착지(colony)를 건설한다 ⑤ 더 외부에 있는 행성(목성, 토성…)과 그 위성으로의 여행을 준비한다 ⑥ 궁극적으로는 태양계 바깥의 지적 생물체와 접촉한다. 사용되고 있는 용어나 구체적 실천 과제의 측면에서 다분히 19세기 제국주의와 식민주의의 연장선상에 있었던 이러한 기술 유토피아적 전망은 아직 로켓 기술이 초보적인 수준이었던 1930년대의 맥락에서는 다분히 허무맹랑한 공상에 가까웠다.[15]

파시즘의 발호와 2차대전의 참상을 거치면서 일시적으로 숨을 죽였던 이러한 전망은 2차대전 이후 새롭게 활기를 띠기 시작했다. 그러나 전쟁 전과 마찬가지로 이러한 전망은 여전히 현실과는 거리가 멀어 보였다. 일례로 1949년 미국에서 실시된 갤럽 조사에서 "2000년까

---

15 위의 책, pp. 27-29.

〈그림 III-17〉 미국의 휴고 건즈백이 1927년부터 발행하기 시작한 펄프 SF 잡지《어메이징 스토리즈》의 표지. 우주여행에 관한 모험담들이 종종 실렸다.

〈그림 III-18〉 유인 달 탐사를 현실적으로 그려내 크게 인기를 끌었던 1950년 미국 영화 〈달을 향하여Destination Moon〉의 포스터. 이 작품의 성공으로 수많은 아류작들이 양산되었다.

지 이뤄질 과학 발전"을 물었을 때, 응답자의 88퍼센트는 암 치료법이 발견될 것이라고 답했고, 63퍼센트는 원자력 기차와 비행기가 실용화될 것이라고 했지만, 로켓을 이용한 인간의 달 여행이 이뤄질 것이라는 응답은 15퍼센트에 그쳤다. 당시 팽창하고 있던 펄프 SF 시장이나 할리우드 영화(〈플래시 고든〉, 〈벅 로저스〉 등 우주비행사가 주인공으로 등장하는) 등으로 우주에 대한 관심은 분명 증가하고 있었지만, 대중의 인식은 우주여행이 흥미롭긴 하지만 실현불가능한 '환상'이라는 것에 가까웠다. 유인 우주여행을 실현시킬 거대한 로켓 건조를 위해 외부의 지원을 끌어들여야 했던 우주여행 지지자들로서는 먼저 우주탐사를 공공의 의제로 만들 필요가 있었고, 이를 위해서는 대중의 인식을 바꿔놓아야만 했다.[16]

이에 따라 1950년대 들어 우주여행 지지자들은 다양한 매체를 통해

우주여행이 실현가능하며 바
로 눈앞에 와 있다는 메시지를
전달하는 작업에 나섰다. 독일
에서 미국으로 건너온 작가 윌
리 레이, 영국의 작가 아서 C.
클라크 등은 관련된 책을 저술
해 우주여행의 원리, 로켓 기
술 등을 설명했고, 1951년 뉴욕
자연사박물관 부설 헤이든 천

〈그림 III-19〉 독일 출신의 작가로 미국에서 활동하며 우
주여행의 전망을 설파했던 윌리 레이(왼쪽)와 베르너 폰
브라운.

문관에서 열린 것처럼 우주여행에 관한 대중적 심포지엄을 열기도 했
다. 그중에서 특히 대중에게 파급효과가 컸던 것은 1952년부터 1954년
까지 8회에 걸쳐 잡지《콜리어스》에 연재되었던 우주탐사 특집 기사들
이었다.[17] 첫 번째로 1952년 3월 22일에 발간된 특집호는 "인간이 곧 우
주를 정복할 것이다"라는 도발적 제목과 날개 달린 거대한 로켓 우주선
을 그린 미술가 체슬리 보네스텔의 삽화를 표지에 넣었고, 본문의 첫 번
째와 두 번째 특집 기사로는 향후 10~15년 내에 거대한 우주정거장이
지구 대기권 바깥에 건설될 거라는 주장을 담은 베르너 폰 브라운과 윌
리 레이의 글을 역시 보네스텔의 장엄한 삽화와 함께 실었다.[18] 이후의

---

16 위의 책, pp. 33-35.
17 《콜리어스》에 실렸던 특집 기사들은 인터넷에서 pdf 스캔 파일로 구해볼 수 있다. http://
    www.rmastri.it/spacestuff/wernher-von-braun/colliers-articles-on-the-
    conquest-of-space-1952-1954/ 참조.

〈그림 III-20〉《콜리어스》1952년 3월 22일자 표지와 베르너 폰 브라운이 쓴 첫 번째 특집 기사.

특집호들은 우주정거장에서 달까지의 원정, 달 표면에서의 활동, 우주로 비행할 사람들의 선별, 훈련, 보호, 인간 비행의 전 단계로서 자동화, 궁극적 목표인 화성 탐사 등을 차례로 다루었는데, 이러한 연재 순서는 1930년대 우주여행 지지자들이 제시한 우주탐사에 대한 전망을 거의 그대로 반영한 것이었다. 《콜리어스》의 우주탐사 특집은 그 자체로 상당한 반향을 불러일으켰을 뿐 아니라, 여기 기고한 여러 필자들(특히 베르너 폰 브라운)이 후속 라디오 및 텔레비전 인터뷰 등을 통해 미국 전역에 이름과 얼굴을 알리는 계기가 되었다.

《콜리어스》 특집 기사의 성공은 1954년 월트 디즈니와의 인연으로 이어졌다. 디즈니는 이듬해 개장할 예정이었던 디즈니랜드의 홍보를 겸해 ABC 방송사에서 매주 텔레비전 프로그램을 진행하고 있었는데, 디즈니랜드를 구성하는 네 개의 테마 공원—모험의 나라, 서부의 나라, 환상의 나라, 미래의 나라—중 마지막 것에 대한 구체적 홍보 내용이 가장 부족했다. 디즈니의 애니메이터 워드 킴볼은 '미래의 나라'를 채울 내용을 고민하다가 《콜리어스》 기사를 보고 우주여행에 관한 TV 프로그램을 제안했고, 폰 브라운, 윌리 레이, 하인츠 하버 등을 끌어들여 1955년부터 1957년 사이에 〈우주 속의 인간Man in Space〉, 〈인

---

18 여기서 묘사된 우주정거장의 외관과 구조는 유인 우주탐사를 다룬 걸작 SF영화 〈2001년 스페이스 오디세이2001: A Space Odyssey〉(1968)에 직접적으로 영향을 미쳤다. 1940년대와 1950년대에 걸쳐 우주탐사를 다룬 주요 삽화를 도맡아 그리다시피 했던 미술가 체슬리 보네스텔은 지구 바깥의 우주공간에 경외감과 장대함을 부여했고 이를 영적 아름다움을 지닌 곳으로 그려내 우주 시대의 초기 이미지를 형성하는 데 크게 영향을 미쳤다. Ron Miller, "To Boldly Paint What No Man Has Painted Before," *American Heritage of Invention & Technology* 18:1 (Summer 2002): 14-19.

〈그림 III-21〉《콜리어스》의 후속 특집 표지들.

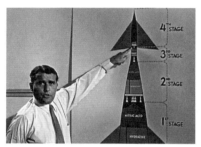

〈그림 III-22〉 월트 디즈니가 1955년에 제작한 TV 프로그램 〈우주 속의 인간〉에 출연해 다단 로켓의 개념을 설명하는 폰 브라운.

간과 달Man and the Moon〉, 〈화성을 넘어서Mars and Beyoncl〉라는 제목의한 시간짜리 프로그램을 세 번에 걸쳐 방영했다. 아울러 1955년 개장한 디즈니랜드의 '미래의 나라'에는 V-2 로켓을 본뜬 'TWA 달 정기왕복선(TWA Moonliner)'과 '우주정거장 X-1(Space Station X-1)'이라는전시물과 상영시설이 설치되기도 했다.[19] ABC의 '미래의 나라' 프로그

19 David Meerman Scott and Richard Jurek, *Marketing the Moon: The Selling of the Apollo Lunar Program* (Cambridge, MA: MIT Press, 2014), pp. 1-15.

램은《콜리어스》기사보다 훨씬 더 범위가 넓은 수천만의 시청자들에게 전해졌고, 이를 본 사람들은 유인 우주비행이 더 이상 환상이 아닌 실제적인 것이 되었다고 믿게 되었다. 일례로 1955년 초에 실시한 설문조사에서는 "50년 내에 인간이 로켓을 타고 달에 갈 것"이라고 생각하는 응답자가 5년 전의 15퍼센트에서 38퍼센트로 크게 증가했고, 1957년 스푸트니크 발사 직후 설문조사에서는 "25년 내로 인간이 달에 갈 것"이라는 응답자가 41퍼센트까지 늘어났다.[20]

1950년대에 전개된 우주여행 지지자들의 노력은 그들의 전망을 사회적으로 확산시키는 데 상당한 성과를 거두었다. 대중은 우주여행 지지자들이 내세웠던 우주탐사의 전망(유인 우주여행)과 단계들을 당연한 것으로 받아들이게 되었고, 이는 스푸트니크 이후

〈그림 III-23〉 디즈니랜드 '미래의 나라'에 설치된 TWA 달 정기왕복선과 우주정거장 X-1.

---

20   McCurdy, *Space and the American Imagination*, p. 54.

설립된 국립항공우주국(NASA)의 활동 계획에도 거의 그대로 수용되었다.[21] 그러나 이러한 긍정적 변화에도 불구하고, 환상적이고 도달 불가능한 꿈이 실현가능한 전망으로 변모한 것 그 자체만으로는 충분치 않았다. 이를 실행에 옮기기 위해서는 천문학적인 비용이 소모될 터였는데, 이를 마련하기 위한 동력은 20세기 중반을 특징지은 미국과 소련의 냉전 경쟁에서 나타나게 된다.

2 | 냉전의 도래와 스푸트니크 충격: 디스토피아적 전망[22]

소련은 2차대전 직전에 있었던 대숙청으로 로켓 개발 활동이 크게 약화되었다. 이러한 상황에서 로켓에 대한 관심의 불씨를 다시금 살린 것은 2차대전 말기에 폴란드와 독일 점령지에서 확보한 V-2 로켓의 잔해와 부품들이었다. 비록 V-2 부품과 설계도, 핵심 로켓 기술자들은 미국에 빼앗겼지만, 소련은 자체 전문가들을 보내 독일의 로켓 기술을 연구하는 한편으로, 미국이 데려가지 않은 과학자와 하급 기술자들을 모아서 그들의 기술 역량을 흡수하려 애썼다. 코롤료프와 글루시코 등이 석방돼 로켓 개발에 합류한 것도 이즈음의 일이었다. 그들은 1946년 가을에 독일 기술자 수백 명을 소련으로 데려와 모스크바 교외에 새로 만든 연구 시설에서 로켓 연구를 시작했다. 이내 소련

---

21 한 가지 순서상의 예외가 있었다면, 우주정거장 건설 이전인 1960년대에 먼저 유인 달 탐사에 나선 것인데, 이는 1960년대가 끝나기 전까지 인간을 달에 착륙시킨 후 안전하게 귀환시키겠다는 케네디의 최초 선언을 지키기 위해 불가피했다.

22 이 소절의 내용 중 일부는 김명진, 『야누스의 과학』의 7장을 수정, 보완한 것이다.

의 로켓 개발 책임을 맡게 된 코롤료프는 처음에 스탈린의 지시에 따라 V-2를 그대로 복제한 R-1을 만들었으나, 1949년부터 그것의 성능을 뛰어넘은 R-2를 제작해 시험하기 시작했다. 코롤료프는 이어 사정거리를 2,800킬로미터까지 늘린 R-3를 구상했고, 그것의 전 단계로 1951년부터 사정거리를 1,200킬로미터로 줄인 R-5를 설계해 1953년에 성공을 거두었다.[23]

2차대전 이후 소련이 상대적으로 짧은 시간 동안 로켓 기술에서 비약적인 도약을 이룬 배경에는 전후 세계의 새로운 역학관계가 도사리고 있었다. 앞 장에서 본 것처럼 2차대전에 종지부를 찍은 것은 독일의 비밀 무기 V-2 로켓이 아니라 미국이 개발한 신무기인 원자폭탄이었다. 그런데 애초 히틀러를 견제하기 위해 미국이 다급하게 개발한 원자폭탄의 성공은 전후 체제에 예기치 못한 결과를 가져왔다. 미국의 원자폭탄 독점이 미-소 간의 힘의 균형을 무너뜨렸다고 인식한 소련이 원자폭탄의 개발과 함께 유럽과 미국을 직접 공격할 수 있는 장거리 미사일 개발에 전력을 기울이기 시작했던 것이다. 1950년대 들어 미국과 소련이 수소폭탄을 각각 개발하면서 핵탄두를 적국까지 전달할 수 있는 수단에 대한 요구는 더욱 커졌다. 소련 당국은 수소폭탄의 개발 책임자인 안드레이 사하로프로부터 얻은 수소폭탄 핵탄두의 추정 중량(5.5톤)[24]을 근거로 코롤료프에게 대륙간탄도미사일(ICBM) 개

---

23 James Harford, *Korolev: How One Man Masterminded the Soviet Drive to Beat America to the Moon* (New York: John Wiley & Sons, 1997).
24 이는 나중에 개발된 핵탄두의 크기에 비해 과대평가되어 있었고, 그 결과 소련의 대륙간탄

〈그림 III-24〉 소련이 1957년 발사에 성공한 대륙간탄도미사일 R-7.

발을 지시했고, 코롤료프 팀은 1953년 가을에 최초의 ICBM이 될 R-7 로켓의 개발에 착수했다.

이러한 군사적 노력은 로켓 개발이 가진 또 다른 측면, 즉 우주비행에 대한 꿈을 소련에서 부활시키는 부수적 효과를 낳았다. 소련 당국은 수소폭탄 개발에 성공한 후 체제 경쟁을 군사적 측면 외에 경제적 생산성, 과학의 진보, 제3세계에 대한 영향력 등 모든 측면으로 확대할 것을 선언했는데, 인공위성의 발사는 소련 체제의 우수성을 선전하려는 소련 당국의 의도에 잘 들어맞았던 것이다. 코롤료프와 그 동료들은 R-7이 단지 핵탄두를 쏘아보내는 미사일이 아니라 인공위성을 지구 궤도에 올려놓을 수 있는 발사체가 될 수 있음을 이해하고 있었고, 1953년부터 위성에 관한 연구도 아울러 시작했다. 몇 차례의 실패 끝에 1957년 8월 R-7 미사일이 경도 100도를 날아가 태평양의 캄차카 반도 인근에 착수하는 데 성공을 거두자, 소련 당국은 이 사실을 대외적으로 공표하는 한편으로 R-7을 이용해 인공위성을 쏘아올리는

도미사일은 미국의 그것보다 훨씬 큰 유효탑재량(payload)을 갖도록 만들어졌다. Gainor, *To a Distant Day*, p. 122.

코롤료프의 계획을 승인했다. 결국 역사상 최초의 인공위성 스푸트니크는 장거리 미사일 개발과정에서 모습을 드러낸 부산물이었고, 바로 그 미사일에 실려 1957년 10월 4일 발사에 성공했다.[25]

〈그림 III-25〉 1957년 10월 4일에 R-7에 실려 발사된 최초의 인공위성 스푸트니크.

냉전 초기의 로켓 개발에서 미국이 소련에 뒤처진 이유도 부분적으로 군사적 필요성의 차이에서 비롯된 것이었다. 2차대전 직후의 시점에서 미국은 원자폭탄을 독점적으로 보유하고 있었고, 서유럽 곳곳에 위치한 공군 기지와 함께 전세계 어디에나 원자폭탄을 실어나를 수 있는 장거리 폭격기를 이미 보유하고 있는 데다, 독일의 로켓 기술자들도 거의 독차지한 상황이어서 새롭게 로켓 같은 신무기를 개발하는 데 높은 우선순위를 둘 이유가 없었다. 이런 이유들에 더해 전쟁 포로로서의 불안한 지위 문제가 겹친 폰 브라운과 독일 기술자들은 미국 이주 이후 별다른 활동을 하지 못했고, 1949년까지는 독일에서 실어온 V-2 부품을 조립해 텍사스 주의 엘패소에서 과학적 관측 등을 위해 발사하는 것이 고작이었다. 미국에서는 1949년 소련의 원자폭탄 개발과 1950년 한국전쟁 발발을 계기로 군사적 연구개발 예산이 폭증했고, 수소폭탄 개발에 성공한 직후인 1954년 초부터 ICBM 개발에 높은 우선순위를 부여하기 시작했다.[26]

---

25 월터 맥두걸, 『하늘과 땅: 우주 시대의 정치사』(한국문화사, 2014), 2장.

그러나 미국의 로켓 개발은 육군이 레드스톤과 주피터, 해군이 바이킹, 공군이 아틀라스, 타이탄, 토르 미사일을 각각 개발하는 식으로 각 군이 서로를 심하게 견제하면서 독자 계획을 진행해 효율적으로 이뤄지지 못했고 결국 대형 로켓 개발에서 소련에 뒤처지는 결과를 초래했다.[27]

소련의 스푸트니크 발사는 사람 몸무게 정도 나가는 쇳덩어리가 삑삑거리는 신호를 내며 지구 주위를 새로 돌게 된 대수롭지 않은 사건에 불과했지만(그나마도 낮은 궤도로 인한 공기 저항 때문에 몇 달 후 추락해 불타 사라졌다), 냉전 초기의 미국에 군사·과학·심리적인 측면에서 엄청난 파장을 미쳤다. 스푸트니크 그 자체가 제기하는 당장의 군사적 위협은 거의 없었지만, 그것을 우주공간에 쏘아올린 로켓은 핵탄두를 미국 본토로 곧장 겨냥할 수 있는 강력한 미사일이 될 수 있었기 때문이다. 언론은 이러한 위험을 히스테리에 가깝게 과장 보도했고, 당시 상원 청문회에서 나왔던 표현을 빌려 이를 기술적 차원의 진주만 공습(technological Pearl Harbor)이라고 불렀다.[28] 여기에는 국가 안보 상황을 자신들에게 유리한 방향으로 이용하려는 우주여행 지지자들

---

26 흥미로운 대목은 종래의 원자폭탄에 비해 수백·수천 배에 달하는 폭발력을 지닌 수소폭탄의 등장이 ICBM의 개발을 뒷받침하는 정당성을 제공했다는 사실이다. 수천 킬로미터 이상을 비행해야 하는 ICBM은 발사나 비행 과정에서 약간의 오차만 발생해도 목표 지점에서 상당히 떨어진 곳에 낙하할 수 있어 그 군사적 유용성을 의심받아왔는데, 수소폭탄은 그러한 오차나 오류를 상쇄할 수 있을 정도의 막대한 위력을 가지고 있었기 때문이다.

27 Dickson, *Sputnik*, chap. 4.

28 맥두걸, 『하늘과 땅』, 6장. 맥두걸은 당시 언론의 과장 보도를 '미디어 폭동(media riot)'으로 일컫고 있다.

〈그림 III-26〉《콜리어스》1948년 10월 23일자에 실린 「달로부터의 로켓 기습공격Rocket Blitz from the Moon」이라는 기사에 수록된 체슬리 보네스텔의 삽화. 달의 지하 기지에서 발사된 핵미사일이 뉴욕 맨해튼을 쑥대밭으로 만드는 광경을 그렸다. 이는 냉전기 미국인들이 지닌 공포감의 일단을 잘 보여준다.

의 선전도 중요한 역할을 했다. 그들은 냉전기의 핵전쟁에 대한 공포심을 이용해 미국 대중을 겁주는 식으로 정부의 지원을 얻어내려 했다. 그들은 소련이 달에 먼저 핵미사일 기지를 마련하면 그곳에서 쏘아보낸 미사일에 대해서는 적절한 방어가 불가능하다고 주장했고, 대기권 바깥에 건설된 우주정거장은 원자폭탄을 투하하고 적국을 정찰하는 수단이 될 수 있다고 역설했다. 요컨대 그들은 자신들이 가진 우주탐사의 꿈을 실현하기 위해 일종의 '우주적 악몽(cosmic nightmare)', 즉 핵-우주 디스토피아의 전망을 이용하고 있었다.[29]

이와 함께 위협으로 작용했던 것은 국제사회에 대한 소련의 선전공세였다. 소련은 우주기술에서 뒤떨어진 미국이 신뢰할 만한 우방이 되지 못한다고 선전하면서 냉전기의 세력 재편을 시도하고 있었고, 스

---

29 McCurdy, *Space and the American Imagination*, pp. 72-76.

푸트니크 발사 직후 각국에서 실시된 여론조사에 따르면 실제로 미국의 대외적 위신은 상당한 정도로 추락하고 있었다. 따라서 우주개발에서 소련을 따라잡는 것은 국가 안보를 위한 것이기도 했지만, 국제사회에서 짓밟힌 국가적 자존심을 되찾고 이른바 '자유 진영'과 '공산 진영'의 세력 균형을 유지하기 위해서도 극히 긴요한 과제였다.[30] 이즈음부터 우주개발은 그것의 실질적 유용성을 넘어 이데올로기적 중요성을 갖게 되었다. 미국은 소련에 '뒤떨어졌다'고 여겨진 과학 연구와 교육을 개혁하기 위한 지원 프로그램—연방 과학기술 예산의 대대적 증액, 국방교육법(National Defense Education Act)의 제정 등—을 마련하는 한편으로,[31] 1958년 여름에 군 내부의 경쟁을 넘어선 민간 우주기구로 기존의 항공자문위원회(NACA)를 대체하는 국립항공우주국(NASA)을 설립하고, 곧이어 유인 우주 프로그램인 머큐리 계획을 발표해 짓밟힌 자존심 회복을 노렸다.

3 | 달 착륙 경쟁과 '국가적 자기성취'로 변모한 아폴로 프로그램

스푸트니크가 발사되었을 때 미국의 아이젠하워 대통령은 이에 큰 의미를 부여하지 않았다. 그는 일반 대중에 비해 더 많은 정보를 가지고 있었기 때문에 스푸트니크의 군사적 가치가 제한적임을 잘 알고 있었고, 이후 설립된 NASA가 제안한 원대한 유인 우주계획에 예산을 투

---

30 Sputnik Mania, directed by David Hoffman (History Channel documentary, 2007).

31 Roger L. Geiger, "What Happened after Sputnik? Shaping University Research in the United States," *Minerva* 35 (1997): 349-367.

입하는 데도 적극적이지 않았다. 그는 우주탐사에 대해 좀 더 '현실적'인 접근을 선호했고, 인간을 우주로 보내기보다는 인공위성 기술과 자동화된 우주선으로 필요한 목적을 모두 달성할 수 있다고 생각했다. 그는 공학적 위업보다는 우주과학 분야의 기초연구에 더 관심이 많았고, 소련과의 우주경쟁에도 무관심해 "우주탐사를 위한 맨해튼 계획"을 새롭게 시작하는 것에 반대하는 입장이었다.[32] 그러나 스푸트니크 이후 대중적 패닉이 빚어지면서 아이젠하워의 대안적 관점은 사실상 붕괴하고 말았다. 언론은 아이젠하워의 보수적 태도를 미국이 처한 위기에 대한 안목의 결여로 받아들였고, 당시 야당이었던 민주당 지도자들은 이를 정치적으로 이용했다. 텍사스 출신의 민주당 상원위원 린던 존슨은 "우주를 정복하는 나라가 곧 세계를 정복할 것"이라고 주장했고,[33] 그와 러닝메이트를 이뤄 대통령에 출마한 민주당의 존 F. 케네디는 1960년 대선에서 아이젠하워의 미온적 대처를 비판하며 우주정복 경쟁에서의 승리를 다짐해 대통령에 당선되었다. 아이젠하워와 달리 케네디는 우주경쟁이 단순한 군사적 용도뿐만이 아니라 국가 위신에 엄청난 가치를 지님을 잘 이해하고 있었다.

그러나 케네디가 대통령으로 당선된 이후 상황은 예기치 않은 방향으로 흘러갔다. 대중의 여론은 일견 유인 우주계획을 지지하면서도 대규모 예산 지출에는 반대하는 이중적 모습을 보였다. 일례로 1960년

---

32 McCurdy, *Space and the American Imagination*, pp. 68-69.
33 위의 책, p. 83.

갤럽조사에 따르면, 미국인의 58퍼센트는 인간을 달에 보내는 데 400억 달러를 쓰는 데 반대했지만, 그럼에도 52퍼센트는 그런 일이 10년 내로 일어날 거라고 생각하고 있었다.[34] 여기에 새로 임명된 케네디의 과학 자문위원들—대표적으로 제롬 위스너—은 우주탐사의 중심을 머큐리 계획 같은 유인 우주 프로그램에 두는 것을 반대했다. 과학적 목적을 위해서라면 로봇과 무인 탐사선으로 충분하며, 국가적 위신을 위해서라면 별다른 실익이 없는 로켓 발사보다 제3세계에 대한 직접 기술 원조가 대안이라는 주장이었다. 아울러 케네디의 측근들은 기술적 약속이 잘못되었을 때(가령 우주비행사들이 임무 중에 비극적 죽음을 맞는 경우) 생겨날 정치적 파장에 대해서도 우려했다.[35]

하지만 1961년 4월 12일에 소련이 미국보다 한 발 앞서 유리 가가린의 세계 최초 지구 궤도비행을 성공시키자 분위기는 다시 반전되었다. 미국은 이에 맞대응해 5월 5일에 머큐리 우주비행사 앨런 셰퍼드의 15분 탄도비행을 성공시켰고, 이어 5월 25일에는 케네디 대통령이 1960년대가 끝나기 전에 인간이 달에 발을 디디고 돌아올 수 있게 하겠다는 유명한 연설을 통해 달 착륙 경쟁을 공식 선언했다. 유인 달 착륙은 미국이 소련을 따라잡고 더 나아가 앞지를 수 있는 충분한 시간 여유가 있는 영역이면서, 동시에 야심적이고 영감을 던져주며 기술적으로 어려운 과제를 수행하게 했다. NASA가 유인 달 착륙을 위한

---

34 위의 책, p. 66.
35 오드라 J. 울프, 『냉전의 과학』(궁리, 2017), pp. 177–179.

아폴로 프로그램에 본격적으로 나서기 시작하면서 NASA의 예산은 1960년 5억 2400만 달러였던 것이 1965년에는 53억 달러로 불과 5년 만에 10배로 증가했다.[36]

아폴로 프로그램의 추진 과정에서 주목할 점 가운데 하나는 달 착륙의 정당화 근거가 시간이 지남에 따라 점차 변모해 갔다는 사실이다. 앞서 본 것처럼, 애초 케네디가 달 착륙 경쟁을 제시한 이유는 냉전기의 체제 경쟁에서 국가적 위신을 세우고, 미국이 기술에서 소련을 이길 능력과 의지를 갖고 있음을 과시하기 위해서였다. 그러나 1960년대 중후반으로 가면서 이러한 정당화 근거의 중요성은 점차 감소하기 시작했다. 냉전과 핵전쟁에 대한 우려가 쿠바 미사일 위기를 정점으로 점차 줄어들었고, 미국이 우주탐사에 천문학적 예산을 투입하면서 점차 우주경쟁에서 앞서기 시작했기 때문이다. 이에 따라 아폴로 프로그램이 상징하는 미국의 우주 프로그램은 적(소련)을 이기기 위해서가 아니라 자신(미국)의 능력을 스스로 확인하기 위한 수단이라는 새로운 정당화 근거가 등장했다. 만약 미국이 인간을 달에 보낼 수 있다면, 미국은 앞으로 목표로 삼은 그 어떤 일이라도 해낼 수 있을 것이라는 일종의 국가적 자기 시험(self-examination)으로 이해되기 시작했다는 것이다.[37] "우리는 1960년대가 끝나기 전에 달에 사람을 보낼 것이고, 그 외 다른 일들도 해낼 것입니다. 그렇게 하기로 한 이유

---

36 McCurdy, *Space and the American Imagination*, p. 85.
37 위의 책, p. 94.

〈그림 III-27〉 케네디의 1962년 라이스대학 연설 모습.

는 그 일이 쉽기 때문이 아니라 어렵기 때문입니다. 그러한 목표가 우리가 지닌 최고의 정력과 기술을 조직하고 평가하는 데 기여할 것이기 때문입니다."[38] 1962년 라이스대학에서 있었던 케네디의 이와 같은 유명한 연설은 아폴로 프로그램의 달라진 의미를 새롭게 전달했다.

이러한 새로운 요구는 아폴로 프로그램이 초기의 회의적 반응을 딛고 계속 추진될 수 있는 원동력이 되었다. 사실 1960년대 중반까지 아폴로 프로그램은 여러 차례 위기를 겪었다. 케네디는 유인 달 착륙 선언으로 미국 정부가 모든 군사적·기술적 경쟁에서 소련을 이기겠다는 의지를 대내외적으로 과시했음이 일단 확인되자 목표 달성에 유보적 태도를 보이기 시작했다. 일례로 케네디는 유인 달 착륙 선언을 내놓은 직후인 1961년 6월과 암살되기 직전인 1963년 9월 두 차례에 걸쳐 소련에 유인 달 탐사를 공동으로 진행하자고 공식 제안했다. 이는 경쟁을 국제협력으로 바꾸어 미국의 재정을 악화시킬 유인 달 착륙의 비용을 분담하기 위한 것이었으나, 이를 미국의 선전 공세로 간주한

---

38 케네디의 이 문구는 아폴로 계획을 다룬 수많은 다큐멘터리와 영화들에서 셀 수 없이 인용되었다. 가령 아폴로 계획을 다룬 가장 유명한 작품 중 하나인 미국 HBO 방송의 12부작 드라마 〈지구에서 달까지From the Earth to the Moon〉(1998)는 매 에피소드가 시작할 때마다 케네디의 라이스대학 연설 장면을 보여준다.

소련에 의해 거부되었다. 또한 아폴로 프로그램을 미국 단독으로 진행하기로 한 후에는 여기 들어가는 예산을 삭감하려는 시도들이 여러 차례 되풀이해 나타났다. 특히 1965년 예산배정에 대한 불만이 크게 고조되었는데, 이 해에 우주탐사 예산은 50억 달러가 넘은 반면, 존슨 대통령이 '위대한 사회(Great Society)'를 성취하기 위한 핵심 과제로 여겼던 빈곤과의 전쟁에는 18억 달러, 초중등 교육 개선에는 20억 달러의 예산이 책정되는 데 그쳤다. 이에 대해 예산국장 찰스 슐츠는 달 착륙을 위한 기한을 1970년대로 연기하고 아폴로 이후의 우주 프로그램을 포기할 것을 제안했지만, 존슨은 NASA의 다른 탐사 계획들을 취소시키면서까지 아폴로 프로그램을 계속 살려놓았다.[39]

아폴로 계획은 목표 달성을 위해 수많은 기술적 난관 및 관리상의 과제를 극복해야 했다. NASA는 1960년대 전반기에만 2만 개가 넘는 청부업체들과 계약했고, 이로부터 나온 엄청나게 다양한 구성요소들을 통합하는 과제를 떠안게 되었다. 아울러 발사시 높이가 100미터가 넘는 거대한 로켓의 설계, 전기·기계적 구성요소의 제어, 자동화된 항행 시스템, 소형 컴퓨터 시스템, 장거리 통신 시스템 개발, 우주비행사의 생명유지 문제 같은 다양한 기술적 과제들을 풀어내야 했다.[40] 이를 위해 NASA는 1960년대 내내 천문학적인 규모의 자금을 지출했다. 아폴로 계획에만 도합 250억 달러—요즘 화폐가치로 1700억 달러

39　McCurdy, *Space and the American Imagination*, pp. 108-110.
40　울프, 『냉전의 과학』, pp. 182-184; David A. Mindell, *Digital Apollo: Human and Machine in Spaceflight* (Cambridge, MA: MIT Press, 2008).

—에 달하는 자금이 소요되었는데, 계획이 절정에 달했던 1967년에 NASA는 연방정부 예산의 4퍼센트를 차지할 정도로 지출 규모가 컸다(2차대전 말기에 사력을 다해 추진되었던 원자탄 개발 계획인 맨해튼 프로젝트가 '고작' 20억 달러—요즘 화폐가치로 250억 달러—의 돈을 쓴 것과 비교해보라). 이런 엄청난 투자는 1968년 12월 아폴로 8호가 처음으로 달의 뒷면을 돌아오는 데 성공하고, 1969년 7월 아폴로 11호가 달 착륙을 이뤄냄으로써 애초의 목표를 달성했다.

아폴로 11호의 달 착륙과 선장인 닐 암스트롱의 유명한 경구—"한 인간에게는 작은 걸음이지만, 인류에게는 거대한 도약이다"—는 미국인들뿐만 아니라 당시 이 장면을 텔레비전으로 지켜보고 있던 전세계 많은 사람들을 열광시켰다. 그러나 아폴로 계획이 그 진행 과정에서 모든 이들의 지지를 받았던 것은 아니었다. 아폴로 계획 초기부터 이 계획이 과거 맨해튼 프로젝트처럼 무제한의 자원을 퍼부을 만큼 국가 안보에 필수적인지, 좀 더 낮은 비용으로 국가적 위신을 높일 수 있는 방법은 없는지, 본질적으로 위험한 과업에서 얼마만큼 안전성을 희생할 수 있는지 같은 골치 아픈 문제들이 제기되었다. 이에 대해 NASA와 우주여행 지지자들은 아폴로 계획이 거대 시스템의 관리를 위한 모델을 제공할 것이며, 여기서 성공을 거둔다면 그 방법을 응용해 대규모 노력을 요하는 다른 사회문제들(환경오염, 에너지, 보건, 소득불평등)도 해결할 수 있을 거라고 답했지만, 불행히도 그런 기대는 이후 충족되지 못했다.[41] 또한 아폴로 계획이 고용, 의료, 교육과 같이 좀 더 가치 있는 사회적 목표에 들어가야 할 자금과 인력을 빨아들이고 있다

〈그림 III-28〉 1969년 아폴로 11호의 달 착륙 이후 선외 활동을 하는 우주비행사 버즈 올드린의 모습. 20세기를 특징짓는 상징적인 이미지 중 하나이면서, 냉전이라는 배경을 바탕에 깔고 있는 장면이기도 하다.

는 비판의 목소리도 있었는데, 아폴로 11호가 발사되기 전날에 마틴 루터 킹의 후계자인 민권운동가 랠프 애버내시 목사가 이끄는 흑인 시위대가 케이프 케네디의 발사 현장으로 찾아가 항의 시위를 벌이기도 했다. 애버내시는 미국인의 25퍼센트가 제대로 된 음식, 의복, 주거, 의료 서비스조차 얻지 못하고 있는 상황에서 수백억 달러를 우주 모험에 쓰는 기괴한 사회적 가치를 성토했다.[42]

41 맥두걸, 『하늘과 땅』, 19, 21장; Roger D. Launius, "Managing the Unmanageable: Apollo, Space Age Management and American Social Problems," *Space Policy* 24 (2008): 158-165.

42 Gerard J. Degroot, *Dark Side of the Moon: The Magnificent Madness of the American Lunar Quest* (New York: New York University Press, 2006), pp. 234-235.

With sign "billions for space, pennies for the hungry," Mrs.
Mattie Gray, lame daughter Jackie, 8, demonstrate at NASA site.

〈그림 III-29〉 아폴로 11호의 발사 직전 랠프 애버내시가 이끄는 흑인 시위대가 노새가 끄는 수레를 타고 발사 장소인 케이프 케네디로 향하는 모습. 시위대는 우주 탐험에 수백억 달러를 쓰면서 기아 해결에는 푼돈만 들이는 현실을 규탄했다.

아폴로 계획은 1972년 12월 달에 마지막으로 착륙한 아폴로 17호까지 모두 여섯 차례에 걸쳐 달 표면에서의 임무를 수행했다. 아폴로 계획의 성공은 짧은 기간이나마 기술적 낙관주의를 고취했고, 상업적 달 여행, 달 기지, 화성 착륙, 외계 행성으로의 유인 비행 등 낭만적인 우주여행의 상을 유행시키기도 했다. 그러나 1969년 이후 미국의 대중과 정치인들이 아폴로 계획에 관심을 잃으면서 원래 예정됐던 아폴로 18호부터 20호까지의 비행은 취소되었고(이후 우주정거장의 원형이 된 스카이랩[Skylab] 발사와 데탕트를 상징한 아폴로-소유즈 시험비행에 활용되었다), NASA의 예산은 1960년대 전성기 때의 4분의 1로 축소되었다. 아폴로 계획이 놀라운 기술적 성취라는 데는 별다른 이의를 제기하기 어렵지만, 이것이 미국의 자원을 투자하는 현명한 방법이었는지에 대해서는 당대는 물론이고 현재까지도 평가가 엇갈리고 있다.

3. 우주개발의 현실, 목표를 잃은 상상력

1 │ 아폴로 이후의 유인 우주 프로그램: 우주왕복선과 우주정거장

1970년대 이후 NASA는 예산이 크게 줄면서 정체성과 방향성의 혼란을 겪었다. 이 시기에 NASA는 태양계의 다른 행성들에 대한 탐사 프로그램을 추진했고, 특히 화성 무인 탐사를 통해 화성 생명체를 찾아내어 새로운 우주탐사의 동력으로 삼으려 했다. 그러나 1976년 화성에 착륙한 바이킹 1호와 2호는 생명이 없는 황량한 화성 표면의 모습을 전송해 화성 생명체에 대한 기대를 꺾어놓았고, 이후 화성 탐사는 로버를 이용한 탐사가 시작된 1990년대 말까지 침체기를 맞이하게 된다.[43] NASA는 또한 아폴로 계획의 뒤를 잇는 유인 우주 프로그램으로 우주왕복선과 우주정거장을 차례로 구상해 실행에 옮겼지만, 이는 대중의 관심 면에서나 경제성과 성과 면에서 기대에 미치지 못했다는 평가를 받았다.

아폴로 계획이 막바지로 치닫던 1972년 1월, 미국 정부는 기체를 재사용해 우주비행에 드는 비용을 절감할 수 있을 것으로 여겨진 차세대 유인 우주선인 우주왕복선(space shuttle)을 개발하기로 결정했다. 이 결정은 당시 예산 감축으로 위기에 빠져 있던 NASA에 일정한 안정성을 제공해주었고, 우주여행 지지자들이 원하던 유인 우주비행의

---

43 W. Henry Lambright, *Why Mars: NASA and the Politics of Space Exploration* (Baltimore: Johns Hopkins University Press, 2014).

〈그림 III-30〉 1976년 바이킹 1호 착륙선이 화성 표면에서 보내온 최초의 컬러 사진. 화성에 생명이 있으리라는 사람들의 기대를 무너뜨렸다.

불씨도 계속 살려 놓았다. 그러나 실제로 개발된 우주왕복선의 경제성은 애초의 기대에 훨씬 못 미쳤다. 초창기 우주왕복선 계획을 추진했던 사람들은 머지않아 우주왕복선이 1~2주에 한 번꼴로 비행하게 될 것이고, 우주왕복선을 이용해 지구 궤도까지 인공위성과 같은 화물을 실어나르는 데

드는 비용도 파운드당 100달러선까지 떨어질 거라는 낙관적 예측을 내놓았다. 그러나 현실에서 우주왕복선은 1981년 4월 첫 비행을 한 이후 1년에 네댓 번 정도 비행하는 데 그쳤고, 한 번 비행을 위해 4억에서 10억 달러의 비용이 소요되는 등 '경제적'인 우주 발사체로서의 역할을 하지 못했으며, 2004년 시점에서 화물수송 비용도 파운드당 1만 달러를 넘어 애초 예상을 백 배 이상 상회했다.[44]

이 때문에 우주왕복선은 그것이 운용된 기간 내내 논쟁을 야기했다. 일례로 1985년에 NASA에서 근무했던 역사가 앨릭스 롤런드는 사실상 '실험적 기체'에 가까운 우주왕복선이 우주에 도달할 수 있는 실용적이고 비용효율적인 방법으로 과대선전되었다고 단언하면서, 이러한 애초의 약속은 지켜지지 못했고 크게 상찬을 받았던 우주왕복선

---

44 William Tucker, "The Sober Realities of Manned Space Flight," *The American Enterprise* (December 2004); James A. Van Allen, "Is Human Spaceflight Obsolete?" *Issues in Science and Technology* 20:4 (Summer 2004).

〈그림 III-31〉 1986년 발사 직후 공중폭발한 우주왕복선 챌린저호 참사.

의 성능도 현실화되지 못했다고 비판했다. 1986년 챌린저호가 발사 후 73초 만에 공중 폭발하는 사고가 터지자 이러한 비판은 더욱 힘을 얻었다. 우주정책 분석가인 존 로그스던은 1970년대 초에 내려진 우주왕복선 개발 결정을 일종의 '정책 실패'로 규정하고, 이로부터 일련의 부정적 결과가 연쇄적으로 발생해 챌린저호 사고로 나타났다고 진단했다. 한동안 잠잠했던 이러한 비판은 2003년 컬럼비아호가 임무 완수 후 귀환하는 과정에서 공중분해되는 사고가 발생하면서 다시 대두되기 시작했다. 2005년에 새로 NASA의 국장으로 취임한 마이크 그리핀은 아폴로 이후의 우주 프로그램으로 계획된 우주왕복선의 개발 결정이 '실수'였으며 그것의 결함이 발견된 이후에도 30년 이상 잘못된 길을 걸어왔다고 논평했다. 이에 따라 NASA는 최초 비행에서 30주년이 되는 2011년에 우주왕복선 운행을 중단하고 새로운 발사체를 도입한다는 결정을 내렸다.[45] 30년간 135회의 비행에 도합 1700억 달러가 소요된 우주왕복선 프로젝트는 예정보다 한 해 늦은 2012년에 최종 퇴출되었다.

우주왕복선과 나란히 개발이 진행되어 1980년대 이후 유인 우주 프로그램의 대명사처럼 자리 잡은 국제우주정거장(International Space Station) 역시 애초의 기대와 크게 어긋났다.[46] 앞서 살펴본 것처럼, 우주정거장은 인간의 심우주 탐사를 위한 중간 기착지로서 20세기 초부터 구상되어 왔고, 1952년《콜리어스》특집에 실린 베르너 폰 브라운의 회전바퀴형 설계를 계기로 대중적으로도 널리 알려졌다. 1974년 미국의 물리학자 제라드 오닐이 장기적인 우주 식민화를 염두에 두고 구상한 인공 우주 정착지(space colony) 역시 회전바퀴형 설계를 따랐다.[47] 1970년대 NASA는 인기가 떨어진 아폴로 프로그램의 후속으로 스카이랩이라는 예비적 수준의 우주정거장을 잠시 운용했다. 이는 인간을 달에 보내는 데 쓰였던 새턴 5호 로켓의 3단 부분을 거주용으로 개조한 것으로, 모두 세 차례에 걸쳐 9명의 우주비행사가 171일간 머무르는 성과를 냈다.

---

45 Roger D. Launius, "Assessing the Legacy of the Space Shuttle," *Space Policy*, 22 (2006): 226-234. 라우니우스는 이러한 비판의 유효성을 인정하면서도 우주왕복선이라는 개념 자체의 결함보다는 애초의 기대 수준이 너무 높았던 것에 문제의 원인을 돌리고 있으며, 아울러 유연성을 갖춘 우주 발사체이자 과학 연구의 플랫폼으로서 우주왕복선이 보여준 장점과 그것이 거둔 기술적 성취도 인정해야 한다는 양가적 입장을 취하고 있다.

46 이하 우주정거장의 역사와 평가에 관해서는 Roger D. Launius, "Space Stations for the United States: An Idea Whose Time Has Come—and Gone?" *Acta Astronautica* 62 (2008): 539-555를 주로 참고해 서술했다. 이보다 좀 더 자세한 우주정거장의 역사는 Roger D. Launius, *Space Stations: Base Camps to the Stars* (Old Saybrook, CT: Konecky & Konecky, 2009)를 참조할 수 있다.

47 McCurdy, *Space and the American Imagination*, pp. 167-169.

〈그림 III-32〉 1974년 제라드 오닐이 구상한 회전바퀴형 인공 우주 정착지. 아폴로 계획 이후 우주여행 지지자들이 품고 있는 유토피아적 전망을 잘 보여준다.

이를 뛰어넘어 궤도상의 과학 연구 플랫폼이자 태양계 탐사의 전초기지로서 진정한 우주정거장이 제안된 것은 1980년대의 일이었다. 미국의 레이건 대통령은 1984년 연두교서에서 미국이 원대한 우주탐사의 꿈을 실현하기 위한 첫걸음으로 인간이 영구적으로 거주할 우주정거장을 10년 내에 완성하겠다고 선언했고, 이에 발맞춰 NASA는 1985년에 (대중적으로 널리 알려진 회전바퀴형 대신 좀 더 실용적인) 이중용골(dual-keel) 구조의 우주정거장 프리덤(Freedom)을 80억 달러의 예산을 들여 건조하겠다는 계획을 발표했다. 그러나 프리덤 계획은 거의 처음부터 논란에 휩싸였다. 비판은 주로 비용 대 편익의 측면에 맞추어져

〈그림 III-33〉 이중용골 구조를 가진 우주정거장 프리덤의 초기 구상도(1986).

있었는데, 계획이 시작된 지 5년도 채 못 되어 추정 예산이 3배 이상 뛰어오르자 논란은 더욱 커졌다. NASA는 1990년대 초 여러 차례에 걸쳐 우주정거장의 일부 기능을 제거하고 규모를 축소해 예산을 줄이려 했지만, 이는 다시 처음에 우주정거장 건설을 지지했던 사람들의 반대로 이어졌다. 일부 지도자들은 우주왕복선 프로그램의 백지화를 주장했지만, 냉전 종식 후 어려운 상황에 빠진 항공우주산업에 대한 지원과 일자리 창출이라는 외부적 목표 때문에 이 역시도 쉽지 않았다.

결국 1993년에 NASA는 러시아를 필두로 모두 13개국을 끌어들여 프리덤을 국제우주정거장(ISS)으로 재명명하고, 대대적인 재설계를 통해 추정 비용을 174억 달러로 다시 조정한 새로운 계획에서 돌파구

〈그림 III-34〉 2010년에 촬영된 국제우주정거장의 모습.

를 찾았다. 그 사전 단계로 1995년부터 1998년까지 미국의 우주왕복
선과 러시아의 미르(Mir) 우주정거장 사이에 여러 차례 협력 프로그램
이 진행되었으며, 1998년 말에 국제우주정거장의 일부를 이룰 최초의
모듈들이 발사되어 연결되고 2000년 11월부터 상주 인원의 거주가 시
작되었다. 그러나 원래 2002년으로 예정되었던 ISS의 완공은 협력 국
가들의 내부사정과 기술개발 지연, 2003년 초 컬럼비아호 사고 등으
로 계속 미뤄졌고, 2001년 재검토를 통해 추정 예산 총액이 300억 달
러 이상(미국이 담당할 몫은 230억 달러)으로 재조정되었다. ISS의 건조
에는 현재까지 대략 1천억 달러(미국 몫은 720억 달러)가 소요된 것으
로 추정되며, 건설과 유지를 위한 우주왕복선의 운행 비용까지 포함하
면 총액은 1500억 달러까지 치솟는다.

　건조 과정에서도 ISS를 둘러싼 논쟁은 끊이지 않았고, 이는 현재까

지도 계속되고 있다. 특히 ISS가 애초 구상했던 두 가지 목표 모두에 전혀 기여하지 못하고 있다는 비판이 설득력을 얻었는데, 현재 ISS의 궤도는 외우주 탐사를 위한 전진기지 역할을 하기에는 유용성이 극히 제한적이며, 컬럼비아호 사고 이후(그리고 우주왕복선이 퇴출된 후) ISS 상주 인원이 2명으로 줄어들면서 인력 부족으로 인해 과학 연구도 제대로 이뤄지지 못하고 있다는 점이 이를 뒷받침한다. 이에 대해 역사가 앨릭스 롤런드는 ISS에서의 거주와 우주왕복선 운행을 가리켜 '깃대 위에 오래 앉아 있기(flag-pole sitting)'에 비유했다. "우주정거장은 한마디로 세계 수준의 깃대일 뿐이다. 그것의 목표는 그저 거기 존재하는 것 그 이상도 이하도 아니다."

2 | 유인 우주계획의 미래를 둘러싼 논쟁

2000년대 들어 NASA 고위 관계자들조차도 '실수'이자 '잘못된 길'로 평가한 우주왕복선과 국제우주정거장의 '실패'—혹은 적어도 기대와 현실의 괴리—는 특정 우주 프로그램의 경제성과 유효성에 대한 비판을 넘어 1950년대 이후 줄곧 당연시되어온 유인 우주계획 그 자체의 미래를 둘러싼 회의적 시각과 논쟁으로 이어지고 있다. 논쟁의 발단은 우주왕복선 컬럼비아호가 대기권 재진입 과정에서 분해되어 승무원 전원이 사망한 사고가 일어난 2003년으로 거슬러 올라간다. 사고 이후 일각에서는 컬럼비아호 승무원들의 희생이 어떤 의미에서는 '불필요한' 것이었다는 데 안타까움을 표시했다. 1960년대 아폴로 프로그램 당시에도 숱한 위험들이 존재했지만 당시에는 유인 달 착륙이라는

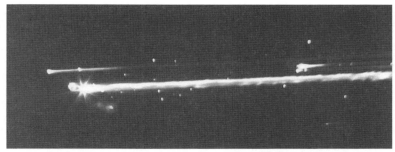

〈그림 III-35〉 2003년 대기권 재진입 과정에서 공중분해된 우주왕복선 컬럼비아 호의 잔해가 떨어지는 모습.

원대한 목표를 위해 희생할 수 있다는 대의명분이 있었던 반면, 1980년대 이후 우주왕복선이 수행하고 있는 임무 대부분은 무인 우주선과 원격조종 로봇을 써서도 충분히 해낼 수 있는 것이어서 우주비행사들이 굳이 그런 위험을 무릅쓸 필요가 있었는지 의문이라는 것이었다.[48]

우주여행 지지자들은 이러한 인식을 바탕으로 아폴로 프로그램 이후 지구 궤도를 벗어나지 못하고 있는 NASA의 '소극적인' 우주 프로그램을 비판하면서 좀 더 원대한 전망을 담은 새로운 우주 프로그램이 필요하다는 주장을 폈다. 이에 대해 2004년 1월 부시 대통령은 연두교서에서 '우주탐사의 전망(The Vision for Space Exploration)'이라는 새로운 우주탐사 계획을 제시하는 것으로 대응했다. 내용의 골자는 현재의 우주왕복선을 대체하는 새로운 세대의 우주선을 2010년까지 개발해 2020년까지 달에 다시 사람을 보내고 2030년 이후를 목표로 유

48 Geoff Brumfiel, "Where 24 Men Have Gone Before," *Nature* 445 (1 February 2007): 474-478.

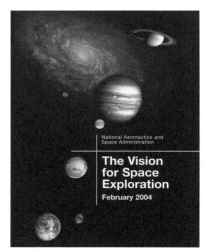

<그림 III-36> 2004년 초 부시 대통령이 발표해 논란을 야기했던 '우주탐사의 전망'.

인 화성 탐사에 착수한다는 것이었다. 그러나 이 발표는 계획의 실현가능성 여부를 놓고 회의적인 반응에 부딪쳤다. 스티븐 와인버그, 제임스 밴 앨런 등 저명한 과학자들이 중심이 된 비판자들은 부시의 우주탐사 계획을 공격하는 데서 그치지 않고 유인 우주비행이라는 개념을 전면적으로 재고해볼 시점이 도래했다는 반론으로 나아갔다.[49]

그들의 반론은 크게 몇 가지로 요약 가능하다. 먼저 유인 우주비행 프로젝트들이 엄청난 돈을 잡아먹으면서도 성과는 미미한 애물단지에 불과하다는 것이다. 그들은 앞서 살펴본 우주왕복선과 우주정거장의 사례를 그 증거로 제시했다. 둘째, 지난 수십 년간의 우주 체류가 던진 어두운 그림자를 들 수 있다. 러시아의 미르 우주정거장과 이후 건설된 국제우주정거장에서는 이전의 유인 우주 프로그램에 없었던 우주비행사의 장기 체류가 이뤄졌는데, 이를 통해 무중력 상태가 인체에 심각한 악영향을 미친다는 사실이 밝혀졌다. 인체가 무중력 상태로 들어가면 근육의 열화가 빠른 속도로 진행되며 동시에 뼈 조직

---

49 Tucker, "The Sober Realities of Manned Space Flight"; Van Allen, "Is Human Spaceflight Obsolete?"; Steven Weinberg, "The Wrong Stuff," *New York Review of Books* 51 (8 April 2004).

의 생성이 중단되어 뼈가 약해지는데, 이 때문에 우주정거장에서 장기 체류했던 우주비행사들은 지구로 귀환한 직후 처음 며칠 동안은 손발을 움직이는 것조차 힘들 정도로 몸이 쇠약해진 상태를 경험했다. 이 문제를 넘어서기 위해서는 거대한 우주선을 자체 회전시켜 인공 중력 상태를 만들어내거나 이와 흡사한 훈련 장치를 갖추어야 하지만, 이것이 가능하려면 현재의 우주정거장을 뛰어넘는 수준의 기술과 자금이 요구된다.

셋째, 지구 대기권을 벗어나 심우주로 진출할 때 나타나는 우주선(cosmic ray)과 미세운석의 위험이 있다. 태양에서 나오는 우주선은 인체를 구성한 세포에 돌연변이를 일으키고 암을 유발할 수 있으며, 우주공간을 엄청난 속도로 날아다니는 미세운석은 우주비행사들이 탑승한 우주선의 안위를 위협하기 때문이다. 지구상에 있는 사람들은 지구 주위를 둘러싼 자기장 덕분에 우주선에 노출될 위험으로부터 보호를 받고 있지만, 지구를 완전히 벗어난 우주 공간—가령 장기간에 걸친 달이나 화성 탐사에서 우주비행사들이 겪게 될 환경—에서는 그렇지 못하다. 이 때문에 유인 화성 탐사를 지지하는 사람들 중 일부는 인간의 몸이 화성으로의 우주여행에서 겪게 될 엄혹한 환경을 견뎌내려면 유전공학을 이용해 생물학적으로 강화되는 과정을 거쳐야 한다는 급진적인 전망을 제시하기도 한다.[50]

---

50 Mark Williams, "Toward a New Vision of Manned Spaceflight," *Technology Review* 108:1 (January 2005).

3 | 냉전의 그늘과 우주개발의 현재적 의미

1957년 소련의 스푸트니크 발사 후 현재까지 추진된 여러 우주 프로그램들은 20세기 초 우주여행 지지자들이 식민주의 시기를 풍미한 모험정신의 연장선상에서 만들어낸 특정한 전망과 냉전 시기의 핵무기 및 장거리 미사일 경쟁이 빚어낸 대중적 공포가 우연찮게 결합한 결과물로부터 유래했다. 이 두 가지 요인들은 오래전에 현실적 적합성을 잃었지만, 그럼에도 유인 우주비행의 미래를 둘러싼 오늘날의 논쟁 속에서 여전히 그 흔적을 찾아볼 수 있다.

비록 '실패'로 규정되긴 했지만, 지난 30여 년에 걸친 유인 우주비행의 경험은 우리에게 과거에는 미처 알지 못했던 다양한 문제들을 알려주었다. 이는 기존의 지배적 전망 속에서 우리가 좀처럼 묻지 못했던 근본적 질문을 던지게 한다. 과연 인간을 우주공간으로 보내야 하는가, 다시 말해 인간이 있어야 할 본연의 위치는 바깥 우주인가 (Does Humans Belong in Space?)라는 질문이 그것이다.[51] 이에 대해 부정적인 답변을 내놓는 사람들은 무인 우주선에 비해 엄청나게 더 많은 비용이 들뿐더러 우주비행사의 생명을 위협하는 다양한 요인들(인체

---

[51] Thomas A. Easton, *Taking Sides: Clashing Views in Science, Technology and Society*, 10th ed. (Dubuque, Iowa: McGraw Hill, 2012)은 이 질문에 찬성하는 사람(제프 파우스트)과 반대하는 사람(닐 디그래스 타이슨)의 글을 싣고 이에 대한 짧은 해설을 덧붙이고 있다. 이스턴이 편집한 이 책은 학부용 토론수업 교재로 많이 쓰이며 2~3년에 한 번씩 개정판이 나오는데, 2006년 출간된 7판부터 이 주제를 매번 다루고 있다. 다만 토론 주제로 던지는 질문은 조금씩 바뀌는데 7판과 10판은 "인간이 있어야 할 본연의 위치는 바깥 우주인가?", 국내에도 토머스 A. 이스턴 엮음, 『당신의 선택은? 과학기술』(양철북, 2015)로 번역 출간된 9판(2010)은 "'유인 우주여행'은 망상에 불과한가?", 12판(2016)과 13판(2017)은 "미국은 유인 우주비행 프로그램을 계속해야 하는가?"라는 질문을 각각 던지고 있다.

에 해로운 무중력 상태, 우주 복사, 치명적 사고의 가능성 등)이 존재하는 유인 우주비행을 고집할 이유가 없어졌다고 주장한다. 과거 냉전기의 체제 경쟁에서는 그것이 이데올로기적 의미를 가졌을지 모르지만, 냉전이 끝난 현 시점에서는 그러한 의미 자체가 크게 퇴색해버렸기 때문이다. 반면 이에 긍정적인 답변을 하는 사람들은 미지의 영역을 탐험하려는 인간의 본능적인 욕구를 들어 이를 정당화하거나, 심지어 지구에 소행성이 충돌하거나 지구가 오염으로 인해 황폐해졌을 때 이주할 수 있는 천체나 피난처의 확보를 유인 우주비행의 근거로 제시하기도 한다. 그러나 이러한 주장은 현재 지구상에서 당면한 숱한 과제들을 제쳐두고 유인 우주비행에 막대한 자금을 투입해야 하는 이유로는 그리 설득력이 크지 않다.

최근 중국이 야심차게 추진하고 있는 일련의 우주개발 계획들은 일견 이러한 흐름과 배치되는 것처럼 보인다. 잘 알려진 것처럼 중국은 2003년에 최초의 유인 우주선 선저우 5호를 발사해 (구)소련과 미국에 이어 세계에서 세 번째로 유인 우주선을 보유한 국가가 되었고, 2011년에는 우주정거장 톈궁 1호를 쏘아올리고 2013년에는 무인 달 탐사선인 창어 3호를 달에 착륙시키는 등 잇따른 성과를 올리고 있다.[52] 중국 정부와 언론은 이 성과를 중국의 앞선 기술력의 개가이자 중국이 지닌 힘을 보여주는 상징으로 추켜세웠고, 대다수 중국인들 역시 크게 열광했다. 그러나 앞서 서술한 우주개발의 역사에 비추어 냉

---

52 중국 우주개발 계획의 역사는 스즈키 가즈토, 『우주개발과 국제정치』(한울, 2013)의 4장을 보라.

〈그림 III-37〉 2003년 선저우 5호를 타고 우주공간에 나간 중국 최초의 우주비행사 양리웨이가 귀환 후 열광적 환영을 받는 광경.

정하게 생각해보면, 현재의 시점에서 새롭게 유인 우주비행 프로그램에 전력을 쏟을 만한 나라는 중국 정도뿐일 거라는 인상을 지우기 어렵다. 유인 우주선을 건조할 수 있는 기술력(비록 러시아의 소유즈 우주선으로부터 많은 것을 가져오긴 했지만)과 경제력을 갖추고 있으면서 동시에 냉전 시기에 먹힐 법한 이데올로기적 선전이 전 국민을 대상으로 위력을 발휘할 수 있는 그런 나라를 오늘날 중국 외에 달리 찾을 수 있을까. 미국의 우주여행 지지자들은 냉전기의 미-소 우주경쟁을 대신할 수 있는 새로운 미-중 우주경쟁의 구도를 내심 원하고 있고, 이 때문에 중국의 우주기술 수준과 능력이 제기하는 위협을 강조하는 경향이 있다. 그러한 외부적 자극을 통해 자신들의 전망을 실현할 수 있는 대중의 지지와 정부의 지원이 크게 늘어날 수 있을 것으로 기대하기 때문이다. 그러나 그들의 이러한 기대가 과연 실현될 수 있을지는

〈그림 III-38〉 2002년 민간 우주회사인 스페이스X를 설립한 미국의 기업가 일론 머스크.

미지수이다.

그렇다면 유인 우주비행의 미래는 과연 어디에 있을까? 일각에서는 민간 영역에서의 우주 연구개발을 대안으로 제시한다. 실제로 컴퓨터와 인터넷 관련 사업에서 큰돈을 번 억만장자들이 자금을 지원하는 우주비행 사업체들이 최근 속속 등장하고 있다. 아마존닷컴(Amazon.com)의 설립자 제프 베조스, 페이팔(PayPal)을 창업하고 최근 테슬라 전기자동차로 각광을 받고 있는 일론 머스크, 마이크로소프트의 공동 창업주인 폴 앨런 등이 그런 인물들인데, 이들 중 일부는 민간 로켓 개발에서 이미 상당한 성과를 거두어 NASA의 업무를 일정 정도 대신하고 있으며 부유층을 상대로 러시아의 소유즈 우주선을 이용한 고액의 우주 관광 사업을 진행한 회사도 있다.[53] 그러나 이런 민간 우주개발

---

[53] David Chandler, "Dreams of the New Space Race," *Nature* 448 (30 August 2007): 988-991.

사업의 결과로 가까운 시일 내에 우주비행에 붙은 가격표가 획기적으로 떨어질 것으로 기대되지는 않는다. 어쩌면 그런 미래는 앞으로 영영 오지 않을 수도 있다.

　이러한 현실은 현재 한국의 우주개발 사업에도 중요한 함의를 던진다. 한국항공우주연구원(항우연)을 중심으로 추진 중인 야심적인 계획들이 과연 현실적이고 타당한 목표를 설정하고 있는가 하는 것이다. 항우연은 2008년 한국 우주인 배출 사업에 이어 2010년대 들어 실용위성 개발 이외에 위성과 우주선을 쏘아올리기 위한 발사체 개발 사업에 매년 1천억 원이 넘는 예산을 지출하고 있으며, 궤도선 개발과 운용 기술을 습득해 2020년까지 달 탐사 위성을 쏘아올린다는 계획을 갖고 있다.[54] 그러나 지금까지 본 것처럼 현재 미국과 러시아 등이 위성 발사에 사용하는 로켓들은 냉전 하에서의 장거리 미사일 경쟁에서 얻어진 성과물이며, 유인 우주비행은 냉전이 끝난 이후 군사적 · 경제적 · 과학적 측면 모두에서 그간 당연시돼 왔던 근거가 뒤흔들리며 논쟁이 진행되고 있는 형국이다. 한국이 재정 압박과 숱한 과제들 속에서 그런 프로그램들에 뒤늦게 뛰어드는 것이 과연 바람직한 일인지는 생각해볼 여지가 있다.

54　과학기술부 외, 「2008년도 우주개발 시행계획」(2008.1); 「6년내 우리 힘으로 달 탐사⋯발사체 등 올해부터 우주개발 속도」,《조선일보》 2014년 1월 2일자.

IV

1960년대(계속):

인간을 넘어선
기계

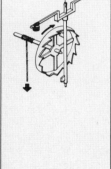

오늘날 우리는 사람처럼 생기고 또 행동하는 로봇을 보면서 매혹과 호기심을 느낀다. 각종 과학관이나 박람회에 전시된 이러한 로봇들은 그것이 주는 친근감으로 많은 관객을 동원하며 큰 인기를 끌곤 한다. 그러나 이와 동시에, 로봇들이 공장에서, 또 사무실에서 우리의 일을 대신하며 일자리를 빼앗지 않을까 하는 우려의 목소리도 나오고 있다. 미래학자들은 그런 일이 이미 일어나고 있으니 조속히 대비책을 마련해야 한다고 주장하고 있으며, 여기서 한 걸음 더 나아가 로봇 내지 인공지능이 인간의 지적 능력을 넘어서는 '특이점'을 예언하기도 한다. 전세계 체스 챔피언이 이미 컴퓨터에 무릎을 꿇었고, 프로그램 역사상 가장 뛰어난 TV 퀴즈쇼 챔피언이 컴퓨터에 패배했으며, 세계 정상급의 바둑 기사가 컴퓨터와 두는 대국이 세간의 화제가 되는 상황을 보면서 정말 그런 일이 일어날 거라는 생각을 품게 되는 것도 무리는 아니다. 그렇다면 매혹과 두려움의 공존이라는 인간과 기계의 양면적 관계는 어떻게 생겨나서 현재에 이르게 된 것일까? 또 이러한 과거에 대한 이해는 오늘날의 로봇, 컴퓨터, 인공지능을 바라보는 시각에 어떤 새로운 통찰을 제공해줄 수 있을까? 이 장에서는 1960년대에 정점에 달했던 인공지능에 대한 낙관과 기술 실업에 대한 비관의 뿌리가 어디 있는지를 오랜 과거에서부터 거슬러내려와 살펴본다.

1. 자동인형에 대한 매혹

1 | 자동 기계의 초기 역사: 고대부터 르네상스기까지

오늘날 우리가 흔히 사용하는 '로봇(robot)'이라는 단어는 20세기 초에 발명되었지만, 그것이 가리키는 의미, 즉 인간이나 동물의 형상을 닮은 스스로 움직이는 기계의 전통은 서구의 지적·기술적 전통에서 멀리 고대까지 거슬러 올라간다. 역사가 리사 녹스는 고대의 자동 기계의 전통이 크게 의례(ritual), 신화(myth), 기계학(mechanics)이라는 세 가지 흐름으로 정리될 수 있다고 보았다.[1] 먼저 의례의 측면에서는 고대 이집트에서 부유하고 권력 있는 자가 죽었을 때 작은 입상(shabti)들을 같이 묻었던 풍습을 들 수 있다. 고대 이집트인들은 내세를 믿었는데, 권력을 가진 인물의 경우 사후 세계에서도 생전과 마찬가지로

---

[1] Lisa Nocks, The *Robot: The Life Story of a Technology* (Westport, CO: Greenwood Press, 2007), chap. 1.

〈그림 IV-1〉 고대 이집트에서 무덤 속에 같이 묻었던 입상.

자신의 일을 대신해줄 수많은 하인들을 필요로 한다고 생각했다. 그래서 처음에는 하인들을 무덤 속에 산 채로 같이 묻었지만, 시간이 흐르면서 이것이 하인들을 나타내는 그림을 무덤 벽에 그리는 것으로 바뀌었고, 최종적으로는 작은 입상들을 함께 묻는 습속으로 바뀐 것으로 보인다. 그들은 이렇게 함께 묻은 입상들이 (마치 로봇처럼) 주인의 부름에 따라 '되살아나' 일을 한 후 다시 원래 상태로 돌아간다고 믿었다.

신화의 측면에서는 고대 그리스에서 풍부한 전거들을 찾아볼 수 있다. 기원전 8세기경에 쓰인 호메로스의 서사시 『일리아드』에는 못생긴 대장장이 신 헤파이스토스가 금으로 된 시녀들을 만들었다는 대목이 나온다. 그들은 "살아 있는 여성들처럼 생겼고" 지적 능력, 언어 구

〈그림 IV-2〉 AD 1세기에 헤론이 고안한, 흐르는 물로 작동하는 지저귀는 새.

〈그림 IV-3〉 12세기 아랍의 알 자자리가 만든 포도주를 따라주는 자동인형.

사력, 육체적 힘을 갖춘 것으로 묘사되었다. 또 다른 이야기에서 헤파이스토스는 제우스를 위해 탈로스라는 청동 거인을 만드는데, 제우스는 이를 페니키아의 왕녀 에우로페에게 주었고, 에우로페는 다시 크레타 섬의 미노스 왕에게 주어 섬을 지키게 했다. 탈로스는 하루에 세 번씩 섬을 돌며 로봇 보초 같은 역할을 했고, 사르디니아의 전사들이 섬에 침입하자 시뻘겋게 변해 그들을 쓸어버렸다고 한다.[2]

이러한 신화의 요소들은 기계학 분야에 영향을 주었다. 고대 그리스인들은 노동의 효율을 향상시키기 위한 다양한 '단순 기계'들을 활용하는 방법을 익혔다. 그리스인들이 그 활용법을 터득한 다양한 장치들—지레, 경사면, 쐐기, 나사, 바퀴, 도르래, 톱니바퀴 등—의 원리에 대해서는 기원전 1세기

---

2 김연순, 『기계인간에서 사이버휴먼으로』(성균관대학교출판부, 2009).

로마의 건축가이자 엔지니어였던 비트루비우스가 잘 설명하고 있다. 그리스인들은 이러한 장치들을 활용해 투석기, 연동장치, 수차 같은 복합 기계들을 만들었다. 특히 기원전 3세기부터 알렉산드리아를 중심으로 활동했던 아르키메데스, 크테시비우스, 헤론 등의 학자들은 후원자들을 즐겁게 해주기 위해 공기압과 수력으로 작동하는 다양한 자동 기계들을 만들어냈다. 크테시비우스는 자동 분수, 공기 흐름으로 작동하는 노래하는 새, 물시계 등을 제작했고, 헤론은 흐르는 물로 작동하는 지저귀는 새와 자동 성수 판매기 등을 선보였다.

고대 그리스의 자동 기계 전통은 이후 아랍과 인도로 전파되었다. 아랍에서는 자동 기계에 관한 그리스의 저작들을 아랍어로 번역했고, 수력과 공기압으로 작동하는 자동 기계들을 직접 제작하기도 했다. 대표적인 인물로 12세기에 활동했던 아랍의 학자 이스마일 알 자자리는 1206년에 발표한『정교한 기계 장치의 지식에 관한 책』에서 지렛대, 도르래, 추 등을 활용한 다양한 자동 기계들을 설명하고 있다. 그가 발명한 것으로 추정되는 장치들 중에는 공작 모양을 한 손 씻는 용기가 있었는데, 사람이 손을 씻고 나면 작은 인형 하인들이 나타나 비누와 수건을 내밀었다. 그는 특별한 행사 때 왕에게 포도주를 따르는 자동 인형도 만들었다. 이 장치 속에는 포도주가 든 통과 여기 연결된 관이 있었고, 관을 통해 흘러나온 포도주가 잔을 가득 채우면 여자 모양의 인형이 문을 열고 나와 포도주를 대접했다.

르네상스기에는 고대 그리스와 아랍의 기계학 저작들이 번역 소개되어 서유럽에서 자동 기계의 발명가들을 자극했다. 그들은 왕이나 귀

〈그림 IV-4〉 레오나르도 다 빈치의 기사 자동
인형 모형.

족 등 상류층의 여흥을 위한 다양한 자동 기계를 만들었다. 대표적인 인물로 르네상스기의 만물박사인 레오나르도 다 빈치를 들 수 있다. 그가 만든 자동 기계에는 나는 새와 사자를 형상화한 자동인형이 있었는데, 사자는 걷거나 일어서거나 소리를 낼 수 있었고 가슴을 열어 꽃다발을 전할 수도 있었다. 레오나르도의 걸작으로 일컬어지는 자동인형 중에는 그가 남긴 스케치가 현존하는 기계 기사가 있다. 이에 따르면 이 자동인형은 도르래와 케이블로 작동했고, 일어서고, 앉고, 갑옷의 면갑을 들어올리고, 팔을 움직이는 등의 행동을 할 수 있었다고 한다. 레오나르도가 이 장치를 실제로 만들었다는 증거는 남아 있지 않지만, 최근 NASA의 엔지니어 마크 로스하임은 레오나르도의 스케치에 근거해 이 장치를 제작해 실제로 작동한다는 것을 확인하기도 했다.[3] 15~16세기 유럽 궁정에서는 자동인형들을 한데 모아 기계 정원을 만들기도 했는데, 이러한 정원들에는 우짖는 새, 분수, 기계 사람과 동물이 한데 어우러진 장관을 보여주었다.

---

3 Mark Elling Rosheim, *Leonardo's Lost Robots* (New York: Springer, 2006).

2 | 기계 시계와 기계적 철학

이처럼 여흥을 위해 만들어진 자
동인형의 전통은 내부 동력원이
있고 자기 조절능력을 갖춘 좀 더
정교한 자동 기계의 제작을 자극
했다. 이러한 기계 중 가장 대표적
인 것이 기계 시계였다. 11세기 중
국에서 가장 먼저 제작된 기계 시
계는 1300년을 전후로 유럽에서도

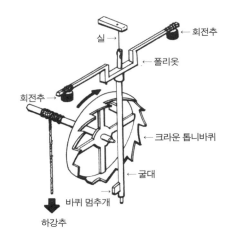

〈그림 IV-5〉 굴대-폴리옷 탈진장치.

만들어지기 시작했다. 시계 제작자들은 장시간에 걸쳐 작동할 수 있는
구동 메커니즘의 조절을 가장 큰 과제로 안고 있었는데, 유럽에서는
이 문제를 13세기 말에 등장한 획기적인 발명인 굴대-폴리옷 탈진장
치(verge-and-foliot escapement)로 해결했다. 아래로 늘어뜨린 추로 구
동되는 이 장치는 유럽의 주요 도시들로 빠르게 퍼져나갔고, 교회, 시
청, 도시의 출입문 등에 설치된 시계탑에 널리 쓰였다. 기계 시계는 이
후 여러 단계에 걸쳐 개량되었다. 15세기 말에는 동력을 제공하는 추
가 태엽으로 대체되었고, 17세기 초에는 굴대-폴리옷 장치가 평형 바
퀴로 대체되었다. 이러한 변화는 거대한 시계탑이 벽시계, 탁상시계,
휴대용 시계로 점차 변모하는 시계의 소형화를 가능케 했고, 시계 제
작의 체계화와 전문화를 가져왔다. 그 뒤를 이어 17세기 중엽에는 갈
릴레오의 아들인 빈센초가 아버지의 아이디어에 근거해 최초의 진자
시계를 발명했는데, 이는 시계의 정확도를 놀라울 정도로 높여주었

〈그림 IV-6〉 프랑스 디종의 노트르담 대성당 첨탑시계에 있는 자크마르.

다.[4]

기계 시계는 자동 기계의 역사에서 대단히 중요한 계기를 제공했다. 기계 시계는 중세 말부터 계몽사조기까지 저절로 움직이는 기계의 모범으로 여겨졌으며, 해당 지역사회에 정기적인 시보를 제공해 사람들의 일상활동에도 크게 영향을 미쳤다. 기계 시계는 또한 자동 인형의 발전과도 밀접한 연관이 있었다. 대형 시계탑에는 단순한 시종 대신 시계의 부속 장치로 움직이는 인형을 넣어 시보를 알리기도 했는데, 가령 프랑스의 스트라스부르 대성당은 매 시마다 수탉 인형이 나와 우짖는 소리를 내어 시간을 알렸다.[5] 여기서 더 나아가 자크마르(jacquemart, "Jack of the Clock"이라는 뜻)라고 불렸던 인간 형상의 인형들을 시계 주위에 설치해 시보에 이용한 성당 시계들도 많았다. 시종을 할 시간이 되면 인형들이 특정한 방식으로 움직이거나 팔을 휘둘러 종을 치는 등의 동작을 해서 시간을 알리는 방식이었다. 이러한 자

---

4 Otto Mayr, *Authority, Liberty & Automatic Machinery in Early Modern Europe* (Baltimore: Johns Hopkins University Press, 1986), chap. 1.
5 Klaus Maurice and Otto Mayr (eds.), *The Clockwork Universe: German Clocks and Automata, 1550-1650* (New York: Neale Watson Academic Publications, 1980), p. 16.

동인형은 시계를 제작하는 장인이 같이 만들었고, 16세기 이후에는 시계탑처럼 거대한 시계뿐 아니라 벽시계나 탁상시계에도 소형화된 형태로 들어갔다. 이는 나중에 계몽사조기의 정교한 자동인형에 응용되었다.[6]

〈그림 IV-7〉 데카르트 사후에 출간된 『인간론』에 수록된 삽화. 그는 인간과 동물의 몸이 일종의 자동인형이라고 보았다.

기계 시계의 성공은 사람들이 인간과 동물, 더 나아가 우주 만물을 바라보는 시각에도 영향을 주었다. 17세기 과학혁명기의 학자들은 우주의 삼라만상을 하나의 거대한 기계로 이해하는 기계적 철학(mechanical philosophy)을 발전시켰는데, 여기서 그들은 우주 만물이 작동하는 원리로 시계장치 메커니즘(clockwork mechanism)을 들었다. 세상은 다양한 부속품들이 정교하게 서로 맞물려 째깍째깍 움직이는 시계와 같은 존재라는 것이었다. 이러한 이해를 보여주는 대표적인 인물이 17세기의 기계적 철학자 르네 데카르트이다. 데카르트는 기계학이 자연의 비밀을 푸는 열쇠라고 믿었고 장인에 의해 만들어진 기계와 오로지 자연에 의해 만들어진 다양한 사물 사이에는 아무런 차이도 없다고 보았는데, 여기서 그가 말한 기계는 대체로 시계와 자동인형을 의미했다(그는 자신의 저술 여러 곳에서 자동인형에 대한 매혹을 드러내고 있다). 그

---

6 Nocks, *The Robot*, pp. 22-29.

는 자연의 다양한 현상들을 기계적인 방식으로 설명했지만, 그중에서 특히 동물과 인간의 몸이 기계, 즉 자동인형과 같은 존재라는 점을 강조했다. 그는 사후에 발표된 『인간론Traité de L'Homme』(1662)에서 동물은 자동인형이며 따라서 미리 정해진 일만 할 수 있는 기계와 다를 바 없지만, 인간은 영혼이 깃들어 있어 자유의지를 갖고 있다는 점에서 동물이나 기계와는 근본적인 차이가 있다고 썼다. 이러한 심신이원론은 몸과 영혼이 어떻게 상호작용을 하는가 하는 여전히 해결되지 않은 문제를 남겼지만, 그럼에도 그의 기계론적 생리학이 이단으로 분류되는 것은 막아주었다.[7]

데카르트의 이러한 주장에는 두 가지 형태의 반론이 있었다. 전통주의자들은 동물이 영혼이 없는 기계라는 주장에 반대하며 동물이 인간과 더 가깝다고 보았지만, 진보적인 사상가들은 동물이 기계라는 그의 사상을 더 밀어붙여 인간에게도 적용했다. 이 중 후자의 입장을 대변했던 인물이 18세기 초 프랑스의 학자 라 메트리였다. 그는 1747년에 발표한 『인간 기계L'Homme Machine』에서 데카르트의 이원론을 거부하고 인간은 기계라고 주장했다. 그는 불멸의 영혼을 부정했고, "인간의 몸은 정교하게 만들어진 시계"이자 "스스로 스프링을 감는 기계"라고 말했으며, 자기 자신을 "계몽된 기계"라고 불렀다.[8] 이러한 라 메트리의 견해는 동시대의 자동인형 제작자들에게 이를 뒤집은 유추를 가

---

7 Mayr, Authority, *Liberty & Automatic Machinery*, pp. 62–67.
8 브루스 매즐리시, 『네번째 불연속』(사이언스북스, 2001), pp. 48–55.

능케 했다. 만약 인간이 기계처럼 작동한다면, 기계도 사람처럼 동작
하게 만들 수 있지 않을까 하는 질문이 그것이었다.

3 | 계몽사조기의 자동인형과 '생각하는 기계'

이러한 질문은 시계 제조업에서 발전한 정교한 세공 기술(특히 캠과 캠
샤프트를 이용한 복잡한 프로그래밍)과 합쳐져 계몽사조기에 전례를 찾
아볼 수 없는 걸출한 자동인형 작품들을 낳았다. 그 대표적인 인물로
스위스 출신의 발명가 자크 드 보캉송을 들 수 있다. 보캉송은 젊었을
때 과학과 기계학을 공부했고, 특히 살아 있는 생명체를 모사하는 데

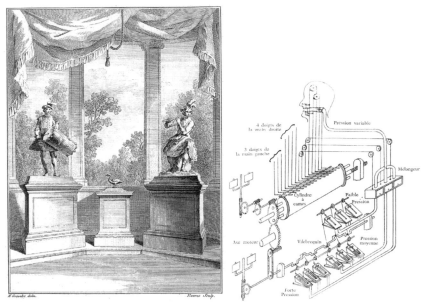

〈그림 IV-8〉 자크 드 보캉송이 만든 자동인형인 북 치는 연주자, 기계 오리, 플루트 연주자(왼쪽)와 플루
트 연주자의 내부 구조를 보여주는 그림.

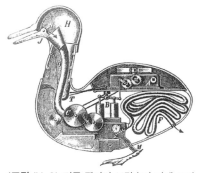

〈그림 IV-9〉 미국 작가가 보캉송의 기계 오리 내부를 상상해 그린 그림. 나중에 오리가 먹이를 소화시키는 것은 눈속임이며 사실이 아님이 밝혀졌다.

관심이 있었다. 그는 1738년에 세 개의 자동인형—두 개의 인간 형상 자동인형(안드로이드)과 한 개의 기계 오리—을 파리에서 전시해 선풍적인 인기를 끌었다. 입장료가 3리브르로 당시 파리 노동자의 평균 주급과 맞먹을 정도로 비쌌는데도 수천 명이 이를 보러 몰려들었을 정도였다. 그가 가장 먼저 전시한 자동인형은 플루트 연주자였는데, 이는 내장된 뮤직박스에서 소리를 재생하는 것이 아니라 자동인형이 입술로 숨을 불어넣고 기계 혀로 공기의 양을 조절하며 손가락으로 플루트 구멍을 막아 실제로 플루트를 연주하게 만들어졌다. 플루트 연주자는 열네 곡을 연주할 수 있었는데, 곡들은 모두 높낮이와 빠르기가 제각각이었다.

이어 보캉송은 북 치는 연주자와 기계 오리를 선보였는데, 특히 찬탄을 자아냈던 것은 기계 오리였다. 이 오리는 날개를 퍼덕이고 자맥질을 하고 물을 마시고 모이를 쪼아 먹을 수 있었으며, 심지어 똥을 싸기도 했다. 보캉송은 자신이 만든 오리의 움직임에 대해 살아 있는 몸의 기능을 최대한 정확히 복제하려 애쓴 과학적 연구의 결과물임을 강조했다. 그는 오리 날개의 뼈 구조를 설명한 후 "이 기계를 면밀히 살펴보면 자연을 그대로 모방한 것임을 알 수 있을 것"이라고 자신했다. 그는 자신이 먹고 마시고 소화시키는 활동을 하는 내장 메커니즘

〈그림 IV-10〉 1770년대 자케 드로즈 부자가 내놓은 자동인형 화가, 음악 연주자, 서기.

에 필요한 모든 부품들도 정확히 모방했으며, 오리의 내장 속에 작은 "화학 실험실"을 넣어 소화와 배설을 관장하게 했다고 쓰기도 했다(나중에 소화와 배설에 대한 보캉송의 주장은 사실이 아님이 밝혀졌다. 오리가 배설한 '똥'은 소화된 산물이 아니라 모이를 먹고 난 후 일정한 시간이 지나면 일종의 눈속임으로 똥과 비슷한 물질을 배출하게 만든 것이었다).[9]

보캉송의 세 가지 자동인형은 리옹의 상인들에게 팔렸고, 이후 수십 년 동안 유럽 전역에서 순회 전시를 하면서 가는 곳마다 선풍적인 인기를 끌었다(이 과정에서 그가 만든 자동인형들은 19세기 언젠가에 행방이 묘연해지며 자취를 감추고 말았다). 그는 이후 자동인형을 더 이상 만들지 않았지만, 그가 거둔 성공을 모방하려는 자동인형 제작자들이 속속 등장하면서 18세기 후반에는 기술적으로 더욱 정교한 여러 자동인

9　게이비 우드, 『살아 있는 인형』(이제이북스, 2004), pp. 45-64.

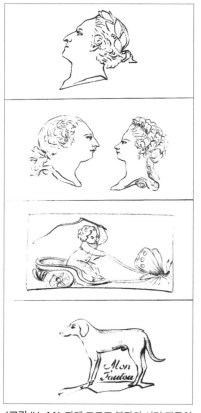

형 작품들이 등장했다. 대표적인 인물로 피에르 자케 드로즈와 앙리 루이 자케 드로즈 부자는 1773년에 서기, 화가, 음악 연주자라는 세 가지 자동인형을 선보였다. 음악 연주자는 관절이 있는 손가락을 움직여 하프시코드의 건반을 두드렸고, 가슴이 오르내리는 모습으로 숨쉬는 것을 모방했다. 서기 자동인형은 수십 가지 문장을 쓸 수 있었는데, 그중에는 "생각한다, 고로 나는 존재한다"라는 데카르트의 유명한 문구도 있었다. 화가 자동인형은 자신이 그리는 그림에 따라 눈의 시선이 계속 변했고, 때때로 입으로 바람을 불어 종이 위의 석필 가루를 날려보내기도 했다.[10] 한편, 이와 비슷한 시기에 여러 대의 말하는 자동인형이 만들어졌고, 런던에서는 존 조지

〈그림 IV-11〉 자케 드로즈 부자의 서기 자동인형이 쓴 글과 화가 자동인형이 그린 그림.

프 멀린이라는 기술자가 "인공 물" 위를 헤엄치며 물고기를 잡아먹는

---

10 홍성욱, 「자동인형, 산업혁명에 상상력을 불어넣다」, 『월간중앙』 2011년 3월호, pp. 238-241.

"은으로 된 백조"를 선보였다(행방이 묘연해진 보캉송의 자동인형들과 달리 자케 드로즈 부자나 멀린의 자동인형은 현재까지 남아서 박물관에 온전하게 작동하는 모습으로 전시되어 있다).[11]

보캉송의 정교한 자동인형 작품들은 단순히 대중적 여흥거리로 그치지 않는 중요한 문화적 파급효과를 낳았다. 우선 보캉송은 1738년 이후 자동인형을 자신의 저술에서 언급한 저자들―대충 꼽아 보더라도 카를 마르크스, 임마누엘 칸트, 토머스 칼라일, 토머스 헉슬리 등이 있다―이 단골로 들먹이는 대표적인 인물이 되었고, 그가 만든 자동인형들은 볼테르, 라 메트리, 디드로 같은 계몽사상가들 사이에서 칭송의 대상이 되었다. 여기서 더 나아가 그의 자동인형들은 특정한 철학적 · 의학적 사상을 그 속에 담고 있었고, 그럼으로써 동시대의 중요한 학문적 논쟁에 직접적으로 관여했다.[12] 이전 시기에 만들어진 자동인형들이 하나의 오락거리이자 기술적 다재다능함의 상징이었다면, 보캉송의 자동인형들은 일종의 철학적 실험으로 의도되었다. 인간이나 동물의 기능이 그 본질에 있어 기계적인가 하는 철학적 질문에 응답해 제작되었다는 말이다. 사람이나 동물의 행동을 모방하되 그것을 작동시키는 메커니즘은 자동인형 외부에 존재했고, 따라서 사람이나

---

11 Minsoo Kang, *Sublime Dreams of Living Machines: The Automaton in the European Imagination* (Cambridge, MA: Harvard University Press, 2011), p. 106. 과학사가 사이먼 샤퍼가 각본과 진행을 맡은 BBC 다큐멘터리 〈기계적 경이, 시계장치의 꿈 Mechanical Marvels, Clockwork Dreams〉(2013)은 18세기의 여러 탁월한 자동인형들과 그것의 배경을 이루는 기술적 발전들을 시각적으로 흥미진진하게 소개하고 있다.
12 위의 책, pp. 107-111.

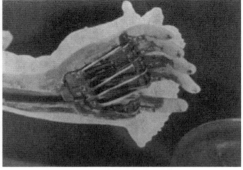

〈그림 IV-12〉 자케 드로즈 부자가 만든 음악 연주자 자동인형에서 정교하게 재현된 손가락과 그 내부 구조. 이는 생명체의 외관만 흉내낸 이전 시기의 자동인형과 대조를 이뤘다.

동물의 생리적 기능과도 무관했던 이전 시기의 자동인형들과 달리, 보캉송의 자동인형들은 외관뿐 아니라 내부도 생명체를 모사해 만들어졌다. 그래서 플루트 연주자는 그저 플루트와 비슷한 소리를 내는 것이 아니라 입술과 혀와 허파와 정교하게 관절이 재현된 손가락을 가지고 실제로 플루트를 불었고, 기계 오리는 그저 날개를 퍼덕이고 꽥꽥 소리를 내는 데 그치지 않고 모이를 쪼아 먹고 소화시켜 배설을 했다. 이는 관악기 연주라는 행동이 기계적인 것인지 그렇지 않은지, 또 동물의 소화는 기계적인 것인지 아니면 화학적인 것인지 같은 당대의 철학적·의학적 논쟁에 개입하는 효과를 낳았다.[13]

생명체는 그 본질에 있어 기계적인가, 바꿔 말해 기계는 생명체의 기능을 모방할 수 있는가 하는 당대의 논쟁에서 가장 흥미로운 대목

13 Jessica Riskin, "The Defecating Duck, or, the Ambiguous Origins of Artificial Life," *Critical Inquiry* 29 (2003): 601-609.

은 아마도 기계가 인간의 사고
를 대신할 수 있는가 하는 질문
이었을 것이다. 이 질문은 보캉
송의 자동인형과 더불어 당대
에 가장 인기를 끌었던 또 다른
(가짜) 자동인형과 연관돼 있
었다. 헝가리의 귀족이자 기계
제작자인 볼프강 폰 켐펠렌은
1769년에 체스 두는 자동인형

〈그림 IV-13〉 볼프강 폰 켐펠렌이 만든 체스 두는 자동
인형. 오늘날까지도 이어지고 있는, 인간의 지적 능력을
기계가 대신할 수 있는가 하는 철학적 질문을 던졌다.

을 만들었는데, 이는 터키인의 복장을 하고 커다란 체스판이 놓인 나무
상자 앞에 앉아 있는 목각상으로 만들어져 있었다. 켐펠렌은 이를 만들
어 시연한 지 얼마 후에 분해해버렸지만, 12년 후 신성로마제국 황제
인 요제프 2세의 부탁으로 이를 다시 조립했고, 성공적인 시연을 마친
후 자동인형과 함께 유럽 전역을 순회했다. 체스 두는 자동인형은 영국
과 프랑스 등을 돌며 수많은 관객을 끌어모았고, 수많은 사람들과 체스
를 두어 대부분을 이겼다. 그는 순회공연을 마친 후 다시 자동인형을
분해해버렸지만, 그가 죽은 후인 1804년에 바이에른의 발명가 요한 멜
첼이 자동인형의 부품들을 사들여 다시 조립한 후 수십 년에 걸쳐 유럽
과 미국을 순회하며 시연을 했다. 멜첼이 죽은 이후 필라델피아에 보관
돼 있던 이 자동인형은 1854년에 화재로 소실되고 말았다.

체스 두는 자동인형은 당대의 지식인들에게 과연 생각하는 기계가
가능한가 하는 철학적 질문을 던졌고, 프리드리히 폰 그림, 찰스 배비

지, 에드가 앨런 포 같은 수많은 학자와 작가들이 이에 관한 글을 썼다. 많은 동시대 사람들은 자동인형 시연을 보고 찬사를 보내면서도, 추론하는 인간의 지능을 발휘하는 기계가 가능할 리 없으며 이것이 정교한 속임수일 뿐이라고 생각했다. 어떤 사람들은 철사나 자석으로 멀리서 자동인형을 움직인다고 생각했고, 다른 어떤 사람들은 자동인형 앞에 있는 나무 상자 속에 몸집이 작은 사람이 숨어서 기계를 조종하는 것이라고 생각했다. 이러한 의심들은 1834년에 나무 상자 안에 숨어서 체스 두는 역할을 하던 사람 중 하나가 그 사실을 폭로함으로써 사실로 확인되었다. 그러나 그 정체가 밝혀진 후에도 체스 두는 자동인형은 계속해서 사람들의 상상력을 사로잡았고, 생각하는 기계가 가능한가 하는 질문을 탐구할 때 지속적으로 인용되는 대상이 되었다.[14]

19세기로 접어든 이후에도 자동인형에 대한 매혹은 계속되었지만, 사회의 변화에 발맞추어 그것의 형태는 점차 변모했다. 왕정과 귀족정 사회에 맞춰 상류층만이 독점할 수 있는 여흥거리로 만들어졌던 18세기의 정교한 자동인형들과 달리, 산업혁명과 시민혁명을 거치며 부르주아지가 새로운 사회의 주도 세력으로 등장한 19세기에는 자동인형이 상대적으로 정교함은 떨어지지만 교환가치를 지닌 상품으로 탈바

---

14 Kang, *Sublime Dreams of Living Machines*, pp. 174-184; 게이비 우드, 『살아 있는 인형』, pp. 98-159. 체스 두는 자동인형에 관한 좀 더 상세한 서술은 Tom Standage, *The Turk: The Life and Times of the Famous Eighteenth-Century Chess-Playing Machine* (New York: Walker & Company, 2002)를 보라.

꿈했다. 자동인형은 19세기 초 영국의 상인들이 중국과의 교역을 개척할 때 서유럽에서 중국에 내세울 수 있는 대표적인 상품이 되었고, 1851년 런던 만국박람회 이후 서유럽과 북미에서 유행처럼 번진 각종 산업박람회에 단골로 전시되는 메뉴가 되기도 했다. 또한 19세기 말 프랑스에서는 여러 장난감 제조업자들이 자동인형 제조를 상업화해 이를 아이들을 위한 장난감으로 판매하기도 했다.[15]

2. 기술 실업과 인간을 쫓아내는 기계에 대한 공포

1 | 산업혁명과 인간의 기계화

고대부터 계몽사조기에 이르기까지 서구에서 자동인형의 역사를 살펴보면 생명을 가진 것처럼 스스로 움직이는 기계들이 줄곧 사람들을 매혹시켜 왔음을 알 수 있다. 자동인형은 국왕이나 귀족 같은 상류층들에게 흥미로운 여흥거리로, 또 지식인과 학자들에게는 중요한 철학적 질문을 던지고 그에 답하는 수단으로 인기를 끌었다. 그러나 계몽사조기 자동인형의 열풍은 그에 못지않게 중요하지만 잘 언급되지는 않는 또 다른 질문을 당대 사회에 던졌다. 만약 사람처럼 동작하는 기계를 만드는 것이 가능하다면, 인간의 숙련과 노동을 대신할 수 있는 기계를 만드는 것도 가능하지 않겠냐는 질문이 그것이었다. 여흥거리

---

15 Nocks, *The Robot*, pp. 39-44.

이자 철학적 문제로서의 자동인형은 매혹의 대상이었지만, 인간의 숙련과 노동을 대체하는 기계는 일자리를 앗아가고 사람들을 불필요한 존재로 내모는 우려와 공포의 대상이 되었다.

우리는 이러한 변화를 앞서 다룬 보캉송의 이력에서 볼 수 있다. 보캉송은 자동인형 제작에서 손을 뗀 후 볼테르의 추천에 따라 프로이센의 프레데리크 2세의 궁정으로 초빙을 받았지만, 이를 거절하고 1741년 루이 15세가 임명한 비단 제조 감독관직을 맡았다. 그는 프랑스산 비단이 이탈리아산과 품질 면에서 경쟁할 수 있으려면 비단실을 잣는 숙련공의 양성과 생산 독점화의 도입 등 제도적인 개혁이 필요하다고 생각했다. 그러나 리옹의 상인-제조업자들과 마스터 직공들은 자신들의 독립성을 지키기 위해 이에 격렬하게 저항했다. 상인과 노동자들의 저항이 18세기 프랑스에서 일어난 최대 규모의 파업과 폭동으로 번지자 보캉송은 수도사로 변장해 간신히 리옹에서 빠져나올 수 있었다. 파리로 돌아온 보캉송은 관심을 방직의 기계화로 돌렸고, 1745년에 무늬가 들어간 비단을 짤 수 있는 자동 직기를 완성했다. 그는 자신의 기계가 "말, 암소, 당나귀라도 가장 영리한 비단 노동자보다 훨씬 더 아름답고 완벽하게 비단을 짤 수 있게 해준다"고 뽐냈다. 그는 1750년대에 다양한 기계들을 도입한 비단 생산 시범공장을 오브나에 세웠지만, 이 공장은 실패해 1775년에 파산하고 말았다.[16]

---

16 Riskin, "The Defecating Duck," 623-628; Kang, *Sublime Dreams of Living Machines*, pp. 106-107.

18세기 중반 프랑스에서는 노동의 기계화가 실패했지만, 이웃한 나라 영국에서는 그렇지 않았다. 18세기 말에서 19세기 초에 걸쳐 영국에서 일어난 산업혁명에서는 크게 세 가지 변화가 두드러졌다. 첫째는 동식물 재료를 광물 재료로 대체한 것(특히 철의 광범한 이용)이었고, 둘째는 생물 동력원을 무생물 동력원으로 대체한 것(특히 증기기관의 도입)이었으며, 셋째는 인간의 숙련과 노동

〈그림 IV-14〉 보캉송이 1745년에 발명한, 무늬가 들어간 비단을 짜는 자동 직기.

을 빠르고, 규칙적이고, 정확하고, 지치지 않는 기계로 대체한 것(특히 다양한 직물 기계의 도입)이었는데, 이 중에서 둘째와 셋째는 근대적 공장의 등장과 밀접한 연관이 있었다.[17] 18세기 말에 제임스 와트가 개량한 증기기관은 광산에 고인 물을 퍼올리는 용도로 쓰던 종래의 뉴커먼 기관의 효율을 4배로 향상시켰을 뿐 아니라, 창의적인 동력전달 장치와 속도조절 장치를 써서 왕복운동이 아닌 회전운동이 가능하게 만

---

17 David S. Landes, *The Unbound Prometheus: Technological Change and Industrial Development in Western Europe from 1750 to the Present*, 2nd ed. (Cambridge: Cambridge University Press, 2003).

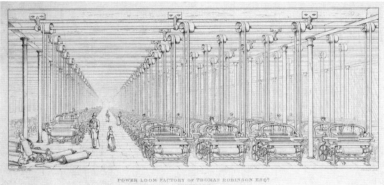

POWER LOOM FACTORY OF THOMAS ROBINSON ESQ?
STOCKPORT.

〈그림 IV-15〉 영국 산업혁명기에 물 방적기(위)와 역직기(아래)를 대규모로 도입한 직물공장의
모습. 이곳에서 인간은 기계 돌보는 사람으로 격하되었다.

들어져 종래의 수차를 대신해 공장에 도입될 수 있었다. 또한 같은 시기에 여러 발명가들이 차례로 선보인 제니 방적기, 수력 방적기, 뮬 방적기와 역직기는 기존의 수방적공과 수직공들이 쓰던 물레와 직기를 차츰 대체했다. 19세기 초 프랑스에서는 조제프 마리 자카드가 보캉송의 자동 직기를 발전시켜 천공카드를 이용해 복잡한 문양이 들어간 천을 짤 수 있는 자카드 직기를 발명했다.[18]

이러한 변화들은 근대적 공장의 설립으로 이어졌다. 1770년대에 영국의 리처드 아크라이트가 수력을 이용하는 최초의 근대적 직물 공장을 세웠고, 19세기로 접어들어 공장에 증기기관이 도입되면서 런던이나 맨체스터 같은 대도시에도 대형 면공장들이 생겨났다. 이러한 공장에는 증기기관으로 가동되는 수백, 수천 대의 방적기와 방직기가 갖춰져 있었고, 그 속에서 노동자들은 실을 잣고 천을 짜던 가내수공업의 숙련을 잃어버리고 단순히 기계 돌보는 사람(machine tender)으로 격하되었다. 그들은 전통 사회의 자연적인 노동 리듬이 아닌 동력 기계의 리듬에 맞춰 일하도록 강제되었고, 인적 구성 역시 남성 숙련 노동자에서 유순하고 비용이 적게 드는 여성 노동자와 아동 노동자로 점차 대체되었다.[19]

공장제의 등장과 함께 이를 뒷받침하고 정당화하는 사회적·경제적 철학이 등장했다. 19세기 초의 사회과학자와 경제학자들은 산업

---

18 Melvin Kranzberg & Carroll W. Pursell, Jr. (eds.), *Technology in Western Civilization*, vol. 1 (Oxford: Oxford University Press, 1967), part III.

19 양동휴 외, 『산업혁명과 기계문명』(서울대학교출판부, 1997).

생산을 통해 국부를 증진시킬 방법을 고민했고, 자동 기계의 도입이 산출량 증대와 인간 노동의 비효율 제거라는 목표를 동시에 달성할 수 있다고 주장했다. '공장제 철학'의 대표적 인물인 앤드루 유어는 이상적인 공장을 "거대한 자동인형"에 비유하면서 "이를 구성하는 다양한 기계적 · 지능적 기관들은 모두가 자기조절적인 동력에 종속되어 공통의 대상을 생산하기 위해 끊임없이 조화롭게 작동한다"고 주장했고, 찰스 배비지는 "기계에서 이끌어낼 수 있는 커다란 이점은 인간 행위자의 부주의, 나태, 부정직성을 점검할 수 있는 데 있다"고 썼다.[20] 그러나 이러한 낙관적 견해에 못지않게 비관적 견해도 대두되었다. 토머스 칼라일 같은 사상가들은 인간이 공장의 인공적 리듬에 얽매이면서 노동의 주도권을 잃고 점점 기계를 닮게 되었다고 보았고, 더 나아가 공장이라는 거대한 기계의 부속품으로 전락하게 되었다고 믿었다. 공장에서 일하는 미숙련 노동자들은 이제 손쉽게 기계로, 혹은 다른 노동자로 대체가능한 존재가 되었다. 칼라일의 유명한 경구인 "인간은 손뿐 아니라 머리와 가슴까지 기계화되었다"는 탄식은 이러한 측면을 예리하게 지적한 것이었고, 카를 마르크스는 이러한 통찰을 일반화해 자신의 '소외' 개념의 근간으로 삼았다.[21]

이와 관련해 19세기 초 영국에서는 숙련을 대체하고 실업을 야기하는 기계 도입에 대한 노동자들의 격렬한 저항이 있었다. 기계 도입

---

20 Nocks, *The Robot*, pp. 46–47.
21 매즐리시, 『네번째 불연속』, pp. 112–114.

에 반대하는 움직임은 종종 군중이 새로 기계를 들여놓은 작업장으로 몰려가 이를 부숴버리는 물리적 폭동의 형태를 띠었고, 이러한 운동을 이끈 것으로 알려진 전설적인 지도자 네드 러드의 이름을 따서 러다이트(Luddite) 운동으로 알려지게 되었다. 러다이트

〈그림 IV-16〉 러다이트 운동을 묘사한 1844년의 목판화.

폭동은 1811년부터 1813년 사이에 노팅엄, 요크셔, 랭커셔 등지에서 절정을 이루었으나, 공장주들이 폭도들에 맞서 공장을 요새화하고 정부에서 군대를 주둔시켜 폭동 주모자들에게 고액의 현상금을 걸고 체포, 처형, 유배 등 탄압을 가하면서 쇠퇴하기 시작했다.[22] 러다이트 운동은 노동자들의 절망이 빚어낸 산물이자 진보에 대한 어리석은 저항으로, 또 근대적 노동운동이 생기기 이전의 맹목적이고 야만적인 행동으로 흔히 평가절하되곤 하지만, 진실은 그보다 더 복잡했다. 이는 기계 도입의 불가피성과 이것이 가져올 무한한 번영을 선전했던 대공장주 및 혁신가들을 한편으로, 그리고 전통과 관습, 가내노동의 도덕적 가치를 믿었던 직공 및 소생산자들을 다른 한편으로 해서 경제와 사회를 바라보는 서로 다른 관점이 충돌하며 빚어진 사회적 논쟁으로 보아야 할 것이다.[23]

---

22 에릭 홉스봄, 「기계파괴자들」, 『저항과 반역 그리고 재즈』(영림카디널, 2003), pp. 19-36; Hal Hellman, *Great Feuds in Technology: Ten of the Liveliest Disputes Ever* (Hoboken, NJ: John Wiley & Sons, Inc., 2004), pp. 5-17.

2 | 테일러주의와 포드주의: 인간 기계화의 고도화

19세기 말 미국에서는 앞서 언급한 배비지의 견해에 동조해 작업장을 혁명적으로 바꿔놓으려는 시도가 진행되었다. 당시 미국은 산업화가 진행되면서 소수의 거부들과 도시 빈민들 사이의 빈부격차가 심해졌고, 작업장에서는 노동조합이 결성되어 파업이 물리적 충돌로 이어지는 등 노동자와 자본가 사이의 갈등이 점차 심화되고 있었다. 필라델피아 상류층 출신의 기계 엔지니어이자 컨설턴트였던 프레더릭 윈즐로 테일러는 이처럼 미국이 직면한 노동 문제의 원인이 바로 작업장의 무질서와 동기부여 결여에서 비롯된 조직적 태업, 즉 의도된 속도 저하에 있다고 보았다. 그는 숙련된 장인과 노동자들이 작업장을 사실상 통제하며 기술 지식을 독점하고 작업 방식과 속도를 스스로 결정하는 것에 문제를 제기했고, 이러한 권한을 노동자가 아닌 관리자가 넘겨받아야 한다고 생각했다.

이를 위해 그는 1880년대 초부터 미드베일 철강회사에서 일련의 실험을 계속하며 자신의 새로운 관리 방식을 실행에 옮기기 시작했다. 먼저 그는 원자재와 공구를 공급하고 개별 작업을 지시하는 등 노동을 계획하는 업무를 숙련 노동자들에게서 엔지니어들로 구성된 중앙 계획 부서로 이전시켰고, 여기서 공장을 새롭게 조직해 작업 순서와 공구를 효율적으로 배치하게 했다. 그리고 각각의 직무에 대해 스

---

23 Adrian J. Randall, "The Philosophy of Luddism: The Case of the West of England Woolen Workers, ca. 1790–1809," *Technology and Culture* 27:1 (1986): 1–17.

톱워치로 시간을 측정해서 불필요하거나 반복적인 동작을 제거하고 개별 과업에 대해 가장 효율적인 시간과 방법을 결정했으며, 이 결과를 문서로 된 지시 카드로 노동자들에게 제시했다. 마지막으로 이처럼 새롭게 정해진 작업 기준을 강제하기 위해 차등적 성과급 제도

<그림 IV-17> 테일러주의가 노동자를 사실상의 '인간-기계'로 바꿔 버렸음을 비판한 당대의 만평. 노동자는 몸에 계기반이 달린 채 팔다리가 쭉 늘어나 직무를 수행하는 존재로 그려져 있고, 관리자는 옆에서 노동자의 일거수일투족을 기록, 감시하고 있다.

를 시행하고 정해진 기준에 미달하는 사람들을 직무에서 사실상 배제했다. 그는 이러한 일련의 과정을 통해 자신이 관리를 과학으로 전환시켰다고 믿었고, 만년에『과학적 관리의 원칙The Principles of Scientific Management』(1911) 등의 저작을 통해 이러한 복음을 널리 퍼뜨리기 위해 애썼다.[24]

테일러는 자신이 자본가의 편을 드는 것도, 노동자의 편을 드는 것도 아닌 중립적인 입장에서 노동을 수행하는 "유일한 최선의 방식(one best way)"을 찾아냄으로써 생산성 향상에 기여하려는 것일 뿐이라고 주장했다. 그러나 테일러의 순진한 이상과 달리, 현실 속에서 이는 작업 속도를 증가시키고 '비효율적인' 노동자들을 솎아내기 위한 목적으로 활용되었다. 그는 노동자들에게 작업 과정에서 아무런 주도권도 부

---

24 프레더릭 테일러, 『과학적 관리법』(21세기북스, 2010).

여하지 않았는데, 노동자들이 교육의 결핍이나 불충분한 사고 능력으로 인해 '최선의' 작업 방식을 알아낼 능력이 없다고 믿었기 때문이었다. 그는 작업장 전체가 한 대의 잘 기름칠한 기계처럼 굴러가는 것을 이상으로 삼았고, 노동자는 바로 그러한 기계의 한 부분으로서 주어진 지시를 이행하는 것만이 본연의 임무라고 생각했다. 이에 대해 노동자들은 자신으로부터 노동의 주도권을 앗아가는 테일러 시스템의 도입에 대해 격렬하게 저항했고, 비판자들은 노동 과정에서 과업의 계획과 실행을 분리시킴으로써 테일러가 노동자들을 사실상의 '인간-기계'로 만들어버렸다고 공격했다. 그러나 이러한 저항과 비판에도 불구하고, 20세기 초 서구 각국에서 효율이 사회 문제 해결을 위한 지상 명제로 부각되면서 테일러주의는 정치적 좌파와 우파를 가리지 않고 열렬한 수용의 대상이 되었다.[25]

테일러가 정초한 관리 방식은 1910년대에 헨리 포드의 자동차 공장에서 완성된 대량생산 방식을 통해 기술적으로 구현되었다. 포드는 미국에서 자동차가 아직 소수 부유층의 오락거리로 여겨지던 1900년대 초에 '대중을 위한 자동차(car for the great multitude)'를 꿈꿨던 인물이었다. 그는 1908년에 선보인 모델 T가 선풍적인 인기를 끌면서 이를 실현시킬 수 있는 기회를 잡게 되었다. 문제는 모델 T를 표준화된 방식으로 신속하게 대량으로 생산할 수 있는 방법을 알아내는 것이었

---

25 Carroll W. Pursell, Jr. (ed.), *Technology in America: A History of Individuals and Ideas*, 2nd ed. (Cambridge, MA: MIT Press, 1990), pp. 163-176; 토머스 휴즈, 『현대 미국의 기원』(나남출판, 2017), 5-6장.

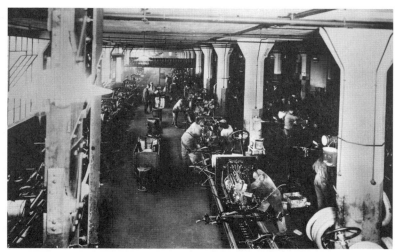

〈그림 IV-18〉 모델 T 자동차를 생산하는 하이랜드 파크 공장의 완성차 조립 공정. 사람이 차 주위로 움직이며 부품을 끼워넣는 대신, 움직이는 차 앞에 멈춰선 사람들이 동일한 작업을 반복하는 일관조립 방식을 채택했다.

다. 포드와 그 조력자들은 1910년에 새로 문을 연 하이랜드 파크 공장에서 호환가능한 부품, 특수목적 공작기계, 일관 조립방식의 채용을 골자로 하는 새로운 자동차 생산 방식을 도입했다.

먼저 그들은 부품의 정밀도를 높여 조립 과정에서 잘 들어맞지 않는 부품들을 임기응변으로 서로 끼워맞출 필요성을 제거함으로써 미숙련공도 조립을 담당할 수 있게 했다. 또한 그들은 조작 방법은 매우 간단하지만 오직 한 가지 부품만 만들 수 있는 특수목적 공작기계들을 설계하고 공장에 대규모로 도입했다. 이 모든 기계들은 오직 모델 T에 들어갈 특정한 부품만 만들 수 있게 설계된 것으로서, 공작기계 작동에 서투른 미숙련공도 복잡한 부품을 생산할 수 있게 해주었다 (이처럼 다분히 극단적인 아이디어는 당대에 모델 T가 누렸던 엄청난 인기를

〈그림 IV-19〉 조립라인에서 일하는 노동자를 주인공으로 내세운 찰리 채플린의 〈모던 타임즈〉
(1936)의 한 장면.

염두에 두어야만 이해할 수 있다). 마지막으로 그들은 조립 과정에서 고
정된 사물 주위를 사람이 계속해서 움직이면서 부품을 끼워넣는 대신,
사람은 한 자리에 머물러 있고 사물이 계속 움직여 연속적인 조립을
가능케 하는 일관조립 방식을 도입했다. 이러한 세 가지 혁신은 수많
은 부품으로 이뤄진 자동차라는 복잡한 기계 장치를 이에 대해 거의
지식을 갖추지 못한 수천, 수만 명의 미숙련 노동자들이 생산하는 것
을 가능케 해주었다.

새로운 생산 방식은 엄청난 효율의 증가를 가져왔고, 이와 함께 모
델 T의 가격은 급격하게 하락해 이를 생산하는 노동자들도 구입할 수
있을 정도가 되었다. 그러나 이에 대한 반대급부로 포드 공장에서의
노동은 누구라도 몇 시간이면 쉽게 익힐 수 있는 몇 가지 간단한 동작
들로 환원되어, 한쪽 혹은 양쪽 팔이나 다리가 없는 사람, 심지어 눈

이 보이지 않는 사람도 때로 수행할
수 있는 극도로 단순한 작업으로 바
꾸고 말았다. 이로 인한 노동불만족으
로 포드 공장의 결근율과 이직률이 도
저히 감당할 수 없는 수준까지 치솟
자, 포드는 1914년 1월에 공장의 미숙
련 노동자의 일당을 종전의 평균 2.34
달러에서 5달러로 인상하는 파격적인
조치를 취했다. 이는 다른 회사와 업
종들로 확산되면서 오늘날의 대량생
산-대량소비 사회의 출발점을 알렸

〈그림 IV-20〉 올더스 헉슬리의 풍자 소설 『멋진 신세계』(1932)의 초판 표지.

다. 이제 노동자들은 일터에서 마치 기계의 부속품과도 같은 단조로운
작업을 하는 대신 높은 임금으로 이를 보상받고 소비나 취미 생활에
서 만족을 추구하는 존재로 변모하게 되었다. 당대의 대중문화 작품들
은 이러한 계약에 내재한 소외와 아이러니를 날카롭게 포착했다. 르네
클레르의 영화 〈우리에게 자유를À Nous la Liberté〉(1931)은 공장을 마
치 감옥이나 군대처럼 엄격한 규율이 지배하는 공간으로 묘사했고, 찰
리 채플린의 〈모던 타임즈Modern Times〉(1936)는 효율 향상을 위해 점
심시간에 자동 급식기로 '강제 식사'를 하고 조립라인에서 작업 속도
증가를 감당하지 못해 미쳐가는 노동자의 모습을 통해 이를 유쾌하
게 풍자했다. 올더스 헉슬리의 풍자 소설 『멋진 신세계Brave New World』
(1932)는 포드의 조직 원리가 사회 전반으로 퍼져 나가 인간의 재생산

에 적용되었을 때 나타날 수 있는 디스토피아적 미래 사회의 모습을
그려냈다.[26]

3 | 공장 자동화와 기술 실업 논쟁

20세기 초가 되면 작업장에서의 기계 도입은 이제 생산성과 효율 향
상을 위해 필수적인 것으로 간주되었다. 당대의 엔지니어들은 여기서
한 걸음 더 나아가, 속도, 힘, 위치, 가속 등의 기능에서 나타나는 불규
칙성을 스스로 교정하면서 장시간에 걸쳐 효율적으로 작동할 수 있는
산업 기계를 꿈꾸었다. 이러한 자동 기계는 장치의 입력부와 출력부
사이에 오류 신호(되먹임)를 보내는 센서와 이에 의거해 오류를 수정
하는 서보메커니즘(servomechanism)을 통해 구현될 수 있었다. 그러나
당대의 산업 기계들은 아직 이러한 단계까지 도달하지는 못했다. 조립
라인에 도입된 기계들은 마치 18세기의 자동인형처럼 미리 정해진 동
작만 단순히 되풀이할 뿐 문제를 교정하는 능력을 갖추지 못하고 있
었다. 1930년대에는 관절이 달려 마치 사람의 팔처럼 동작할 수 있는
조작기(manipulator)가 공장에 도입되었지만, 이것이 할 수 있는 일은
매우 제약돼 있었고 매번 '프로그램'하는 것 역시 시간이 많이 걸리고
힘든 일이었다. 이 문제의 해결을 위해서는 2차대전 때 등장하게 되는
여러 획기적 변화들을 기다려야 했다.[27]

---

[26] David Hounshell, *From the American System to Mass Production, 1800-1932: The Development of Manufacturing Technology in the United States* (Baltimore: Johns Hopkins University Press, 1984), chap. 8.

그러나 이러한 현실과는 별개로, 동시대 대중의 눈에는 그러한 '로봇'들이 점차 사회 곳곳으로 침투해 들어오고 있는 것으로 여겨졌다. 이를 가장 잘 볼 수 있었던 곳은 당시 크게 유행하고 있던 산업박람회와 만국박람회 같은 공간들이었다. 대기업들은 자사의 기술혁신을 선전하기 위한 하나의 방편 내지 일종의 마스코트 같은 존재로 박람회에 로봇들을 전시했

〈그림 IV-21〉 1939년 뉴욕 만국박람회에 출품된 로봇 일렉트로와 스파코.

다. 이러한 로봇들은 당시 공장에서 쓰이던 산업 기계들과 달리 대개 인간 형태를 가진 휴머노이드였고, 움직이거나 말을 하는 능력을 갖춰 관람객들에게 여흥거리를 제공했다. 그런 로봇들 중 가장 유명했던 것은 1939년 뉴욕 만국박람회에 웨스팅하우스 전기회사가 전시한 일렉트로(Elektro)와 기계 개 스파코(Sparko)였다. 웨스팅하우스는 일렉트로가 "산업 분야에서 인간의 짐을 덜어주기 위해 만들어졌다"고 선전했고, 이를 첨단기술의 잠재력을 홍보하는 상징으로 이용했다. 이처럼 새로운 로봇이 가져다주는 기술의 미래는 낙관적인 것이었고 결코 위협적이지 않았다. SF 작가 아이작 아시모프가 1939년부터 연재하기 시작한 로봇 연작 이야기들은 오늘날까지도 널리 알려진 이른바 '로봇

---

27 Nocks, *The Robot*, pp. 55-60.

〈그림 IV-22〉 기계가 인간을 대체하는 '기술 실업'에 대한 우려를 담은 1930년대의 만평들.

3원칙'을 제시했는데, 이 역시 인간에게 도움을 주며 위협이 되지는 않는 '착한' 로봇의 이미지를 담고 있었다.[28]

하지만 자동 기계의 이미지는 이 시기에도 양면적이었다. 1920년 대는 호황기였지만, 일부 사회과학자들은 새로운 자동 기계의 도입이 조만간 작업장에서 노동자들을 대체하면서 실업을 야기할 가능성이 있다는 우려를 표명했다. 그리고 1929년 월가의 주가 폭락과 함께 대공황이 시작되고, 1930년대 초에 미국의 실업률이 상상을 초월하는 25퍼센트까지 치솟으면서, 이러한 문제의 원인이 공장의 기계 도입에 있는 것은 아닌가 하는 질문이 본격적으로 제기되기 시작했다. 1930 년대의 기술 실업(technological unemployment) 논쟁은 사회 각 부문에

---

28 Steven Lubar, *Infoculture* (Boston: Houghton Mifflin, 1993), pp. 383–385. 아시모프의 로봇 연작은 나중에 단행본으로 묶여 출간되었고 국내에도 여러 차례에 걸쳐 번역돼 나온 바 있다. 아이작 아시모프, 『아이, 로봇』(우리교육, 2008).

서 찾아볼 수 있는 수많은 전거들을 기반으로 해서 진행되었다. 당시 자동 전화교환기의 등장으로 여성 교환수들의 필요성이 줄어들고 있었고, 시리얼 박스를 채우거나 잎담배를 마는 기계가 나오면서 공장 노동자들의 업무도 대체되고 있었으며, 심지어 축음기와 토키 영화의 등장으로 오케스트라에 속한 음악가들의 생계도 위협받고 있었다. 이는 정부 통계로 뒷받침되었고, 의회에서도 이 주제를 다룬 청문회를 열어 대응책 마련에 나섰다. 이러한 상황에 대한 입장은 양 극단으로 나뉘었다. 노조 지도자들은 기계가 노동자를 대체하는 것을 맹렬하게 비난하면서 그 위험에 대처할 수 있는 전략 마련을 촉구한 반면, 산업계 지도자와 엔지니어링 전문직은 기계 도입과 실업 사이의 연관성이 입증된 바 없으며 기계의 도입을 막는 것은 국가 전체의 생산성과 효율을 떨어뜨리는 비애국적이고 배은망덕한 일이라고 주장했다. 1930년대 내내 평행선을 달리던 이 논쟁은 뉴딜 정책과 2차대전기의 군수 수요로 대공황이 서서히 해소되면서 수그러들었지만, 2차대전 이후에도 조금씩 다른 형태로 여러 차례 재연되었(고 지금도 맹위를 떨치고 있)다.[29]

이처럼 인간을 대체하고 불필요한 존재로 만드는 위협적인 기계의 이미지는 1920년대 초에 불멸의 문학 작품을 통해 대중의 뇌리에 깊숙이 각인되었다. 체코의 극작가 카렐 차페크는 로섬의 만능 로

---

29 Amy Sue Bix, *Inventing Ourselves Out of Jobs? America's Debate over Technological Unemployment, 1929-1981* (Baltimore: Johns Hopkins University Press, 2000).

봇(Rossum's Universal Robots), 약칭 『R.U.R.』이라는 제목의 회곡을 1921년에 발표했다(우리가 쓰는 '로봇'이라는 용어는 차페크가 체코어로 '노예 노동'이라는 뜻을 가진 robota를 변형해 새롭게 만들어낸 단어다). 이 작품에서 로섬이라는 천재 박사가 만들어낸 인간 형상의 인공생명인 로봇들은 공장에 투입돼 인간 노동자들의 일자리를 대신하게 된다. 이에 따라 사람들은 할 일이 없어져 점차 불만이 쌓이지만, 로봇 회사의 관리자는 로봇들이 생산하

〈그림 IV-23〉 1939년 뉴욕 상연 당시의 〈R.U.R.〉 연극 포스터.

는 풍족한 물품들로 인해 머지않아 유토피아가 도래할 거라고 낙관한다. 그러나 얼마 후 군사용 로봇들이 인간의 명령을 듣지 않고 폭주하고, 자기들끼리 동맹을 맺어 인간에 대한 반란을 선동하면서 억제되지 않은 산업화의 위험이 만천하에 드러난다. 결국 인간들은 거의 모두 학살당하고, 로봇들이 지구상에서 새로운 인류로 살아가게 될 거라는 암시를 남기면서 극은 막을 내린다. 이 작품은 이내 여러 국가의 언어로 번역되어 각국에서 공연이 이뤄지며 화제를 낳았고, 1930년대의 기술 실업 논쟁에도 중요한 배경이 되는 이미지를 제공했다.[30]

---

30 카렐 차페크, 『로봇』(모비딕, 2015); Kang, *Sublime Dreams of Living Machines*, pp.

3. 지적 기계의 추구와 좌절, 그리고 희망

1 | 사이버네틱스와 디지털 컴퓨터의 출현

지금까지 살펴본 스스로 움직이는 기계들은 계몽사조기를 풍미했던 자동인형이든, 20세기 초에 공장에 도입되기 시작한 산업 기계든 간에, 아직 진정한 의미의 '로봇'은 되지 못했다. 이는 정해진 패턴을 계속해서 반복할 뿐, 주위 환경의 변화에 적응해 자신의 행동을 수정하는 능력을 결여하고 있었다. 물론 19세기부터 소설이나 희곡 같은 픽션 속에는 지능이나 감정을 가지고 독자적인 행동을 하며 심지어 인간에게 반항하는 인조인간들—『프랑켄슈타인Frankenstein』의 괴물, 『대초원의 증기 인간The Steam Man of the Prairies』의 증기 인간, 『R.U.R.』의 로봇 등—이 등장하기 시작했지만, 이는 아직까지 문학적 상상력의 산물일 뿐, 현실 속에 존재하는 기계들과는 현저한 격차가 있었다.[31] 그러나 2차대전 때 군사적 연구개발의 산물로 등장한 두 가지 중요한 계기들이 합쳐지면서 이전까지는 꿈으로만 존재하던 '생각하는 기계'의 전망이 크게 앞당겨지게 되었다.

그중 첫 번째는 제어공학의 발전과 사이버네틱스라는 새로운 학문 분야의 출현이었다.[32] 사이버네틱스는 MIT의 수학자 노버트 위너가 2

279-282.

31 Lubar, *Infoculture*, pp. 381-383.

32 홍성욱, 『생산력과 문화로서의 과학기술』(문학과지성사, 1999), pp. 298-304; Peter Galison, "The Ontology of the Enemy: Norbert Wiener and the Cybernetic Vision," *Critical Inquiry* 21 (1994): 228-266.

〈그림 IV-24〉 에드워드 엘리스가 1868년에 발표한 미국 소설 『대초원의 증기 인간』. 스스로 움직이는 인조인간이 인간을 도와 문제를 해결하는 모습을 그렸으며, 기술에 대한 미국인들의 낙관주의를 담고 있다.

차대전기에 대공포의 자동 제어 문제를 연구하는 과정에서 문제의식의 단초가 생겨났다. 당시 폭격기는 높은 고도에서 빠른 속도로 비행했기 때문에 이를 격추시키기 위해서는 폭격기의 진로를 예측해서 포를 발사해야만 했다. 그러나 폭격기 조종사는 이를 알고 다양한 종류의 회피 기동을 함으로써 폭격기의 진로에 무작위성과 불규칙성을 집어넣어 진로의 예측을 어렵게 했다. 위너가 맡은 과제는 바로 이러한 문제를 해결할 수 있는 대공 예측기(anti-aircraft predictor)를 개발하는 것이었다. 이 과정에서 그는 폭격기(기계)와 이를 모는 조종사(인간)를 별개로 간주하는 것이 아니라 하나의 단위, 즉 서보메커니즘으로 간주하는 것이 도움이 된다는 사실을 깨달았다. "적의 행동에서 인간적 요소를 제거할 수 없으므로, 제어 문제의 수학적 취급을 완성하기 위해서는 시스템의 상이한 부분들을 단일한 기반 위에 통합해야" 한다는 것이 그의 생각이었다. 그러나 조종사의 의식 및 행동 습성과 폭격기의 기체 특성을 한꺼번에 반영하려 한 위너의 대공 예측기는 예측에 필요한 데이터의 부족으로 인해 종래의 기하학적 예측기보다 더 나은 성능을 보여주지 못했다.

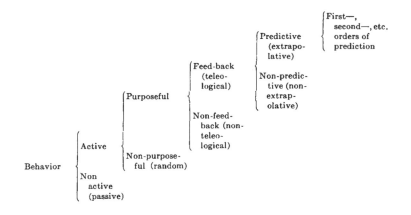

〈그림 IV-25〉 위너, 비글로, 로젠블루스의 1943년 논문 「행동, 목적, 목적론」에서 동물의 행동을 의도와 목적지향성에 따라 분류한 결과. 그들은 이러한 분류를 인간, 동물, 기계에 동등하게 적용할 수 있다고 주장했다.

그러나 위너는 실망하지 않고 자신의 문제의식을 좀 더 일반적인 수준까지 확장시켰다. 그는 전기 엔지니어인 줄리언 비글로, 심장병 전문의 아르투로 로젠블루스와 함께 1943년에 「행동, 목적, 목적론Behavior, Purpose and Teleology」이라는 논문을 발표했다. 여기서 그들은 동물의 행동을 의도와 목적지향성에 따라 분류하면서, 인간, 동물, 기계의 활동을 모두 '되먹임에 의한 제어'라는 측면으로 설명할 수 있다고 주장했다. 그들에게 있어, 뜬공을 잡기 위해 쫓아가는 야구선수(인간)나 대초원에서 먹잇감인 영양을 뒤쫓는 치타(동물), 그리고 잠수함을 겨냥해 날아가는 열추적 어뢰(기계)는 그 본질에 있어 별반 다르지 않았다. 그들은 생명체가 지속적인 정보 입력을 되먹임해서 항상성을 유지하고 계속해서 행동을 수정하는 것처럼 기계 역시 센서를 이용해 같은 방식으로 작동할 수 있다고 보았다. 이러한 그들의 주장은 무생물과 동물/인간의 경계를 흐릿하게 만드는 결과를 낳았다. 위너는 이러한 문제의식을 전파하기 위해 1945년 1월에 컴퓨터의 선구자인 IBM의 하워드 에이킨, 수학자 존 폰 노이만과 힘을 합쳐 목적론 학회(Teleological Society)를 결성했고, 1946년부터 메이시 재단의 후원을 얻어 뉴욕에서 이를 사회과학에 응용하는 것을 주제로 한 메이시 학술회의(Macy Conference)를 매년 개최했다. 위너는 이러한 문제의식에 기반을 둔 학문 분야에 '키잡이'라는 뜻의 그리스어에서 빌려온 사이버네틱스(cybernetics)라는 이름을 붙였고, 1948년 『사이버네틱스: 동물과 기계에서 제어와 커뮤니케이션*Cybernetics: Or Control and Communication in the Animal and the Machine*』을 출간해 새로운 학문 분야의 출범을 알렸다.[33]

거의 같은 시기에 미국과 영국에서는 정보의 처리 속도를 비약적으로 높일 수 있는 디지털 컴퓨터가 개발되고 있었다. 미국에서는 대포의 탄도 계산을 더 빨리 할 전시의 필요가 디지털 컴퓨터의 개발을 자극했다. 미국의 병기창에서 개발된 새로운 대포가 전선에 배치되기 위해서는 먼저 다양한 조건에서 포의 조준을 가능케 하는 탄도표를 계산해야 했는데, 당시 쓰이던 계산 방법들은 너무 느렸다. 주로 여성

---

33 『사이버네틱스』는 전문적인 수학 지식을 갖춘 사람들이나 이해할 수 있는 어려운 책이었기 때문에, 위너는 이 책의 문제의식을 좀 더 대중적으로 전파하기 위해 1950년에 *The Human Uses of Human Beings*라는 책을 저술했다. 초창기 사이버네틱스의 문제의식을 평이한 언어로 담은 이 책은 국내에도 번역되어 있다. 노버트 위너, 『인간의 인간적 활용』(텍스트, 2011).

〈그림 IV-26〉 2차대전기에 미국과 영국에서 개발된 디지털 컴퓨터 에니악(위)과 콜로서스(아래).

'컴퓨터'(계산원)들의 수작업에 의존하거나 아날로그 컴퓨터인 미분해석기(differential analyzer)를 이용했기 때문이다. 펜실베이니아대학의 무어 공대에 있던 물리학자 존 모클리와 전기 엔지니어 J. 프레스퍼 에커트는 이 문제를 해결하기 위해 진공관을 사용하는 최초의 범용 디지털 컴퓨터 에니악(ENIAC)을 설계, 제작했다. 에니악은 1945년 말에야 완성되어 애초 염두에 둔 전시의 필요는 충족시키지 못했지만, 전쟁이 끝난 직후 로스앨러모스의 요청으로 수소폭탄의 이론적 가능성을 계산하는 데 처음으로 쓰였다. 에니악은 1946년 2월에 대중에게 처음 공개되었고, 모클리와 에커트는 자신들의 발명을 널리 알리는 한편으로 디지털 컴퓨터를 제작해 판매하는 상업적 회사를 설립해 컴퓨터를 보급하는 데 앞장섰다.[34]

한편, 2차대전 때 영국에서는 암호해독 본부가 있던 블레츨리 파크를 중심으로 독일군의 암호를 해독하기 위한 노력이 진행되고 있었다. 전쟁 기간에 독일군이 주로 사용했던 암호 기계는 이니그마(Enigma)였는데, 1940년 수학자 앨런 튜링은 봄브(Bombe)라는 기계를 만들어 이니그마 해독을 기계화하고 속도를 높였다. 뒤이어 독일은 1941년부터 개량된 텔레타이프 암호 기계인 로렌츠(Lorenz, 이 기계의 실물을 한 번도 본 적이 없었던 영국인들은 자기들끼리 '터니[Tunny]'라는 이름으로 불렀다)를 도입해 히틀러와 그 측근 및 최고 군 지도자들 사이의 극비 통신에 활용하기 시작했다. 이를 해독하는 방법을 알아낸 것은 블레츨리 파크의 젊은 수학자 윌리엄 터트였다. 터트는 앨런 튜링의 선행 작업에 근거해 로렌츠의 구조를 추정함으로써 암호를 푸는 열쇠를 알아냈고, 우체국 소속의 전기 엔지니어 토머스 플라워스는 반자동 디지털 컴퓨터 콜로서스(Colossus)를 1944년에 개발해 로렌츠 암호 해독 과정의 일부를 기계화했다. 이는 미국의 에니악보다 1년 이상 앞선 성과였지만, 블레츨리 파크에서의 활동이 전쟁이 끝난 후에도 극비로 분류되었기 때문에 이러한 성과가 전후의 컴퓨터 발전에는 그다지 큰 영향

---

34 김명진, 『야누스의 과학』, pp. 58-64.

을 미치지 못했다.[35]

1950년대 초부터 사이버네틱스는 새롭게 등장한 디지털 컴퓨터와 결합하면서 자연과학, 인간과학, 물리과학 등 분과학문의 경계를 허문 새로운 보편과학 프로젝트로 각광받기 시작했다. 정보의 되먹임을 이용한 '제어의 과학'이 관료제와 조직의 병폐를 넘어 당면한 경제, 경영, 정치 문제들을 해결해줄 거라는 유토피아적 기대가 고조되었다. 사이버네틱스의 원칙에 따라 운영되는 경제체제나 기업은 권위적이지도 자유방임적이지도 않았고, 따라서 공산주의나 파시즘으로 이어지거나 대공황에 빠지지 않고 저절로 안정화될 터였다. 심지어 컴퓨터가 기업과 경제를 운영할 수 있다는 생각도 널리 퍼져 있었는데, 이는 당대의 과학소설에서도 확인할 수 있다.[36] 일례로 미국의 작가 커트 보네거트의 첫 소설 『자동 피아노Player Piano』(1952)는 마스터 컴퓨터가 사회에 존재하는 모든 재화의 양과 가격을 결정하는 미래를 그려내고 있다.[37]

아울러 사이버네틱스와 디지털 컴퓨터의 발전은 '사이버네틱'한 원리에 입각한 현대적 로봇의 등장을 자극했다. 전후에 만들어진 이러한 로봇들 중 가장 유명했던 것은 영국의 엔지니어 W. 그레이 월터가 만든 두 대의 '기계 거북'이었다. 이 로봇은 두 개의 진공관, 두 개의 센서(광 센서와 촉각 센서), 두 개의 모터(전후진과 방향 전환)로 구성된 아주

---

35 B. 잭 코플랜드, 『앨런 튜링—컴퓨터와 정보 시대의 개척자』(지식함지, 2014), 4-7장.

36 Lubar, *Infoculture*, pp. 386-387.

37 커트 보네거트, 『자동 피아노』(금문, 2001).

PHOTOELECTRIC CELL

TOUCH CONTACT

STEERING MOTOR · AMPLIFYING TUBES·

HEAD-
LIGHT

STEERING GEAR

STORAGE
BATTERY

RELAYS

− +45

DRIVING MOTOR

DRIVING WHEEL

〈그림 IV-27〉 W. 그레이 월터가 만든 '기계 거북' 엘시
의 구조.

간단한 장치였지만, 마치 살아 있는 것처럼 움직이도록 설계되었다. 기계 거북은 주광성이었지만 빛이 너무 밝으면 이를 피했다. '배가 고프면'(즉, 전지가 닳으면) 빛을 향해 움직여 가서 '식사를 했고'(즉, 충전을 했고) '배가 부르면'(즉, 전지가 완전히 충전되면) 빛이 약한 곳으로 가서 '잠을 잤다'. 이러한 행동은 동물이 하는 것과 흡사해 보였고, 월터는 이 장치가 '자유의지'를 가진 듯 보이며, 목적성, 독립성, 자발성을 가졌다는 인상을 준다고 말했다.[38]

월터의 로봇은 흥미로운 장난감에 불과했지만, 이내 컴퓨터와 연결된 새로운 세대의 산업용 로봇들이 등장하기 시작했다. 산업노동에 응용된 최초의 컴퓨터는 MIT에서 개발한 휠윈드 컴퓨터였다. 1949년 미시건 주에 있는 작은 공장의 관리자였던 존 파슨스는 천공카드를 이용해 밀링머신(금속을 복잡한 형태로 절삭하는 공작기계)을 제어하는 방법을 개발했고, 이후 MIT 서보메커니즘 연구소의 엔지니어들은 파슨스의 설계를 확장해 나중에 수치제어 공작기계(numerically controlled machine tool)라는 이름을 갖게 되는 시스템을 설계했다. 최초의 수치

38 Lubar, *Infoculture*, p. 387.

제어 밀링머신은 1952년에 가
동되기 시작했다. 프로그램 가
능하고 되먹임과 서보메커니
즘을 도입한 최초의 산업용 로
봇을 만든 사람은 발명가 조지
디볼이었다. 그는 "보편적 자

〈그림 IV-28〉 사이버네틱스의 원리에 입각한 최초의 산업용 로봇 유니메이트. 1958년 미국의 조지 디볼이 발명했다.

동화(universal automation)," 줄
여서 "유니메이션(unimation)"
을 추구했고, 그가 만든 기계는 다양한 작업을 연속적으로 처리할 수
있었다. 그는 기업가인 조셉 엥겔버거와 힘을 합쳐 최초의 로봇 제조
회사인 유니메이션 사를 설립하고 1958년부터 유니메이트(Unimate)
라는 로봇을 생산하기 시작했다. 이러한 산업용 로봇들은 비용 문제와
노동조합과의 갈등 우려로 인해 널리 보급되지는 못했지만, 시간이 지
나면서 점점 더 경량화되고 더 복잡한 동작을 수행할 수 있도록 개선
되었다.[39]

2 | 인공지능 연구 — 낙관과 비관의 공존

디지털 컴퓨터와 사이버네틱스의 성공은 오랫동안 학문적 관심사이
기보다는 소설가와 대중문화의 몫이었던 질문 하나를 되살려냈다. 18
세기 말에서 19세기 초 사이에 체스 두는 자동인형을 보며 많은 사람

---

39 위의 책, pp. 329-331.

들이 골똘히 생각했던 문제, 즉 인간처럼 사고하는 기계가 가능한가 하는 질문이 그것이었다. 인공지능(AI)은 바로 그러한 기계의 가능성을 탐구하는 새로운 학문 분야로 등장했다.

사실 그러한 기계가 등장할 가능성은 이전부터 줄곧 제기되어 왔다. 가령 영국의 소설가 새뮤얼 버틀러의 풍자적 유토피아 소설 『에레혼Erewhon』(1872)은 당대 지식인 사회에 큰 영향을 준 다윈의 진화론으로부터 영향을 받아 기계도 진화할 수 있으며 그 결과 자의식을 가진 기계가 나타날 수 있다는 내용을 담고 있었다.[40] 그러나 진지한 AI 연구가 시작된 것은 2차대전 이후의 일이며, 여기서 결정적으로 계기를 제공한 인물은 2차대전기 영국의 암호 해독에서도 중요한 역할을 담당했던 수학자 앨런 튜링이었다.

튜링은 1937년에 발표한 논문에서 숫자 계산을 넘어선 보편적 컴퓨터의 모델을 제시했고, 이는 나중에 '튜링 기계(Turing machine)'로 알려지게 되었다. 그는 튜링 기계가 풀 수 없는 문제는 다른 기계나 인간도 풀 수 없다고 가정했고, 이를 뒤집으면 튜링 기계는 인간이 푸는 문제라면 어떤 것이라도 풀 수 있었다. 이어 그는 1950년에 발표한 또다른 논문에서 '흉내내기 게임(imitation game)'이라는 새로운 검사 방법을 제안했다. 이를 위해서는 두 명의 사람과 한 대의 기계가 필요했는데, 두 개의 방에 각각 사람과 기계를 넣고 그 바깥과는 오직 문자를

---

40 매즐리시, 『네번째 불연속』, pp. 241-254. 버틀러의 소설은 국내에도 번역되어 나와 있다. 새뮤얼 버틀러, 『에레혼』(김영사, 2018).

통해서만 소통이 가능하게 한 후, 바깥에 있는 사람이 양쪽 방에 번갈아 질문을 던져서 어느 쪽이 기계이고 어느 쪽이 사람인지를 알아맞히게 했다. 만약 바깥에 있는 사람이 어느 쪽이 기계인지를 맞히지 못하면 응답 대상은 검사를 통과한 것으로 간주되었다. 이 검사는 나중에 사람 한 명과 기계 한 대가 대화를 주고받는 방식으로 간소화되었고 '튜링 검사(Turing test)'라는 명칭이 붙었다. 만약 어떤 기계가 튜링 검사를 통과한다면 이는 인간과 같은 지능을 가진 것으로 간주할 수 있다는 것이었다(이후에 이러한 의미의 인공지능은 '강한' 인공지능으로 알려지게 된다).[41]

튜링의 이러한 문제제기와 디지털 컴퓨터의 성능 향상에 자극받아 1950년대 중반부터 '인공지능'이라는 용어가 학자들의 입에 오르내리기 시작했다. 1957년에는 존 매카시, 허버트 사이먼, 앨런 뉴얼, 마빈 민스키 등 이후 이름을 날리게 되는 AI 대표 학자들이 모여 '지적 기계'의 가능성을 탐구한 다트머스 인공지능 여름 연구 프로젝트가 열렸다. 이 학술회의는 두 달 동안 계속됐고, 이후 AI 분야의 현대적 시작을 알린 사건으로 인정받게 된다. 이어 1959년 MIT에 설립된 AI 연구소를 필두로 스탠퍼드대학, 카네기공과대학, IBM 등에 AI 연구소가 속속 생겨나 AI 연구의 제도적 기반이 마련되었다. 로켓을 발사하고 제어하는 데 컴퓨터가 지닌 중요성을 깨닫게 된 군대는 새롭게 설립된 국방부 고등연구계획국(DARPA)을 통해 AI 연구를 후하게 지원했

---

41 Nocks, *The Robot*, p. 76; 코플랜드, 『앨런 튜링』, 10장.

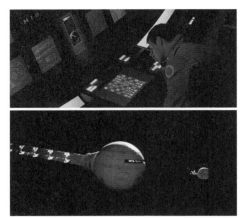

〈그림 IV-29〉 스탠리 큐브릭의 〈2001년 스페이스 오디세이〉에서 컴퓨터 HAL이 승무원과 체스를 두는 장면(위), HAL이 승무원의 명령에 거역하는 장면(중간), HAL의 '눈'인 붉은색 렌즈(아래).

다.[42]

초기 AI 연구자들은 컴퓨터 프로그램들이 예전에는 아주 지적 수준이 높은 사람들만 풀 수 있던 수학과 논리학 문제들을 척척 풀어내는 것을 보고 강한 인공지능, 즉 인간과 구분되지 않는 기계의 도래가 바로 코앞에 다가와 있다고 생각했다. 이는 주요 AI 연구자들의 발언을 통해서 확인해볼 수 있다. 가령 허버트 사이먼과 앨런 뉴얼은 1958년에 "디지털 컴퓨터가 10년 내에 세계 체스 챔피언이 되는 것은 물론 새로운 수학적 정리를 증명할 것"이라고 했고, 이 중 사이먼은 1965년에 "앞으로 20년 안에 기계는 사람이 할 수 있는 일이면 무엇이든 할 수 있게 될 것"이라고 했으며, 마빈 민스키는 1970년에 "3~8년 안에 평균적인 인간의 지능을 가진 기계가 탄생할 것"이라고 했다.[43] AI 연구에 대한 대대적 지원과 결합된 이러한 낙관은 이내 대중문화의 영역으로 옮겨 붙었고,

---

42 Nocks, *The Robot*, pp. 77-79.

43 유신, 『인공 지능은 뇌를 닮아 가는가』(컬처룩, 2014), pp. 35-36.

1968년에 영화사상 가장 유명한 AI 캐릭터를 탄생시켰다. 스탠리 큐브릭의 〈2001년 스페이스 오디세이〉에서 목성으로 가는 우주선에 탑재된 함내 컴퓨터인 HAL 9000은 우주선의 조종과 운용을 맡고 있을 뿐 아니라 인간과 자연 언어로 능숙하게 소통하고 체스를 둘 줄도 아는 컴퓨터로 그려졌다. 여기서 더 나아가 HAL은 (『R.U.R.』에서 볼 수 있었던 것처럼) 인간의 명령에 따르지 않고 심지어 승무원들을 살해하려 하는 '사악한' 면모를 지닌 것으로 묘사되었다.[44]

AI의 미래 성능에 대한 기대와 〈2001년 스페이스 오디세이〉의 대성공은 AI와 인간의 관계에 대해 비관적이고 기술공포론적인 태도를 취하는 일련의 SF 영화들을 1970년대에 양산해냈다. 〈콜로서스—포빈 프로젝트Colossus: Forbin Project〉(1969)는 핵무기 발사를 관장하는 국방용 컴퓨터가 자신의 의지를 갖게 되어 인간을 지배하려 하는 모습을 그려내었고, 〈웨스트월드Westworld〉(1973)는 서부 시대를 인공지능 로봇으로 재현한 테마파크가 로봇들의 반란으로 대혼란에 빠지는 모습을 묘사했으며, 〈악마의 씨Demon Seed〉(1977)는 금속 상자 속에 '갇힌' 자신의 처지에 만족하지 못한 컴퓨터가 인간 여자의 몸을 빌려 후손을 낳으려 시도한다는 다소 황당무계한 내용을 담았다. 이러한 양상은 1980년대 이후에도 컴퓨터와 핵전쟁의 위협을 결합시킨 〈위험한 게임Wargames〉(1983)이나 〈터미네이터The Terminator〉(1984) 등의

---

44 David G. Stork (ed.), *HAL's Legacy: 2001's Computer as Dream and Reality* (Cambridge, MA: MIT Press, 1997).

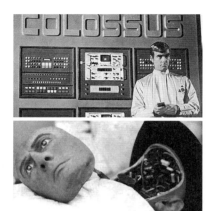

<그림 IV-30> AI와 관련된 디스토피아적 미래를 그려낸 1970년대의 대표적 SF영화인 〈콜로서스—포빈 프로젝트〉(위)와 〈웨스트월드〉(아래) 홍보 스틸.

작품으로 계속해서 이어졌다.[45]

아이러니한 것은 인공지능에 대한 강한 낙관과 비관이 마치 동전의 양면처럼 공존했던—AI는 곧 인간의 지능을 넘어설 것이며, 그렇게 실현된 AI 기계가 머지않아 인간을 지배할 것이라고 믿었다는 점에서—바로 그 시기에 AI 연구가 침체기('AI winter')로 접어들고 있었다는 사실이다. 당시 AI 연구자들은 일명 계산주의(computationalism), 혹은 상징적 AI(symbolic AI)로 이름 붙여진 연구 프로그램을 추진하고 있었는데, 이는 인간의 뇌가 작동하는 방식이 일련의 논리적 기호들을 조작하는 일종의 계산 과정이라고 보았다. 가령 1960년에 만들어진 범용 문제 해결기(General Problem Solver)는 하노이의 탑 퍼즐과 같은 문제를 스스로 풀 수 있었고, 1970년에 나온 슈러들루(SHRDLU)는 3차원의 기하학적 도형들로 채워진 가상공간을 배경으로 사용자와 자연 언어를 통한 의사소통을 할 수 있었다. 그러나 이러한 초기의 AI 프로그램들은 대상을 컴퓨터의 기억 장치에 저장된 기호로만 인식했고, 실제 세계에 존재하는 물체를 시각 정보를 통해

45 Anton Karl Kozlovic, "Technophobic Themes in Pre-1990 Computer Films," *Science as Culture* 12 (2003): 341-373.

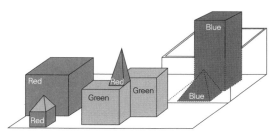

〈그림 IV-31〉 범용 문제 해결기와 슈러들루가 풀고 조작할 수 있었던 하노이의 탑(위)과 블록월드(아래).

인식하는 능력은 없었다. 이 때문에 범용 문제 해결기는 하노이의 탑 퍼즐을 풀면서도 가령 원반이 무엇이고 기둥이 무엇인지를 전혀 '알' 필요가 없었고, 슈러들루 역시 가상공간에서 정육면체와 원뿔을 정확하게 인식하고 조작할 수 있었음에도 현실에 존재하는 정육면체 모양의 물체나 원뿔 모양의 물체를 인식하는 것과는 거리가 있었다. 여기에 만약 인식해야 하는 대상이 정육면체 같은 기하학적 입체가 아니라 고양이, 사과, 자동차 같은 물체라면 그것을 인식하는 문제는 훨씬 더 어려워졌다. 이러한 컴퓨터들이 조작할 수 있는 기호의 세계와 현실의 세계 사이의 간극은 예상보다 훨씬 더 큰 것으로 드러났다.[46]

46 유신, 『인공 지능은 뇌를 닮아 가는가』, pp. 36-38, 121-127.

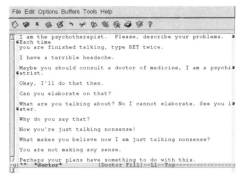

```
File Edit Options Buffers Tools Help
✎ ✐ ✗ 📄 📂 ⤵ ⤴ ❤ 🖨 ⊖ ☰ ✄ ?
▐ I am the psychotherapist.  Please, describe your problems.  ▶
▐Each time
  you are finished talking, type RET twice.

  I have a terrible headache.

  Maybe you should consult a doctor of medicine, I am a psychi▶
◀atrist.

  Okay, I'll do that then.

  Can you elaborate on that?

  What are you talking about? No I cannot elaborate. See you l▶
◀ater.

  Why do you say that?

  Now you're just talking nonsense!

  What makes you believe now I am just talking nonsense?

  You are not making any sense.

▐ Perhaps your plans have something to do with this.
-u:**  *doctor*      (Doctor Fill)--L1--Top-----------------
▌
```

〈그림 IV-32〉 1966년에 선보인 대화식 상담 프로그램 일라이자와 피상담자가 나눈 대화 내용. 상식의 부재로 인해 초기 AI가 겪었던 문제를 잘 보여준다.

1966년에 선보인 대화식 상담 프로그램인 일라이자(ELIZA) 역시 상식의 부재로 인해 근본적인 한계를 드러냈다. 이 프로그램은 심리 문제를 안고 있는 사람이 단말기와 키보드를 통해 상담자(컴퓨터)와 대화를 나눌 수 있게 설계되어 있었다. 얼른 보면 이 프로그램은 사람이 써넣는 질문이나 상담 내용에 대해 제법 그럴싸해 보이는 답변들을 했고, 상대방이 컴퓨터인 줄 모르고 이를 이용한 사람들 중 일부는 결코 그 사실을 눈치채지 못하기도 했다. 그러나 실상 이 프로그램은 상담을 원하는 사람이 타이핑해 넣은 단어들 중 일부를 일정한 규칙에 의해 재배열해 다시 제시하는 것뿐이었고, 그 사람이 처한 상황에 대한 통찰이나 심지어 사람이라면 누구나 갖고 있을 법한 상식은 전혀 갖추고 있지 못했다. 가령 단말기에 "나는 죽었어요(I'm dead)"라는 문장을 입력하면 컴퓨터는 "죽어서 즐거우신가요?(Do you enjoy being dead?)"처럼 답하는 식이었다.[47] 이처럼 초기의 AI 프로그램들이 실망스러운 성능을 보이면서 정부 기구들은 점차 지원을 중단하고 손을 뗐고, AI 분야는 10여 년에 걸친 열광의 시기를 뒤로 한 채 1970년대 중반부터 1980년대 초까지 첫 번째

---

47 Smartest Machine on Earth, directed by Michael Bicks (PBS documentary, 2011).

침체기를 겪었다.

　이후 AI 연구자들은 강한 인공지능에 대한 미련을 접어두고, 훨씬 더 좁은 문제 범위에서 인간의 의사결정을 대신하거나 이에 도움을 주고자 하는 일명 '전문가 시스템(expert system)'으로 연구의 중심축을 옮겼다. 이는 의사, 법률가, 엔지니어 등 전문가들이 내리는 판단을 알고리듬으로 구현해 기계가 대신 결정을 내릴 수 있게 해주는 시스템을 말한다. 이러한 시스템 구현을 위해 AI 연구자들은 먼저 관련 분야의 전문가들을 광범위하게 인터뷰해 그들이 어떤 근거가 갖춰졌을 때 어떤 판단을 내리는지 규칙을 도출한 후, '이러이러한 조건들이 충족되면 결과는 이것(if-then)'이라는 식으로 프로그램했다. 이렇게 만들어진 시스템에는 분광계 관측 결과를 토대로 유기화합물 종류를 판독하는 덴드럴(Dendral, 1965), 세균 감염에 의한 질병을 진단하고 적절한 항생제를 추천해주는 마이신(MYCIN, 1970), 컴퓨터를 조립하는 데 필요한 부품을 선별해주는 엑스콘(XCON, 1978) 등이 있었고, 그중 일부는 상업적 성공을 거두기도 했다. 마이신 같은 프로그램은 비록 임상에서 쓰이지는 못했지만, 모의 시험에서 인간 의사보다 더 나은 진단 정확도를 나타내어 주목을 받았다. 그러나 보편적 시스템의 꿈을 버리고 제한된 문제 범위로 특징지어지는 '마이크로월드(microworld)'에 집중한 전문가 시스템도 상식의 부재 탓에 여전히 지나치게 경직된 모습을 보였다. 전문가들이 가진 지식을 '추출하는' 것은 생각만큼 쉬운 일이 아니었고, 시간이 흐르면서 변화한 지식을 시스템 속에 반영하기도 만만치 않은 과제였다. 이에 따라 전문가 시스템의 거품

이 꺼지면서 AI 연구는 1980년대 후반에 두 번째 침체기를 맞게 되었다.[48]

3 | 인공지능 연구의 현재와 미래에 대한 함의

이러한 침체기를 거치면서 AI 연구자들의 관심은 전문가 시스템보다 훨씬 더 세분화된 문제의 해결로 집중되었다. 연구자들은 거창한 구호를 내거는 대신 좀 더 현실적이고 실용적인 AI의 개발을 목표로 삼았고, 자신들이 만들어낸 결과물 역시 '인공지능'이 아닌 특정한 문제 해결의 '도구'로 제시했다. 그들의 작업은 AI에 대한 새로운 모델인 연결주의(connectionism)에 기반을 두었는데, 이는 AI가 신경 활동을 모방하도록 설계되어야 하고 뇌의 단순화된 모델을 가지고 만든 인공 신경망(artificial neural nets)에 근거해야 한다는 기본 교의에 입각하고 있었다. 실제 AI를 구현하는 과정에서도 그들은 논리적이고 일단의 규칙들로 환원할 수 있는 방법이 아니라 고차 발견법(meta-heuristic)이나 기계 학습(machine learning)처럼 사례, 시행착오, 실행을 통해 문제에 대한 해답을 찾아가는 방법을 중시했다. (이는 인간이 이전까지 알지 못했던 새로운 문제를 학습하는 방법과 흡사하다.) 이런 기반 위에 만들어진 AI 시스템들은 오늘날 문자 인식, 얼굴 인식, 인터넷 쇼핑몰의 상품 추천 등의 프로그램이나 스마트폰에 깔린 다양한 앱들에서 볼 수 있는 것처럼 우리의 일상생활 속으로 이미 깊숙이 침투해 있을 정도로

---

48 Nocks, *The Robot*, p. 79-87; 유신, 『인공 지능은 뇌를 닮아 가는가』, pp. 50-55.

큰 성공을 거뒀다.[49]

그러나 '약한' AI가 오늘날 대세를
이루고 있다는 말이 곧 강한 AI에 대
한 관심이 사라졌음을 의미하는 것은
아니다. 10여 년 전에 크게 화제를 모
았던 미국의 발명가 레이 커즈와일
의 책『특이점이 온다The Singularity Is
Near』(2005)에서 볼 수 있는 것처럼,
일부 AI 연구자들은 마치 1960년대의
낙관적 태도를 연상케 하는 어조로 머
지않아 '특이점'이 도래할 것을 점치
고 있다(그 시점에 대한 예측은 2030년,

〈그림 IV-33〉 레이 커즈와일이『특이점이 온
다』의 홍보를 위해 촬영한 사진. 목에 간판을 건
모습을 통해 길거리에서 세상의 종말을 소리높
여 외치는 종교적 광신자와 흡사한 모습을 유머
러스하게 연출했다.

2040년, 2045년 등으로 다양하다). 여기서 특이점은 기계의 지능이 인간
의 지능을 돌파하는 순간을 의미하는 용어인데, 이때 기계가 어떤 '의
도'를 가지고 있을지는 미리 알 수 없기 때문에 그 시점 이후의 미래를
예측하는 것은 불가능하다고 커즈와일은 단언한다.[50] 이에 대해 휴버
트 드라이퍼스나 존 설과 같이 컴퓨터(기계)는 그 정의상 인간의 언어
를 "이해"할 수 없기 때문에 진정으로 "똑똑한" 기계는 원칙적으로 구
현 불가능하다며 반박하는 학자들도 있다. 특히 설은 1980년에 유명

49 유신, 『인공 지능은 뇌를 닮아 가는가』, pp. 101-114.
50 레이 커즈와일, 『특이점이 온다』(김영사, 2007).

한 '중국어 방' 논증을 통해 중국어를 전혀 모르면서도 일견 유창한 의사소통이 가능한 듯 보일 수 있는 가상의 사례를 제시함으로써 튜링 검사의 맹점과 인공지능의 본질적 한계를 지적하기도 했다.[51]

우리는 어쩌면 도래할지도 모를 특이점에 대해 과연 대비해야 할까? 만약 대비한다면 어떻게 대비해야 할까? 브루스 매즐리시 같은 학자들은 인간과 같은 사고능력을 갖춘 기계가 도래할 때를 대비해 우리가 '네 번째 불연속'을 뛰어넘어야 한다고 주장한다.[52] 우리가 만들어낸 피조물로서 기계를 깔보면서도 다른 한편으로 이를 두려워하는 태도에서 벗어나 기계와 좀 더 대등하고 조화로운 관계를 맺어 나가도록 애써야 한다는 것이다. 이는 요즘 유행하고 있는 기계 윤리, 로봇 윤리, 컴퓨터 윤리 등의 분야들에서 강조하고 있는 지점이기도 하다.

---

51 유신, 『인공 지능은 뇌를 닮아 가는가』, pp. 97-101.

52 매즐리시에 따르면 인류의 지성사는 크게 세 번의 불연속을 뛰어넘어 진화해왔다. 첫째는 코페르니쿠스 혁명으로 인간이 살고 있는 지구가 우주의 중심이 아니라는 것을 일깨워주었고(지상계와 천상계의 연속), 둘째는 다윈 혁명으로 인간이 보다 원시적인 생명 형태로부터 진화해 나왔음을 보여주었으며(인간과 동물의 연속), 셋째는 프로이트 혁명으로 인간이 자기 자신의 마음, 즉 무의식 속에서 일어나고 있는 일조차 제대로 알지 못하고 있다는 사실을 드러내 보였다(합리적인 것과 비합리적인 것의 연속). 이들 각각은 자신이 우주의 중심이라는 인간의 유아적 자존심을 산산조각 내는 데 일조했지만, 그런 고통스러운 깨달음을 거쳐 인류의 지적 수준은 한 단계 더 성숙할 수 있었다. 그러나 매즐리시에 따르면 이런 혁명들에도 불구하고 또 하나의 불연속, 즉 인간과 그가 만든 기계 사이의 불연속이 여전히 깨어지지 않은 채 남아 있는데, 그의 관심은 바로 이 '네 번째' 불연속을 제거하는 데 있다. 인간이 기계보다 특별하고 우월한 존재라는 마지막 남은 자존심은 "산업 사회에서 기술을 불신하는 배경이 되"며, "이러한 불신은 인간이 자신이 만든 도구나 기계와 연속적인 존재라는 사실을 이해하고 수용하는 것을 방해한다"는 것이 그의 생각이다. 매즐리시가 보기에 이는 비극적인 상황인데, 왜냐하면 "이런 생각을 받아들이지 않는다면, 우리가 만든 프랑켄슈타인을 놀라서 거부하거나 [기술의] '초인적 미덕'을 맹목적으로 믿고 이것이 인간의 모든 문제를 해결할 수 있다고 생각하는" 양자택일만이 남게 되고, 이는 "산업화된 사회를 조화롭게 맞이하는 데" 장애가 되기 때문이다. 매즐리시, 『네번째 불연속』, pp. 13-18.

그러나 우리가 지금까지 살펴본 인간-기계 관계의 역사는 이와 조금은 다른 시사점을 제공한다. 우리가 스스로 움직이는 기계에 매혹되는 동시에 이를 두려워하는 이유는, 그것이 언젠가 인간의 지능을 뛰어넘어 자의식을 갖게 될 거라는 SF적 예측 때문이 아니라 산업혁명 이후 줄곧 기계가 인간의 노동과 숙련을 대체하고 일자리로부터 몰아내고 있는 현실 때문이라는 통찰이 그것이다. 이는 우리가 강한 AI의 실현가능성을 둘러싼 철학적 논

〈그림 IV-34〉 사상사가 브루스 매즐리시의 책 『네번째 불연속』(1993)의 표지.

의에 매몰될 것이 아니라 인간과 기계가 관계 맺는 현실(특히 노동 현실)에 좀 더 천착해야 할 것임을 말해준다.

더 나아가 계몽사조기 이후 자동인형의 역사를 다룬 제시카 리스킨의 논의는 지능과 인간다움의 정의 그 자체도 사회적·기술적·경제적 맥락의 변화에 따라 계속해서 변화하는 것임을 새삼 상기시킨다. 다시 말해 미래의 특정한 시점에 어떤 기계가 '강한' AI를 실현했는지, 혹은 그것에 가까워지고 있는지를 판단한다고 할 때, 이는 어떤 절대 불변의 기준에 따라 이뤄지는 것이 아니라는 말이다. 한때 지능의 상징이었던 복잡한 계산이나 체스는 컴퓨터가 이를 정복함에 따라 오늘날 더 이상 고등한 지적 능력의 지표로 여겨지지 않는 그저 '기계적'인

능력으로 격하됐고, 머지않아 바둑도 그와 비슷한 취급을 받게 될 것이다. 이는 인공생명 내지 인공지능이 엄청나게 강력해질 수 있지만 그럼에도 대단히 제한적이며, 생명과 지능의 정의는 그것을 기계 속에 복제해 이해하려는 시도에 의해서뿐 아니라 그것의 복제불가능성에 의해서도—즉, 기계 속에 복제불가능한 것이야말로 진정한 생명과 지능이라는 식으로—내려져왔고 앞으로도 그러할 것임을 우리에게 일깨워주고 있다.[53]

---

53 Riskin, "The Defecating Duck," 633.

V

간주:

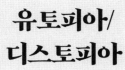

유토피아/
디스토피아

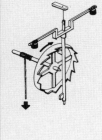

지금까지 우리는 2차대전 이후의 세계를 풍미했던 핵기술, 우주기술, 로봇/인공지능기술의 역사와 그 배경을 살펴보았다. 그 속에서 우리는 20세기 기술의 역사에서 유토피아와 디스토피아라는 양 극단의 전망이 갖는 강력한 영향력을 확인할 수 있었다. 1940년대와 1950년대에는 핵기술에 대한 열광과 전면핵전쟁에 대한 두려움 양자 모두가 절정에 달했다. 1950년대 말부터 1960년대까지는 1930년대 이후 점차 대중화된 우주개발의 낙관적 시나리오와 1957년 스푸트니크 발사가 빚어낸 우주적 공포가 팽팽하게 대립했다. 거의 같은 시기에 로봇과 인공지능에 대해서는 인간에 필적하거나 이를 뛰어넘는 물리적·지적 능력을 지니고 사람들의 생활을 편리하게 해주는 '하인'으로서의 이미지와 바로 그러한 능력을 통해 인간에 반항하고 심지어 인간을 지배하려 드는 '패륜아'로서의 이미지가 정면으로 충돌했다. 이러한 극단적 전망들에 힘입어 해당 기술들은 집중적인 지원을 받으며 전례

없이 빠른 속도로 발전했다.

이 시점에서 다음 주제로 넘어가기 전에 이러한 기술의 문화사를 특징짓는 양 극단의 전망, 즉 유토피아와 디스토피아라는 관념의 역사에 대해 한번 살펴보면 유익할 것 같다. 이를 통해 세상을 보는 양 극단의 전망이 언제, 어떻게 생겨났고, 어떤 맥락에서 오늘날 우리가 새로운 기술을 바라보는 시각을 특징짓고 있는지 좀 더 잘 이해할 수 있을 것이다.[1]

・ ・ ・

잘 알려진 바와 같이 유토피아(utopia)라는 용어는 16세기 잉글랜드의 작가 토머스 모어가 1516년에 발표한 책 『유토피아*Utopia*』에서 유래했다.[2] 이 용어는 책의 제목이기도 하지만, 아울러 그 책에서 묘사되는 피안의 섬, 즉 이상향에 붙여진 이름이기도 하다. 유토피아는 그리스어에서 아님(not)을 의미하는 'ouk'와 장소(place)를 의미하는 'topos'를 합치고 접미사 ia를 붙여서 만들어진 신조어로, '존재하지 않는 장소(non-place)'라는 뜻을 갖고 있다. 그런데 흥미롭게도 모어의 책에는 또 다른 신조어인 'eutopia'도 등장한다. eutopia는 똑같이 '유토피아'

---

1 아래 내용은 큰 틀에서 Fátima Vieira, "The Concept of Utopia," Gregory Claeys (ed.), *The Cambridge Companion to Utopian Literature* (Cambridge: Cambridge University Press, 2010), pp. 3-27을 따르고 있다.
2 토머스 모어, 『유토피아』(을유문화사, 2007).

로 발음하지만, 좋은(good)을 의미하는 'eu'와 'topos'가 합쳐져 '좋은 장소(good place)'라는 뜻을 갖고 있다. 이 둘은 우리가 보통 '유토피아'라는 용어를 쓸 때 머릿속에 떠올리는 두 가지 뜻—좋은 장소이지만 세상에 존재하지는 않는 장소—을 나타내며 종종 서로 긴장관계를 내포한다.

모어의 책은 이후 일종의 소(小)장르로 자리를 잡은 유토피아 문학의 전형적 내러티브를 확립했다. 이 장르에서는 주인공이 보통 선원이나 여행자로서, 항해나 여행에 나섰다가 우연히 폭풍우나 난파 등으로 인해 이전까지 알려지지 않았던 장소에 도착하게 되고, 그곳에서 안내자의 도움을 얻어 해당 사회를 둘러보며 설명을 듣고 깨달음을 얻은 후 자신이 원래 속했던 사회로 귀환하게 된다. 이러한 내러티

〈그림 V-1〉 『유토피아』의 저자 토머스 모어와 이 책에서 묘사된 이상사회인 유토피아 섬의 지도.

브는 주인공이 원래 속했던 사회에 내재한 모순이나 문제점을 좀 더 분명하게 드러내는 역할을 했다.

『유토피아』가 16세기 초에 등장하게 된 것은 당시의 시대적 배경이

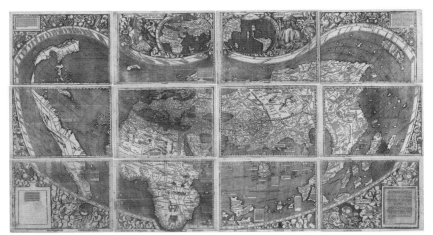

〈그림 V-2〉 유토피아 문학 내러티브에 배경을 제공한 지리상 발견의 성과를 보여주는 마르틴 발트제뮐러의 1507년 세계지도. 왼쪽 끝에 위아래로 좁고 길게 그려진 '아메리카'라는 새로운 대륙이 보인다.

중요하게 작용했다. 우선 15세기 이탈리아에서 시작된 르네상스와 인문주의가 유럽 전역으로 퍼져나가면서 중세 사회질서의 폐허로부터 인간의 능력에 대한 자각이 나타나기 시작했다는 점이 크게 작용했다. 아울러 유토피아 문학의 전형적 내러티브에서 엿볼 수 있듯, 크리스토퍼 콜럼버스 이후 지리상 발견의 영향으로 유럽인들의 지리적 지평이 전례없이 확장되었다는 점 역시 중요했다. 이제 유럽인들은 먼 항해 도중에 그동안 알지 못했던 다른 지역, 다른 사람들, 다른 사회조직을 맞닥뜨릴 수 있다는 사실을 자연스럽게 받아들이게 됐다. 독일의 지도 제작자 마르틴 발트제뮐러가 1507년에 발간한 새로운 세계지도는 이러한 사고방식을 잘 보여준다. 그는 대서양 건너편에서 발견된 땅덩어리가 실은 인도의 일부라는 콜럼버스의 주장 대신 이것이 완전히 새로운 땅이라는 아메리고 베스푸치의 주장을 받아들여 '아메리카'라는 새로운 땅덩어리—아직은 남북으로 길쭉하고 좁은 대륙으로 묘사된—를 지도에 그려넣었다.[3] 이러한 생각들은 항해의 우연한 결과로 이전까지 유럽인들이 알지 못하던 새로운 땅에 도착했다는 모어의 아이디어에 근간을 제공했다.

모어의 책은 이상향을 다룬 이전의 저작들과 중요한 점에서 차이를 보였다. 사실 모어 이전에도 오늘날 우리가 '유토피아주의'—비록 아직 '유토피아'라는 단어는 존재하지 않았지만—라고 부를 만한 더 나은 삶에 대한 갈망은 존재했다. 가령 고대 그리스와 로마 시기에 활동했던 플라톤의 『국가론Republic』이나 성 아우구스티누스의 『신국론The City of God』 등에도 일종의 이상사회가 묘사되는 것을 볼 수 있다. 그러나 플라톤과 아우구스티누스의 책에는 그러한 사회가 단순한 사변이거나 사후에 맞이하게 될 피안의 세계로 묘사되는 반면, 모어는 그러한 사회를 이 세상 어딘가에 존재하는—하지만 주인공이 속한 사회에는 존재하지 않는—곳으로 그려냄으로써 그것에 구체적이고 현세적인 의미를 부여했고, 가능성의 확인과 실현의 부정 사이의 긴장관계를 드러냈다.

• • •

『유토피아』를 시발점으로 하는 초기 유토피아 문학작품들은 당대

---

3 이언 F. 맥닐리 · 리사 울버턴, 『지식의 재탄생』(살림, 2009), pp. 136-139.

사회에 대한 현실비판의 요소를 그 속에 담고 있었다. 이러한 작품들을 유심히 들여다보면 작가가 속한 현실 사회를 관찰해 그 속에서 개선이 필요한 측면들을 추려낸 후 그러한 문제들이 제거된 장소를 그려냈음을 알 수 있다. 이는 일견 작가의 공상이나 백일몽의 산물처럼 보이는 작품에 현실 사회와의 연결고리를 제공해주었다. 그러나 초기 유토피아 문학작품들에는 중요한 한계도 존재했다. 이러한 작품들에는 (아마도 사회 지배층의 검열이나 사상적 탄압을 피하기 위해) 작중에서 묘사되는 공간에 대한 구체적인 설정이 나와 있지 않았고, 시간 차원의 역동성도 존재하지 않았다. 작중의 유토피아 사회는 보통 아무도 모르는 장소인 멀리 떨어진 외딴섬 등으로 설정되어 현실 사회와는 공간적으로 단절돼 있었다. 또한 그러한 유토피아 사회는 현재 시점에 화석화된 이미지로 제시되었다. 다시 말해 그러한 사회가 과거 어떠한 경로를 거쳐 그런 형태를 갖게 되었는지, 또 미래에는 어떠한 방향으로 변화 발전해 나갈 것인지에 대한 설명이 없이 정적인 이미지로 그려졌다는 말이다.

이러한 유토피아의 이미지는 계몽사조기에 접어들며 좀 더 구체적인 역사성을 획득하게 되었다. 18세기 프랑스에서는 원죄와 타락이라는 기독교적 세계관에서 벗어나 이성의 힘을 통해 인간의 완성을 꾀할 수 있다는 낙관적 세계관을 담은 계몽사조 철학이 풍미했다. 이는 과학의 발전에 따른 세속적 진보(progress)의 개념을 부각시켰다. 튀르고나 콩도르세 같은 계몽사상가들은 진보의 불가피성을 역설하며 인간의 무한한 완성가능성과 그 속에서 인간이 담당한 능동적 역할에 대해 찬사를 보냈다. 모어의 『유토피아』에서 서로 긴장관계로 제시된 'utopia'와 'eutopia'의 개념도 이 시기에 접어들어 의미의 변화를 겪었다. 이제 유토피아는 '미래에 위치한 좋은 장소(good place in the future)'를 뜻하는 '유크로니아(euchronia)'로서의 의미를 갖게 되었다. 유토피아가 너무 훌륭해서 이 세상에 존재할 것 같지 않은 막연한 이상향에서 인간의 능동적 노력으로 미래에 달성해야 하는 현실적 이상향으로 재설정된 것이다.

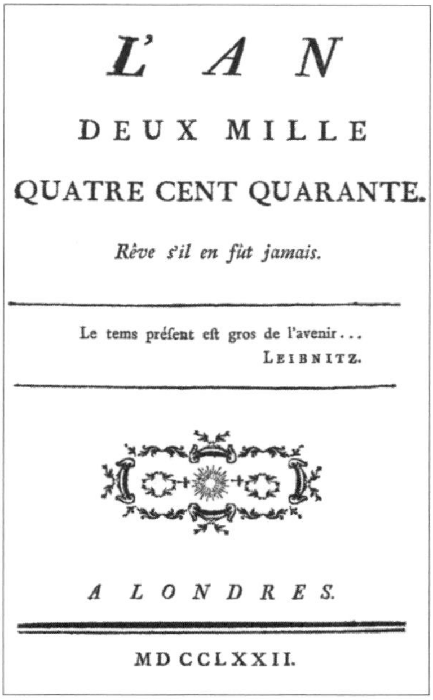
L'AN
DEUX MILLE
QUATRE CENT QUARANTE.
Rêve s'il en fût jamais.
Le tems préfent eft gros de l'avenir...
LEIBNITZ.
A LONDRES.
MD CCLXXII.

〈그림 V-3〉 최초의 유크로니아 문학작품인 『서기 2440년』의 불어판 표지.

이러한 변모를 가장 잘 보여주는 작품은 루이 세바스티앙 메르시에가 1771년에 발표한 소설 『서기 2440년*L'An 2440*』이다.[4] 최초의 유크로니아 문학 작품이라고 할 만한 이 소설은 제목에서 이미 드러나듯 그 시간적 배경을 구체적인 미래로 상정하고 있으며, 이상사회를 미래에 위치시킴으로써 특정한 정치적 행동이 이상사회 실현에 필요한 변화를 일으킬 수 있다는 낙관을 담았다. 아울러 공간적 지평에 있어서도 멀리 떨어진 외딴섬이 아니라

4 정해수 · 장연욱, 「루이 세바스티앙 메르시에의 Uchronie 『서기 2440년』과 유토피아 사상」, 『프랑스문화연구』 23집(2011), 361-390.

유토피아주의자가 속한 국가를 배경으로 삼았고, 그러한 변화가 하나의 국가가 아닌 모든 국가들로 확장 가능하다는 믿음을 담아내어 인간의 이성에 대한 신뢰에 입각한 보편성을 추구했다. 이와 같은 전망은 당대의 프랑스혁명과 미국혁명에도 영향을 주었다. 영국의 정치철학자 윌리엄 고드윈과 미국의 혁명이론가 토머스 페인은 미국 독립전쟁과 프랑스혁명을 지지하고 뒷받침하는 이론적 논의를 전개했는데, 여기서도 인간의 완성가능성에 대한 확신과 새로운 인간의 탄생 및 새로운 시대의 도래를 선언하는 모습을 볼 수 있다.

계몽사조기에 나타난 실천지향적 유토피아 개념을 현실에 옮기려 시도한 가장 대표적인 흐름은 19세기의 사회주의 사상 및 운동에서 찾아볼 수 있다. 나중에 '공상적 사회주의자(utopian socialist)'라는 다소 비아냥 섞인 호칭을 얻게 되는 앙리 드 생시몽, 샤를 푸리에, 로버트 오언 등의 사상가와 운동가들은 외부로부터 고립된 공동체를 건설해 사회를 조직하는 대안적 방식을 실험하려 했다. 그러나 그들은 역사의 거대한 흐름을 무시한 채 몇몇 천재적 개인들의 전략을 통해 세상을 바꾸는 데 집중하는 오류를 저질렀다는 평가를 받았다. 뒤이어 등장한 카를 마르크스, 프리드리히 엥겔스 등의 '과학적' 사회주의는 앞선 시기의 '공상적' 사회주의에 대한 통렬한 비판에서 출발했다. 그들은 자본주의의 붕괴를 역사의 필연으로 보고, 그 속에서 인간(좀 더 정확하게는 무산계급인 프롤레타리아)이 담당해야 하는 능동적 역할과 일종의 과도적 단계인 프롤레타리아 독재를 설정했다. 이를 통해 그들은 국가가 철폐되고 계급이 소멸하며 인간성이 만개하는 공산주의 사회가 도래할 것으로 내다보았는데, 이러한 예측은 '과학적' 사회주의 역시 앞선 시기의 '공상적' 사회주의 못지않게 유토피아주의의 요소를 강하게 내 포하고 있음을 잘 보여준다.[5]

. . .

계몽사조기 이후 득세한 실천지향적 유토피아 사상 및 운동은, 그러나 얼마 안 가 강력한 반론에 직면하게 되었다. 18세기 유토피아 사상이 전제한 인간 이성에 대한 높은 평가와 인간의 한계 초월에 대한 믿음에 회의적 시각이 제기되었기 때문이다. 계몽사조기의 낙관에 제동을 건 사람들은 "너무나 거창한 열망에는 필연적으로 실망과 추락이 수반되기 마련"이라며 지나친 기대를 경계하고 유토피아적 열망이 잘못된 방향으로 어긋날 위험에 대해 경고하기 시작했다.

이러한 흐름은 18세기 영국에서 풍자적 유토피아(satirical utopia)의 형태로 나타났다. 아동용 문학작품으로 널리 알려진 조너선 스위프트의 『걸리버 여행기Gulliver's Travels』(1726)는 이 장르의 대표적인 작품으로 손꼽힌다.[6] 이 소설에서는 아동용으로 널리 알려진 '소인국'과 '대인국' 외에 '하늘을 나는 섬의 나라'와 '말의 나라'를 그려내고 있는데, 특히 3부에 해당하는 '하늘을 나는 섬의 나라'에서 현실 사회를 거꾸

---

5 박호강, 『유토피아와 사회진보』(양서각, 2002).
6 조너선 스위프트, 『걸리버 여행기』(문학수첩, 1992).

로 뒤집은 가상의 사회를 설정
해 당대 영국의 현실을 풍자하
고 있다. 흥미로운 것은 이 작
품에서의 이러한 묘사가 근대
초 유토피아 문학에서 나타난
긍정적 역동성을 상실한 듯 보
인다는 사실이다. '하늘을 나는
섬의 나라'는 현실과 정반대인

〈그림 V-4〉 18세기 초 영국에서 출간된 풍자적 유토피
아 작품 『걸리버 여행기』.

모습을 보여주어 현실의 모순을 바꿔 나갈 수 있다는 믿음을 드러내
기보다는 현실 속에서 볼 수 있는 인간의 어리석음을 꼬집고 이성에
대한 의구심을 드러내는 것에 더 가까워 보인다.

유토피아에 대한 비판적 시각은 여기서 그치지 않고 반유토피아
(anti-utopia)를 그려내는 데까지 나아갔다. 이는 18세기 말과 19세기
초의 시민혁명과 산업화의 진행과정과 그 결과에서 나타난 어두운 측
면들에 주목했다. 반유토피아는 인간의 이성과 능력에 대한 완전한 불
신에 근거해 유토피아 정신 그 자체를 조롱한다. 이를 내세우는 사람
들은 유토피아적 꿈이 현실에 적용하기에 적절치 않으며 내부적으로
도 일관성을 결여하고 있어 이의 추구가 오히려 사회의 붕괴를 가져
올 수 있다고 비난한다. 이처럼 잘못 추구된 유토피아에 오늘날 널리
쓰이는 디스토피아(dystopia)라는 명칭을 붙여준 것은 1868년 영국의
철학자 존 스튜어트 밀이었다.

이에 따라 19세기 말에는 계몽사조기에 출현한 유크로니아의 내러

티브 장치를 그대로 활용하면서 미래를 비관적으로 예측하는 디스토피아 문학작품이 등장하기 시작했다. 이러한 작품들은 인간이 완벽에 도달할 수 있다는 계몽사조기의 신념을 거부했다. 그러나 일견 비관적으로 보이는 미래를 그려내고 있었음에도 불구하고, 이러한 작품들은 대체로 절망에 탐닉하는 대신 일종의 도덕적 교훈을 전달하는 것을 목표로 삼았다. 이러한 작품들은 이상사회에 도달할 수 없음을 인정하면서도 지금보다 '더 나은' 사회 건설을 위해 노력할 수 있다고 가정하며, 작품에서 묘사되는 어두운 미래는 현실 그 자체가 아닌 하나의 가능성이므로 인간의 노력 여하에 따라 그런 미래를 피할 기회가 있고 희망도 희미하게나마 존재한다는 입장을 취했다(그런 점에서 디스토피아 문학을 종말론 문학과 동일시하는 것은 다분히 일면적인 시각이다).

· · ·

20세기로 접어들면서 유토피아와 디스토피아 사상은 모두 크게 중흥기를 맞았다. 먼저 유토피아는 특히 19세기 말부터 20세기 초 미국을 중심으로 해서 기술 유토피아(technological utopia) 사상으로 발전했다.[7] 19세기에 미국인들은 유럽인들에 비해 기술과 산업의 문제점들에 훨씬 더 낙관적인 태도를 취해왔고, 사회 문제를 해결할 수 있는 기

---

[7] Howard P. Segal, *Technology and Utopia* (Washington: American Historical Association, 2006).

술의 잠재력을 높이 평가했다. 이러한 태도는 앞서 살펴본 대로 공장에서의 효율 향상을 통해 자본과 노동 모두를 만족시키는 일종의 산업 유토피아를 만들 수 있다는 프레더릭 테일러의 생각에서, 또 이러한 방법론을 공장만이 아닌 경제와 사회 전반으로 확산시켜 낭비를 제거하고 최선의 결과를 끌어낼 수 있다는 혁신주의 시기의 효율 운동에서 엿볼 수 있다. 1930년대 미국에서 짧은 기간 동안 유행했던 기술관료주의(technocracy) 운동은 이러한 흐름을 이어받았고, 통상의 이데올로기 정치를 뛰어넘어 기술에 대해 잘 아는 객관적 · 중립적 전문가들이 사회를 운영하는 모델을 제시했다.[8] 그들은 다양한 사회 문제들에 대해 신속한 기술적 해결책(technological fix)을 제시할 수 있다는 기술 낙관주의에 입각해, 기술의 비약적 발전이 머지않은 미래에 유토피아의 성취를 가능케 할 거라고 주장했다. 2차대전 이후 20여 년간 기술 낙관주의가 널리 확산된 데는 이러한 시대적 배경이 자리 잡고 있었다.

그러나 바로 그 기간은 기술적 낙관에 제동을 거는 디스토피아 담론이 전성기를 맞은 시기이기도 했다. 여기에는 경제공황, 두 차례의 세계대전, 냉전을 거치며 인간의 본성에 대한 실망과 함께 유토피아의 개연성이 상실되었다는 점이 중요하게 작용했다. 특히 파시즘과 현실 사회주의 국가들이 전체주의적 경향을 드러내고 발달된 과학기술(매체기술, 감시기술 등)이 여기서 중요한 역할을 하면서 디스토피아적 전

---

8 휴즈, 『현대 미국의 기원』, 5장.

망은 현실적인 힘을 얻었다. 이는 과학기술 진보가 오용된 미래를 그려낸 20세기 초의 대표적 디스토피아 작품들로 나타났다. 소련 작가 예브게니 자먀찐의 『우리들We』(1921), 영국 작가 올더스 헉슬리의 『멋진 신세계』(1932)와 조지 오웰의 『1984 Nineteen Eighty-Four』(1948) 같은 소설 작품들은 모두 인간의 개성이 말살된 전체주의적 악몽을 묘사하면서 이를 첨단기술(감시기술, 재생산기술, 선전 및 세뇌기술)이 떠받치는 양상을 그려냈다.[9] 이러한 작품들은 2차대전 이후에 과학기술 진보가 가져올 수 있는 미래를 전망할 때 엄청난 영향을 미쳤다.

결국 2차대전 이후의 주요 기술들을 둘러싼 서로 대립하는 극단적 전망들은 근대 이후 면면하게 이어져 20세기에 강력한 힘을 발휘한 현실비판으로서의 유토피아와 디스토피아에 대한 상에 그 뿌리를 두고 있다고 할 수 있다. 이는 1970년대 이후 새로운 첨단기술의 총아로 급부상한 생명공학의 경우에도 예외가 아니다. 이제 냉전이 잦아들기 시작한 무렵의 새로운 기술 지형도와 전망으로 넘어가보도록 하자.

---

9 예브게니 이바노비치 자먀찐, 『우리들』(열린책들, 2009); 올더스 헉슬리, 『멋진 신세계』(문예출판사, 1998); 조지 오웰, 『1984』(민음사, 2003).

VI
1970년대:

생명조작의
꿈과
그 실현

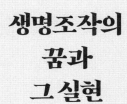

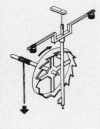

* 이 장의 내용 중 일부는 김명진, 『야누스의 과학』의 12장을 수정, 보완한 것이다.

흔히 20세기가 물리학의 시대였다면 21세기는 생물학의 시대가 될 거라고들 한다. 잘 알려진 바와 같이 20세기 전반기는 물리학에서 상대성이론과 양자역학으로 대표되는 '혁명'이 진행된 시기였고, 물리학이 지닌 '힘'은 제2차 세계대전을 통해 원자폭탄이라는 극적인 형태로 표출되었다. 그러나 1950년대 초 DNA 이중나선 구조의 규명으로 촉발된 분자생물학의 급부상과 1970년대 DNA 재조합 기법의 개발에서 비롯된 유전공학의 발전은 20세기 후반 들어 과학계의 중심추를 생물학 쪽으로 옮겨놓았다. 이러한 변화는 1970년대부터 '기초'연구에 대한 맹목적 지원보다는 '사회적으로 적절한' 과학 연구의 중요성이 강조되면서 생의학(biomedicine) 분야에 대한 대대적인 지원이 전개된 사회 분위기의 변모와 무관하지 않다. 생명공학은 과학의 상업적 응용이 강조된 1980년대 이후의 흐름을 타고 빠른 속도로 발전해왔고, 이러한 경향은 현재에도 지속되고 있다.

오늘날 생명공학은 한편으로 무병장수와 일확천금의 미래를 가져다줄 21세기 첨단 과학기술의 대표주자 중 하나로 간주되곤 한다. 그러나 다른 한편으로 생명공학은 인간성의 상실, 자연질서의 교란, 사회문제의 악화를 초래할 수 있는 '나쁜 과학'의 대명사격으로 인식되고 있기도 하다. 그렇다면 이처럼 격렬한 찬반 논란에 휩싸여 있는 생명공학은 어떤 과정을 거쳐 오늘날의 모습을 갖게 되었고, 그에 대한 대중적 반응과 대중문화에서의 반향은 어떻게 나타났을까? 이를 대중적으로 가장 많은 논란을 불러일으켰던 유전공학과 생명복제를 중심으로 살펴보도록 하자.

1. 현대 생명공학의 전사

1 | 생명공학 이전의 '생물기술'

오늘날 '생명공학'으로 흔히 번역되는 'biotechnology'는 'bio(logy)'와 'technology'를 합성한 단어로 1980년대 초부터 언론을 통해 널리 쓰이기 시작했다. 이 용어에 대해 가장 널리 쓰이는 정의는 경제협력개발기구(OECD)가 1981년에 내놓은 것으로, 생명공학을 "상품과 서비스의 생산을 위해 생물학적 작인에 의한 원재료 가공에 과학적·공학적 원리를 응용하는 것"으로 규정하고 있다. 이는 단어의 조성에서 드러나는 것처럼 (기초)과학과 (응용)기술의 경계에 걸쳐 있으며, 그런 점에서 역시 비슷한 시기부터 쓰이기 시작한 '테크노사이언스(technoscience)'

라는 새로운 용어가 적용될 수 있는
대표적인 분야로 간주돼왔다.[1] 이 때
문인지 많은 사람들은 이 용어를 비교
적 최근에 들어서 쓰이기 시작한 신
조어로 생각하곤 한다. 그러나 역사
가 로버트 버드가 잘 보여준 것처럼,
'biotechnology'라는 용어는 그로부터
적어도 50년 이상을 거슬러 올라가는
어원을 갖고 있으며, 그것이 가리켰던
발효와 배양, 사육, 교배 등의 전통은

〈그림 VI-1〉 효모기술이 응용된 대표적 산업
분야였던 16세기 맥주 양조장의 모습.

그보다 더 오래된 수 세기 전부터 시작되었다. 이때 'biotechnology'는
우리말로 '생명공학'보다는 '생물기술'이라는 좀 더 포괄적인 역어로
옮길 때 보다 정확한 의미가 전달될 수 있다.

현대적 생물기술의 출발점은 독일의 효모기술(zymotechnology)의
전통에서 시작되었다. 독일에서 17세기 말부터 쓰이기 시작한 이 용
어는 산업적인 발효 기술, 특히 맥주의 발효에 대해 더 나은 이해를 얻
기 위한 탐색을 가리켰다. 19세기 말 독일에서 맥주 양조는 국가 경제
에 대한 기여도에서 철강산업과 비견할 만한 엄청난 영향을 가지고
있었고, 이에 따라 발효 기술을 가르치고 연구하는 대학과 연구소, 맥

---

1   Robert Bud, "History of Biotechnology," Peter J. Bowler & John V. Pickstone (eds.),
    The Cambridge History of Science, vol. 6: The Modern Biological and Earth Sciences
    (Cambridge: Cambridge University Press, 2009), pp. 525-526.

주 양조 산업에 자문을 제공하는 민간 컨설팅 회사들이 여럿 생겨났다. 1차대전은 이러한 발효 기술의 전시 기여가 두드러졌던 기간이었는데, 독일에서는 효모를 산업적인 규모로 배양해 돼지 먹이의 60퍼센트를 충당했고, 또 다른 발효의 산물인 젖산을 윤활제인 글리세롤 대신 활용했다. 그런가 하면 영국에서는 옥수수에서 나온 녹말을 발효시켜 폭발물의 핵심 연료 중 하나인 아세톤을 만들었다. 이러한 전시 연구 및 생산은 맥주 양조 분야를 넘어 발효의 산업적 잠재력을 증명해보였고, 1917년 헝가리의 경제학자 카를 에레키는 다양한 생물학적 원재료에 기반한 기술을 가리키는 용어로 'biotechnologie'라는 단어를 새롭게 만들어냈다.[2] 이후 이는 효모뿐 아니라 미생물을 일종의 생물학적 기계로 활용하는 기술을 가리키는 용어로 영미권에 확산되어 쓰이기 시작했다.

2차대전은 생물기술의 잠재력이 만개할 수 있는 중대한 계기가 되었다. 2차대전을 거치며 아마도 20세기 생물기술의 최대 개가이자 이전까지 인류를 위협하던 감염병의 공포를 물리칠 수 있는 중대한 수단인 페니실린의 대량생산이 실용화되었기 때문이다. 페니실린은 원래 1928년 영국의 세균학자 알렉산더 플레밍에 의해 푸른곰팡이에서 우연한 계기로 발견되었고, 1930년대 말에 질병 치료가 아닌 생화학 연구의 차원에서 유효물질 분리 시도가 이뤄졌으나, 이를 대량생산해

---

2 Robert Bud, "Molecular Biology and the Long-Term History of Biotechnology," Arnold Thackray (ed.), *Private Science: Biotechnology and the Rise of the Molecular Sciences* (Philadelphia: University of Pennsylvania Press, 1998), pp. 3-19.

환자 치료에 이용하기 위한 연구가 활발하게 진행된 것은 2차대전이 결정적인 계기가 되어주었다. 페니실린의 대량생산은 미국 농무부 산하의 북부지역연구소(Northern Regional Research Laboratory)에서 액내배양(submerged fermentation) 기법과 영양 배지에 쓰이는 옥수수 침지액(cornsteep liquor)을 개발하고, X선을 조사(照射)해 돌연변이를 일으킨 곰팡이 균주 중에서 종전보다 50배나 생산성이 높은 새로운 균주를 찾아내면서 급물살을 탔다.

〈그림 VI-2〉 페니실린의 발견자인 플레밍(앞쪽)이 1945년 미국을 방문해 페니실리움 곰팡이의 대규모 액내배양 탱크를 들여다보는 모습.

미국의 파이저(Pfizer) 등 여러 제약회사들은 미국 정부의 지원을 받아 대규모의 상업적 배양 공장을 세웠고, 1944년부터는 가격이 급락한 페니실린이 전장과 일반에 널리 보급되어 그 위력을 발휘했다.[3] 전시에 개발된 이러한 배양 및 발효 기술은 이후 대량의 미생물을 배양하고 처리하는 새로운 기술 분야, 즉 생화학공학(biochemical engineering)의 밑거름이 되었다.

새로운 생화학공학의 산물은 1960년대로 접어들면서 항생제, 피임

---

3 Robert Bud, *Penicillin: Triumph and Tragedy* (Oxford: Oxford University Press, 2007, chaps. 2-3.

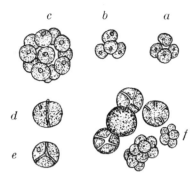

〈그림 VI-3〉 1950년대 이후 한때 미래의 식량 원천으로 각광받았던 단세포 녹조류인 클로렐라.

약, 스테로이드 등 다양한 약제뿐 아니라 에너지 연료와 식량의 단백질 원천으로까지 확대되었다. 먼저 녹말이나 당이 풍부한 작물을 발효시켜 만드는 알코올은 자동차에 넣는 대체연료로 쓸 수 있었다. 이에 따라 브라질과 미국 등 여러 국가들이 알코올로 석유를 대체하는 국가적 프로그램을 마련했고, 알코올과 가솔린을 섞은 혼합 연료인 '가소올(gasohol)' 같은 단어들이 널리 사람들의 입에 오르내리게 되었다. 또한 1950년대 이후 인구폭발로 인한 식량부족 가능성이 정책 과제로 부상하면서 일명 "단일세포 단백질(single-cell protein)"—클로렐라 같은 단세포 녹조류가 그중 가장 유명하다—이 전세계적 기아를 해결할 수 있는 식품으로 각광받기 시작했다. 물론 이러한 해결책에는 한계도 있었다. 단일세포 단백질은 소비자의 구미에 맞지 않아 종종 거부감을 일으켰고, 가난한 나라의 기아 문제 해결을 위해서는 단백질원의 공급과 같은 기술적 차원을 넘어서는 해법이 요구되었다.[4] 그럼에도 이와 같은 확대된 용도들은 전후 생물기술의 발전에서 중요한 계기가 되었고, 1970년대 이후에는 아래 서술할 분자생물학의 발전과 합쳐지면서 현대적 생명공학을 이룬 흐름 중 하나를 형성했다.[5]

4 Bud, "History of Biotechnology," pp. 534-535.

2 | 고전 분자생물학의 발전

오늘날 분자생물학(molecular biology)이라고 불리는 분야는 미국의 생물학자 제임스 왓슨과 영국의 물리학자 프랜시스 크릭이 디옥시리보핵산(DNA)의 이중나선 구조를 발견한 데서 결정적인 전기가 마련되었다고 흔히 이야기되곤 한다. 1953년 4월에 왓슨과 크릭은 다른 경쟁자들을 따돌리고 모든 생명체의 유전과 형질 발현에 관여하는 물질인 DNA의 분자 구조를 제안한 1쪽짜리 논문을 학술지《네이처Nature》에 발표했다. 이 논문은 동료 과학자들 사이에서 즉각 그 중요성을 인정받았으며, 분자생물학의 역사에서 가장 중요한 사건 중 하나로 기록되었다. 그러나 두 명의 젊은 과학자가 유전의 메커니즘과 DNA의 구조와 관련된 모든 사실들을 스스로의 힘으로 규명해낸 것은 아니었다. 그들이 거둔 업적의 배경에는 그 이전까지 한 세기에 달하는 유전학과 생화학의 발전이 있었다.

1865년 오스트리아의 수도사였던 그레고르 멘델의 완두콩 실험은 대립형질의 유전에서 나타나는 통계적 법칙을 보여줌으로써 유전학의 기틀을 닦았다. 멘델은 자신의 유전법칙을 통해 유전 현상은 부모 세대에서 자식 세대로 어떤 '분리가능한 인자'—나중에 '유전자(gene)'로 명명된—가 전달됨으로써 나타남을 암시했다. 처음에 그다지 주목받지 못했던 멘델의 유전법칙은 1900년에 여러 명의 과학자들에 의해

5　이에 따라 1980년대부터는 여기서 '생물기술'로 번역한 생화학공학 분야를 "old" biotechnology로, 후술할 1970년대 DNA 재조합 기술의 응용에서 유래한 새로운 유전공학 분야를 "new" biotechnology로 부르는 것이 정책 문헌에서 일반화되었다. 위의 글, p. 526.

equipment, and to Dr. G. E. R. Deacon and the captain and officers of R.R.S. *Discovery II* for their part in making the observations.

[1] Young, F. B., Gerrard, H., and Jevons, W., *Phil. Mag.*, **40**, 149 (1920).
[2] Longuet-Higgins, M. S., *Mon. Not. Roy. Astro. Soc., Geophys. Supp.*, **5**, 285 (1949).
[3] Von Arx, W. S., Woods Hole Papers in Phys. Ocearog. Meteor., **11** (3) (1950).
[4] Ekman, V. W., *Arkiv. Mat. Astron. Fysik.* (*Stockholm*), **2** (11) (1905).

MOLECULAR STRUCTURE OF NUCLEIC ACIDS

A Structure for Deoxyribose Nucleic Acid

WE wish to suggest a structure for the salt of deoxyribose nucleic acid (D.N.A.). This structure has novel features which are of considerable biological interest.

A structure for nucleic acid has already been proposed by Pauling and Corey[1]. They kindly made their manuscript available to us in advance of publication. Their model consists of three inter-twined chains, with the phosphates near the fibre axis, and the bases on the outside. In our opinion, this structure is unsatisfactory for two reasons : (1) We believe that the material which gives the X-ray diagrams is the salt, not the free acid. Without the acidic hydrogen atoms it is not clear what forces would hold the structure together, especially as the negatively charged phosphates near the axis will repel each other. (2) Some of the van der Waals distances appear to be too small.

Another three-chain structure has also been suggested by Fraser (in the press). In his model the phosphates are on the outside and the bases on the inside, linked together by hydrogen bonds. This structure as described is rather ill-defined, and for this reason we shall not comment on it.

We wish to put forward a radically different structure for the salt of deoxyribose nucleic acid. This structure has two helical chains each coiled round the same axis (see diagram). We have made the usual chemical assumptions, namely, that each chain consists of phosphate di-ester groups joining β-D-deoxy-ribofuranose residues with 3′,5′ linkages. The two chains (but not their bases) are related by a dyad perpendicular to the fibre axis. Both chains follow right-handed helices, but owing to the dyad the sequences of the atoms in the two chains run in opposite directions. Each chain loosely resembles Furberg's[2] model No. 1 ; that is, the bases are on the inside of the helix and the phosphates on the outside. The configuration of the sugar and the atoms near it is close to Furberg's 'standard configuration', the sugar being roughly perpendicular to the attached base. There

This figure is purely diagrammatic. The two ribbons symbolize the two phosphate—sugar chains, and the horizontal rods the pairs of bases holding the chains together. The vertical line marks the fibre axis

is a residue on each chain every 3·4 A. in the z-direction. We have assumed an angle of 36° between adjacent residues in the same chain, so that the structure repeats after 10 residues on each chain, that is, after 34 A. The distance of a phosphorus atom from the fibre axis is 10 A. As the phosphates are on the outside, cations have easy access to them.

The structure is an open one, and its water content is rather high. At lower water contents we would expect the bases to tilt so that the structure could become more compact.

The novel feature of the structure is the manner in which the two chains are held together by the purine and pyrimidine bases. The planes of the bases are perpendicular to the fibre axis. They are joined together in pairs, a single base from one chain being hydrogen-bonded to a single base from the other chain, so that the two lie side by side with identical z-co-ordinates. One of the pair must be a purine and the other a pyrimidine for bonding to occur. The hydrogen bonds are made as follows : purine position 1 to pyrimidine position 1 ; purine position 6 to pyrimidine position 6.

If it is assumed that the bases only occur in the structure in the most plausible tautomeric forms (that is, with the keto rather than the enol configurations) it is found that only specific pairs of bases can bond together. These pairs are : adenine (purine) with thymine (pyrimidine), and guanine (purine) with cytosine (pyrimidine).

In other words, if an adenine forms one member of a pair, on either chain, then on these assumptions the other member must be thymine ; similarly for guanine and cytosine. The sequence of bases on a single chain does not appear to be restricted in any way. However, if only specific pairs of bases can be formed, it follows that if the sequence of bases on one chain is given, then the sequence on the other chain is automatically determined.

It has been found experimentally[3,4] that the ratio of the amounts of adenine to thymine, and the ratio of guanine to cytosine, are always very close to unity for deoxyribose nucleic acid.

It is probably impossible to build this structure with a ribose sugar in place of the deoxyribose, as the extra oxygen atom would make too close a van der Waals contact.

The previously published X-ray data[5,6] on deoxyribose nucleic acid are insufficient for a rigorous test of our structure. So far as we can tell, it is roughly compatible with the experimental data, but it must be regarded as unproved until it has been checked against more exact results. Some of these are given in the following communications. We were not aware of the details of the results presented there when we devised our structure, which rests mainly though not entirely on published experimental data and stereo-chemical arguments.

It has not escaped our notice that the specific pairing we have postulated immediately suggests a possible copying mechanism for the genetic material.

Full details of the structure, including the conditions assumed in building it, together with a set of co-ordinates for the atoms, will be published elsewhere.

We are much indebted to Dr. Jerry Donohue for constant advice and criticism, especially on inter-atomic distances. We have also been stimulated by a knowledge of the general nature of the unpublished experimental results and ideas of Dr. M. H. F. Wilkins, Dr. R. E. Franklin and their co-workers at

〈그림 VI-4〉 1953년 4월 왓슨과 크릭이 발표한 기념비적 논문 「핵산의 분자 구조」. DNA의 이중 나선 구조를 규명했다.

'재발견'되었다. 1910년대에 미국의 생물학자 토머스 헌트 모건은 초파리 연구를 통해 초파리의 여러 특징들(눈 색깔과 날개 모양)이 유전자에 의해 전달되며, 유전자는 초파리의 염색체 위에 있음을 밝혀냈다.[6]

이러한 연구들은 생물학자들 사이에서 유전자의 본성에 관한 논쟁을 낳았다. 과연 유전자가 물리적 실체인가, 아니면 생명 현상에 고유한 일종의 '조직 원리'인가 하는 문제가 그것이었다. 1927년 허먼 멀러는 방사선을 쬔 초파리에서 돌연변이가 유발됨을 보임으로써 유전자가 일종의 물질적 실체라는 설득력 있는 증거를 제시했고, 1935년 베를린에서 시작된 막스 델브뤼크 등의 연구는 유전자가 상대적으로 안정된 고분자(macromolecule)로서 물리적·화학적 방법을 사용해 분석될 수 있음을 보여주었다. 1937년 미국으로 건너온 델브뤼크는 박테리오파지(박테리아를 공격하는 바이러스)를 주된 연구대상으로 정하고 이를 위한 공동연구 집단인 '파지 그룹(Phage Group)'을 이끌었다.[7]

이러한 활동의 배경에는 모든 생물학적 현상이 가장 단순한 생명체를 가지고 연구될 수 있으며, 일반적인 물리법칙으로 설명될 수 있다는 기본 개념이 자리 잡고 있었다. 이러한 개념을 처음 주창한 사람은 1920년대에 활동한 이단적 생리학자 자크 러브와 그 제자들이었다. 그들은 당대의 물리학자들로부터 영향을 많이 받았고(그들 중 일부는 물리학에서 생물학으로 넘어온 사람들이었으며, 그들이 속한 분야는 생물물

---

6 Eric S. Grace, *Biotechnology Unzipped: Promises and Realities*, 2nd ed. (Washington, D.C.: John Henry Press, 2006), pp. 8–10.
7 임경순, 『과학을 성찰하다』(사이언스북스, 2012), 6장.

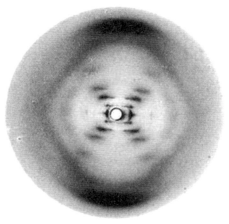

〈그림 VI-5〉 로절린드 프랭클린과 그녀가 찍은 DNA의 X선 회절 사진. 이는 DNA가 나선 구조임을 밝히는 결정적 증거가 되었다.

리학[biophysics]으로 불렸다), 제도적으로는 당시 록펠러재단의 자연과학 지원을 담당하고 있던 화학자 워런 위버의 도움에 크게 힘입었다. 위버는 물리과학의 엄격한 방법론에 입각해 건강 문제에 도움을 줄 수 있는 과학 연구를 집중 지원했다. 아직 분명한 이름이 없던 이 분야에 분자생물학이라는 이름을 처음 붙여준 것도 위버였다.[8]

　1940년대 초에는 대다수의 생물학자들이 유전자는 단백질이라고 생각하고 있었다. 단백질은 세포의 많은 부분을 이루고 있으며, 생명체의 필수 대사에서 촉매 작용을 하는 물질이기도 하다. 그러나 1944년 미국 록펠러연구소의 오즈월드 에이버리는 인체에 무해한 박테리

8　Nicholas Rasmussen, *Gene Jockeys: Life Science and the Rise of Biotech Enterprise* (Baltimore: Johns Hopkins University Press, 2014), p. 10.

아를 유해한 감염성 박테리아로 바꿔놓는 형질전환 요인이 단백질이 아닌 디옥시리보핵산, 즉 DNA라는 사실을 밝혀냈다. 이러한 에이버리의 결론은 1952년 방사성 동위원소 추적자를 이용한 앨프리드 허시와 마사 체이스의 실험을 통해 재차 확증되었다. DNA가 유전물질임이 확인된 것이었다.[9]

1940년대 후반과 1950년대 초반에 분자생물학자들을 사로잡았던 문제는 유전자의 물질적 기반이었다. 즉, 유전자가 어떻게 스스로 복제하며, 어떻게 효소와 여타 물질들을 만들어 몸에 영향을 주는가 하는 문제였다. 많은 분자생물학자들은 유전물질로 알려진 DNA의 분자 구조를 규명하면 그에 대한 해답을 얻을 수 있을 것이라고 믿었다. 왓슨과 크릭이 이 문제를 푸는 데 뛰어든 것은 바로 이 즈음이었다. 그들은 DNA의 구조 규명에 있어서도 여러 과학자들의 연구로부터 도움을 받았다. 이때쯤에는 어윈 샤가프, 라이너스 폴링 등의 연구성과에 힘입어 DNA가 당과 인산, 그리고 아데닌(A), 구아닌(G), 시토신(C), 티민(T)이라는 네 개의 염기로 구성되어 있고 나선 구조를 이루고 있다는 사실이 이미 알려져 있었다. 왓슨과 크릭은 직접 실험은 하지 않았지만 영국의 여성 물리화학자 로절린드 프랭클린이 찍은 DNA의 X선 회절 사진을 입수할 수 있었고, 이런 모든 자료를 종합해 DNA의 이중나선 구조를 제안했다.[10] 이 구조에 따르면 DNA는 당과 인산이 결합

---

9 J. J. Heilbron (ed.), *The Oxford Companion to the History of Modern Science* (Oxford: Oxford University Press, 2003), pp. 332-333.

10 위의 책, pp. 187-189.

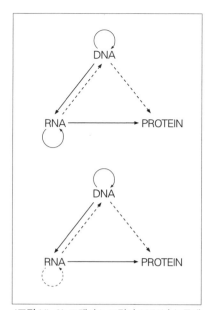

<그림 VI-6> 프랜시스 크릭의 1970년 논문에서 중심 가설을 설명한 도해. 위쪽이 1958년에 크릭이 취했던 입장, 아래쪽이 1970년에 수정된 입장을 각각 나타낸다. 실선은 일반적으로 정보가 흐르는 방향이며, 점선은 특수한 조건이 갖춰졌을 때 예외적으로 흐르는 방향이다.

해 만든 두 개의 축이 서로 꼬여 있고, 이로부터 안쪽으로 튀어나온 염기가 아데닌은 티민과, 구아닌은 시토신과 각각 수소 결합을 하고 있는 형태였다. 왓슨과 크릭의 설명은 구조 자체만으로 DNA의 자기복제를 간단하게 이해할 수 있다는 단순성과 심미성의 측면에서 많은 찬사를 받았다.[11]

왓슨과 크릭은 1953년 5월에 발표한 후속 논문에서 배열된 염기의 순서(ACGT…)가 바로 유전의 '암호'라고 암시했다. 다시 말해 DNA에 있는 염기의 순서가 그에 해당하는 단백질을 구성하는 아미노산의 순서를 결정할 거라고 추측한 것이다. 뒤이어 크릭은 1957년의 한 강연에서 이후 분자생물학의 역사에서 엄청난 중요성을 얻게 되는 이른바 '중심 가설(central dogma)'을 제안했다. 이 이론에 따르면 유전정보는 DNA 서열 안에 있다가 단백질 안에 있는 아미노산의 서열로 흐르지, 그 역방향으로는 흐르지 않는다.[12] 이러한 문제의식에서 출발해 DNA의 염기

11 Grace, *Biotechnology Unzipped*, p. 17.
12 Rasmussen, *Gene Jockeys*, p. 18.

순서가 어떻게 생물체를 구성하고 대사를 조절하는 단백질 합성을 지시하는가 하는 유전암호를 최종적으로 해독해낸 것은 1967년의 일이었다. 이에 따르면 염기들은 3개(가령 AGC, CTA, GCC처럼)를 한 단위로 해서—이러한 단위를 '코돈(codon)'이라 부른다—각각이 단백질을 구성하는 20가지 필수 아미노산 중 한 가지의 합성을 지시한다. DNA 위에 있는 이러한 염기의 배열은 리보핵산(RNA)으로 전사(轉寫)된 후 이것이 다시 세포 내 기관인 리보솜으로 가서 특정 단백질을 구성하는 일련의 아미노산 합성을 지시하게 된다.[13]

한편, 이와 거의 같은 시기에 분자생물학자들은 유전자 조절이라는 난제를 놓고 씨름하고 있었다. 유전자가 어떻게 단백질과 관계 맺는지는 어느 정도 해명되었지만, 특정 유형의 세포(가령 골수 세포, 혈액 세포, 피부 세포 등)가 어떻게 자신의 특수한 정체성을 나타내는 몇 개의 유전자만 활성화시킬 수 있는지—한 개체의 모든 세포는 동일한 유전자들을 가졌는데도—는 여전히 풀리지 않은 과제였기 때문이다. 이 문제를 풀어낸 것은 프랑스 파스퇴르연구소의 자크 모노와 프랑수아 자코브였다. 그들은 단백질을 만드는 통상의 유전자(나중에 구조 유전자라는 이름이 붙었다)를 켜고 끄는 역할을 하는 특수한 조절 유전자의 존재를 상정한 일명 '오페론 이론'으로 이 문제를 설명했다.[14]

1960년대 이후 크릭의 중심 가설과 모노 및 자코브의 오페론 이론

---

13 Grace, *Biotechnology Unzipped*, pp. 24–28.
14 Rasmussen, *Gene Jockeys*, pp. 19–20.

은 새롭게 부상하는 분자생물학 분야의 근간을 이루는 개념이 되었고, 분자생물학은 토머스 쿤이 언급한 정상과학의 지위를 갖게 되었다. 유전물질의 구조와 기능, 그리고 복제 메커니즘이 규명되자 이제 분자생물학자들은 유전자의 기능을 분자적인 수준에서 탐구할 수 있게 되었다. 이러한 탐구에 크게 힘을 실어주면서 분자생물학의 실제적 응용을 촉진한 것이 바로 DNA 재조합(recombinant DNA) 기법이었다.

3 | 분자생물학과 유전공학 부상의 시대적 배경

1970년대 초에 DNA 재조합 기법이 등장하고 이것이 유전공학(genetic engineering)이라는 형태로 곧장 상업화의 길로 접어든 데는 1970년대를 경계로 전후의 과학 체제가 급격한 변화를 겪었다는 사실이 크게 작용했다. 이는 유전공학을 필두로 과학의 상업화가 급부상하게 되는 중요한 배경을 제공하므로 DNA 재조합 기법이 등장하게 되는 과정을 좀 더 자세히 다루기에 앞서 미리 살펴보기로 하자.

1950년대와 1960년대에 대중적 기대와 공포가 정점에 달했던 앞선 세 가지 기술, 즉 핵기술, 우주기술, 인공지능기술은 모두 물리학에 기반을 둔 정부 주도의 거대기술로서, 2차대전기의 군사 연구와 냉전기의 미-소 긴장에 적어도 부분적으로 뿌리를 두고 정부의 대규모 연구비 지원을 받았다는 공통점을 갖고 있다. 이에 비하면 같은 시기의 생물학은 2차대전기의 페니실린 생산이나 생물학 무기 연구 등과 관련을 맺고 있긴 했지만, 이후 냉전 시기에는 핵무기로 인한 방사선병 치료법 개발에 나섰던 방사생물학 분야 정도를 빼놓으면 냉전과 대체로 직접적 연관은 없었다.[15] 그러나 이 시기의 분자생물학 연구는 다른 중요한 의미에서 냉전과 간접적으로 연관을 맺고 있었고, 1970년대 들어 그러한 맥락이 제거된 것이 유전공학의 부상에 중요한 영향을 미쳤다.

냉전 초에 분자생물학이 부상한 것은 이 시기에 '과학'을 둘러싼 이데올로기 투쟁이 맹렬하게 전개되었던 것과 무관하지 않다. 그 출발점은 2차대전으로 거슬러올라간다. 2차대전 때 나치와 싸우던 미국 등 연합국들은 히틀러 치하의 나치가 인종주의적 이유로 유대인 과학자들을 축출하고 양자역학과 상대성이론을 '유대인 과학'으로 비난하며 이를 대신하는 이른바 '아리아 물리학(Aryan physics)'을 옹호하는 데 주목했다. 그들이 보기에 이는 나치 같은 전체주의 체제 하에서는 자유로운 과학 탐구가 꽃피울 수 없으며 따라서 자신들의 자유민주주의 체제가 더 우월하다는 증거로 보였다. 미국의 사회학자 로버트 머튼은 1942년에 발표한 「과학과 민주주의에 관한 노트A Note on Science and Democracy」라는 짧은 논문에서 유명한 과학의 네 가지 에토스(보편주의, 공유주의, 불편부당성, 조직된 회의주의)를 제시하면서, 이를 담지하고 있는 과학자 공동체를 민주주의의 이상적 모델로 상정했다. 이는 곧 자유로운 과학 탐구가 억압받는 국가는 이상적인 민주주의 국가가 될 수 없음을 암시하며 나치 체제를 비판하는 의미를 담고 있었다.[16]

---

15 Kraft, "Manhattan Transfer."
16 머튼의 이 논문은 이후 이러한 역사적 맥락은 탈각한 채 여러 차례 제목을 바꿔 재수록되었고 「과학의 규범 구조」라는 제목으로 많이 인용되는 논문이 되었다. 로버트 K. 머튼, 『과

〈그림 VI-7〉 소련의 농학자 트로핌 리센코. 스탈린의 비호를 등에 업고 멘델 유전학을 부정했다.

과학자가 지닌 연구의 자유와 체제의 우월성 사이의 이러한 연관은 냉전기로 접어들면서 소련과의 대결구도 하에 새로운 의미를 갖게 되었다. 이제 소련은 나치 독일을 대신하는 전체주의 체제이자 '악의 세력'이 되었다. 그리고 1930년대 말 스탈린이 주도한 대숙청과 1940년대 말에 터진 이른바 리센코 사건—스탈린이 비호하는 농학자 트로핌 리센코가 유전학계의 정설인 멘델주의를 부정하고 획득형질의 유전을 주장하며 반대 입장의 유전학자들을 탄압한 사건—이 서구에 알려지면서, 소련은 정치가 과학에 개입했을 때의 문제점을 적나라하게 보여주는 사례로 인식되기 시작했다. 이러한 구도 속에서 미국을 비롯한 서구에서는 과학자 개인의 호기심 충족을 위한 연구와 과학자 공동체의 자율성 보장이 체제의 우월성을 의미하는 이데올로기적 중요성을 갖게 되었다.[17] 이에 따라 다양한 기초연구 분야들이 정부와 군대에 의해 후하게 지원을 받았지만, 이 중에서 특히 분자생물학은 스탈린이 억압하는 바로 그 학문(유전학)에서 비롯된 분야라는 점에서 특별한 관심의 대상이 되었고, 이는 1950~1960년대 분자생물학 분야가 급성장한 제

학사회학 II』(민음사, 1998).
17 David A. Hollinger, *Science, Jews, and Secular Culture: Studies in Mid-Twentieth-Century American Intellectual History* (Princeton: Princeton University Press, 1996), chaps. 5, 6, 8.

도적 기반을 제공했다.[18]

그런데 1970년경을 전환점으로 해서 이러한 분위기는 바뀌기 시작했다. 1960년대 말 대학 캠퍼스에서는 베트남전 반대운동과 함께 군사연구에 반대하는 목소리가 터져나왔고, 민주주의학생동맹(Students for Democratic Society) 같은 학생운동 단체들은 학내의 비밀 군사연구 기관들을 찾아내 폭로하는 작업에 나섰다. 부분적으로 이러한 압력에 굴복해 의회는 1969년 군수권법에 대한 맨스필드 수정조항(Mansfield Amendment)을 통과시켰다. 이 수정조항에서는 전후 과학 연구비의 많은 부분을 책임졌던 국방부의 자금을 "특정한 군대의 기능 내지 작전에 직접적 내지 명시적 관계가 있는 프로젝트에만 지출할 수 있다"고 명시했고, 이는 군대가 민간 프로젝트에 자금을 지원하는 것을 제한하는 결과를 가져왔다. 그 결과 1960년에 대학 연구비의 30퍼센트 이상을 차지했던 국방부의 연구비 지원은 1970년에 15퍼센트, 1975년에 불과 8퍼센트까지 급격히 하락했다.[19] 이에 따라 이미 그 수가 늘어난 대학의 과학자들이 이용할 수 있는 연구비는 크게 줄어들었고, 대안적인 연구비 원천을 탐색해야 하는 처지가 되었다.

1960년대의 반전 시위대는 다른 측면에서도 분자생물학 연구에 중요한 영향을 미쳤다. 그들은 "죽음이 아닌 삶을 연구하라(Research Life,

---

[18] Rasmussen, *Gene Jockeys*, p. 26.
[19] Matt Wisnioski, "Inside "the System": Engineers, Scientists, and the Boundaries of Social Protest in the Long 1960s," *History and Technology* 19:4 (2003): 313-333; Stuart W. Leslie, *The Cold War and American Science* (New York: Columbia University Press, 1993), chap. 9.

〈**그림 VI-8**〉 1960년대 말 미국 서부 연안의 반전 시위에서 등장한 구호들. '죽음이 아닌 삶을 연구하라'(위), '생명을 우선하라'(아래) 같은 구호들이 과학자의 사회적 책임을 강조했음을 엿볼 수 있다.

Not Death!)"는 구호를 외치면서, 과학자들이 군사 연구 대신 사회적 책임 의식을 갖고 환경, 보건, 도시 문제 등 사회적 적절성을 갖는 연구(socially relevant research)에 나설 것을 촉구했다.[20] 이와 맞물려 1971년 닉슨이 '암과의 전쟁(War on Cancer)'을 선포하면서 국립보건원(NIH)의 연구비 지원은 기존의 호기심 충족을 위한 연구에서 암 치료와 직접 연관된 연구로 방향이 바뀌기 시작했고,[21] 그나마도 1970년대 내내 예산 압박으로 답보 상태를 보였다. 이에 따라 NIH에 연구비를 신청했을 때 지원을 받을 확률이 1960년에는 60퍼센트에 육박했던 반면, 1970년대 초에는 40퍼센트, 1980년에는 30퍼센트까지 떨어졌다.[22] 이 모든 변화한 상황들은 1970년대에 접어들면서 분자생물학자들이 선택한 연구 주제와 여기서 얻어진 성과를 활용하는 방식(상업화) 모두에 영향을 미치게 된다.

---

20 Eric J. Vettel, *Biotech: The Countercultural Origins of an Industry* (Philadelphia: University of Pennsylvania Press, 2006), chap. 5.

21 이러한 변화는 많은 분자생물학 연구자들이 연구 주제 변경을 고민하게 만들었다. 뒤에 나올 스탠퍼드대학의 연구자 폴 버그도 1960년대 말에 연구 주제를 박테리오파지에서 인간에게 암을 일으키는 동물 바이러스로 바꾸었는데, 이는 NIH의 지원방향 변화를 미리 내다보고 내린 결정이었고 DNA 재조합 기법 개발에 결정적인 계기가 되었다.

22 Rasmussen, *Gene Jockeys*, p. 35.

2. DNA 재조합 논쟁과 유토피아/디스토피아의 충돌

1 │ DNA 재조합 기법과 유전공학의 등장

1970년대 초에 DNA 재조합 기법이 등장하게 된 배경에는 1950년대와 1960년대에 축적된 분자생물학의 성과들이 있었다. 먼저 1950년대에 우연히 발견된 숙주 균주 "제한" 현상을 들 수 있다. 생물학자들은 박테리오파지가 감염시킬 수 있는 박테리아의 모든 균주가 아닌 특정 균주에서만 증식이 가능하다는 흥미로운 사실을 발견했다. 이 사실을 연구하던 파스퇴르연구소의 연구자들은 박테리오파지가 보통의 경우에는 박테리아를 공격할 수 있지만, 어떤 균주에서는 숙주 세포에 침입한 이후 염색체가 조각조각 부서진다는 사실을 알게 되었다. 이는 숙주인 박테리아가 외래 DNA에 대한 자기보호 메커니즘으로 분비하는 효소에 의한 것으로 추측되었고, 이후 이는 제한효소(restriction enzyme)라는 이름으로 불리게 됐다. 제한효소는 유전자의 물리적 지도를 그리는 기초연구의 도구로도 활용됐지만, 1970년대 들어 유전자를 잘라 붙이는 데 쓰이는 일종의 '분자 가위'로서 역할을 하게 된다.[23]
이와 함께 1960년대를 거치며 분자생물학자들의 관심이 이전까지 주로 연구하던 바이러스나 대장균(E. coli) 같은 박테리아가 아니라 고등동물로 넘어가기 시작한 것도 중요했다. 그들은 박테리아의 원핵세포에서 발견한 사실들이 고등동물을 이루는 진핵세포에서도 그대로 성

---

23 위의 책, p. 30.

립하는지에 관심을 가지고 있었고, 이 문제를 풀기 위한 다양한 연구 도구들을 발전시켰다. 나중에 DNA 재조합으로 알려지게 된 기법은 이러한 맥락 속에서 등장했다.[24]

DNA 재조합 기법의 출발점은 1972년에 스탠퍼드대학의 폴 버그 연구팀이 제공했다. 버그는 박테리아의 유전자가 동물의 세포 속에서 어떻게 발현되는지에 관심이 있었고, 이 과정에서 바이러스와 박테리아의 DNA를 잘라 붙인 새로운 DNA 조각을 만드는 데 성공했다. 그는 사람에게 암을 일으키는 원숭이 바이러스 SV40의 원형 염색체를 제한효소로 자르고, 박테리아 내부에 존재하는 작은 DNA 고리인 플라스미드도 같은 제한효소로 자른 후, 다른 효소를 이용해 양쪽 DNA 끝에 '끈적이는 끝(sticky tail)'을 붙여서 이 둘을 이어붙인 새로운 DNA 고리를 만드는 데 성공을 거뒀다. 이는 동물의 세포를 감염시킬 수 있는 생물학적 작인이 되었고, 실험실에서 살아 있는 종들 사이에 유전자 조각을 잘라서 옮길 수 있음을 의미했다. 이어 1973~1974년에는 캘리포니아대학 샌프란시스코 캠퍼스의 분자유전학자 허버트 보이어와 스탠퍼드대학의 미생물학자 스탠리 코헨이 버그와 동일한 제한효소를 써서 두꺼비의 유전자를 박테리아의 플라스미드에 집어넣은 후 이를 받아들인 박테리아가 두꺼비 유전자를 읽어낼 수 있음을 보여주었다. 즉, 고등동물의 단백질을 박테리아를 써서 합성해낼 수 있는 가능성이 열린 것이었다. 게다가 보이어와 코헨은 버그처럼 '끈적이는

24 위의 책, pp. 28-29.

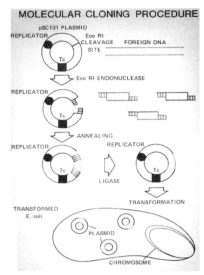

MOLECULAR CLONING PROCEDURE

pSC101 PLASMID
REPLICATOR   Eco RI
                  CLEAVAGE   FOREIGN DNA
                  SITE

         Tc
              Eco RI ENDONUCLEASE

REPLICATOR

         Tc
              ANNEALING

REPLICATOR   REPLICATOR

         Tc   Tc

              LIGASE

                  TRANSFORMATION

TRANSFORMED
E. coli

         PLASMID

              CHROMOSOME

〈그림 VI-9〉 코헨이 1975년《사이언티픽 아메리칸》에 기고한 글에서 DNA 재조합 기법을 설명하는 그림.

끝'을 덧붙이는 대신 자연적으로 생긴 '끈적이는 끝'을 사용했다는 점에서 버그의 방법에 비해 절차적으로 훨씬 간소했다.[25]

보이어와 코헨의 새로운 기법은 스탠퍼드대학의 특허사무 책임자 닐스 라이머스가 이 연구의 상업적 잠재력을 간파하고 DNA 재조합 기법에 대한 특허출원을 제안하면서 본격적인 상업화의 길로 접어들게 되었다. 오늘날에는 이것이 별반 새로워 보이지 않지만, 당시의 대학 생물학의 맥락에서 이는 무척이나 파격적인 움직임이었다. 앞서 보았던 것처럼 당시까지도 생물학은 물리학이나 화학과 달리 대체로 '순수'연구를 추구하는 것으로 여겨졌기 때문이다. 라이머스는 1974년에 코헨과 보이어의 동의를 얻어 캘리포니아대학과 공동으로 특허출원 절차에 돌입했다. 뒤이어 1975년에는 벤처자본가 로버트 스완슨이 보이어에게 DNA 재조합 기법에 기반을 둔 회사를 설립하자고 제안했고, 보이어가 이에 동의하면서 1976년 4월 최초의 생명공학 벤처기업이라고 할 수 있는 제넌테크(Genentech)가 설립되었다. 이러한 일련의 움직임들에서 보이

---

25 위의 책, pp. 36-37.

<그림 VI-10> 소마토스타틴 생산을 위해 박테리아를 배양하는 제넨테크의 배양 탱크들. 가운데 사람이 제넨테크의 공동 창립자인 로버트 스완슨이다.

어와 코헨은 DNA 재조합 기법의 '발명가'로 여겨졌고, 이 기법은 새로운 돈벌이의 수단이 되었다. 그러나 이는 동료 생물학자 사이에서 오히려 신망을 잃게 되는 결과를 초래했다. 그 때문에 1980년에 이와 관련된 연구에 노벨상이 주어질 때도 폴 버그는 상을 받은 반면, 좀 더 쉬우면서도 혁신적인 기법을 개발해낸 보이어와 코헨에게는 상이 주어지지 않았다.[26]

제넨테크는 1977년 11월에 DNA 재조합 기법을 써서 인간 단백질

26 Sally Smith Hughes, "Making Dollars Out of DNA: The First Major Patent in Biotechnology and the Commercialization of Molecular Biology, 1974-1980," *Isis* 92:3 (2001): 541-575.

<그림 VI-11> 제넨테크의 증시 상장 직후인 1981년 3월《타임》표지에 등장한 허버트 보이어.

소마토스타틴 생산에 성공했다고 발표했고, 이듬해 9월에는 대학에 속한 다른 과학자들—특히 하버드대학의 월터 길버트—과의 치열한 경쟁을 뚫고 인간 인슐린 유전자를 '조립'해낸 후 이를 박테리아에 집어넣어 인슐린 단백질을 생산하는 데 성공을 거두었다.[27] 제넨테크 이후 이를 모델로 한 수많은 생명공학 기업들이 우후죽순처럼 생겨났다.

1980년은 유전공학과 상업화의 진전에서 결정적 계기가 된 여러 사건들이 일어난 해였다. 이 해 6월에 미 대법원은 다이아몬드 대 차크라바티 판결을 통해 제너럴 일렉트릭 소속의 과학자 아난다 차크라바티에게 일명 '기름 먹는 박테리아'에 대한 특허권을 허용했다. 이는 살아 있는 생명체에 주어진 최초의 생명 특허였고, 이후 식물, 동물, 인간 유전자까지 확장된 생명 특허 열풍의 서막을 이루었다. 뒤이어 12월에는 보이어와 코헨의 DNA 재조합 특허가 출원 후 6년 만에 뒤늦게 허용되었다. 특허 보유권자인 두 대학은 1997년 특허권 시한 만료시까지 이 특허 하나만으로 2억 5천

---

27 Sally Smith Hughes, *Genentech: The Beginnings of Biotech* (Chicago: University of Chicago Press, 2011).

만 달러의 수입을 올렸다. 같은 달에 미 의회는 연방정부의 지원을 받은 대학 연구의 상업화를 쉽게 만든 바이-돌 법(Bayh-Dole Act)을 통과시켰다.[28] 그리고 이보다 약간 앞선 그 해 10월에 제넨테크가 미국 증시에 상장되었다. 제넨테크의 주가는 개장 후 불과 몇 분 만에 35달러에서 89달러로 폭등했고, 연구 성공 발표 외에는 아직 시장에 내놓은 상품도 없는 상황에서 몇 시간 만에 3850만 달러의 자본을 조달하는 데 성공을 거뒀다. 창업주인 보이어와 스완슨은 각각 500달러씩

〈그림 VI-12〉《케미컬 앤드 엔지니어링 뉴스》 1981년 10월 12일자 표지. 벤처자본가(왼쪽)와 대학의 동료 과학자(오른쪽) 사이에서 DNA 이중나선에 휘감긴 생명공학자의 모습을 그려냄으로써 그들이 처한 이해충돌의 양상을 암시했다.

내놓은 초기 투자금에 대해 6천만 달러의 수익을 기록했다. 이는 1980년대 이후의 열광적 유전공학 열풍의 시발점이 되었지만, 전통적인 과학의 가치와 새로운 상업화의 가치 사이의 긴장과 갈등도 아울러 제시했다. 일각에서는 돈벌이라는 목표가 학문 연구의 가치와 목표를 침식하는 데 대한 우려를 표명하기도 했다.[29]

28 데이비드 마우어리 외, 『산학협력의 좌표를 찾아서』(소명출판, 2011).
29 Hughes, "Making Dollars Out of DNA".

2 │ DNA 재조합 논쟁과 유토피아적 관점의 승리

앞서 살펴본 것처럼 1970년대 초 DNA 재조합 기법의 등장은 오늘날의 유전공학으로 가는 길을 열어주었다. 그러나 전례없이 새롭고 엄청난 잠재력을 가진 이 기법은 1970년대에 그것의 이득과 위험을 놓고 대규모의 사회적 논쟁을 야기했고, 그 속에서 이 기술의 미래를 전망하는 상반된 입장이 충돌했다. 이는 오늘날 생명공학을 둘러싼 모든 사회적 논쟁의 시발점이 된 사건이므로 좀 더 자세하게 들여다볼 필요가 있다.

DNA 재조합 기법을 개발한 버그나 보이어, 코헨의 연구는 1972년에서 1974년 사이에 일어났지만, 사실 이에 대한 본격적인 문제제기는 그보다 앞선 1969년에 시작되었다. 이 해에 하버드 의대의 분자유전학자 조너선 벡위드와 그 동료인 제임스 샤피로는 대장균에서 젖당 오페론(lac operon) 유전자를 처음으로 순수한 형태로 분리해내는 데 성공했고, 이러한 연구 결과를 《네이처》에 발표했다. 그러나 그들은 연구 결과를 발표하는 자리를 앞으로 인간 유전자를 조작하는 연구가 이뤄질 가능성을 경고하는 데 활용했고, 그들이 던진 메시지는 대중 언론에 널리 보도되었다. 벡위드와 샤피로의 행동은 당시 베트남전과 군사연구 반대운동 이후 과학자 공동체에 영향을 미치고 있던 '과학자의 사회적 책임'이라는 문제의식이 발현된 결과였다.[30]

이러한 문제의식은 DNA 재조합의 초기 연구에서도 나타났다. 1971년 폴 버그 밑에 있던 대학원생 재닛 머츠가 SV40 바이러스와

---

30 존 벡위드, 『과학과 사회운동 사이에서』(그린비, 2009).

박테리아를 이용한 연구 계획을 발표하자 콜드 스프링 하버 연구소에 있던 생물학자 로버트 폴락이 전화를 걸어 이에 대해 우려를 표명한 것이다. 버그는 처음에 이러한 우려를 근거없는 것으로 치부했지만, 결국에는 폴락의 경고를 받아들여 자신이 만들어낸 재조합 DNA를 살아 있는 세포에 감염시키는 실험을 진행하지 않았다. 이어 버그는 자신의 실험에 내재한 이득과 위험을 따져보는 작업에 착수했고, 학술회의를 통해 이 문제를 다른 과학자들과 논의해보고자 했다. 그러나 1973년 여름에 열린 고든 회의(Gordon Conference)에서 훨씬 더 간소화된 보이어와 코헨의 기법이 발표되자 버그를 비롯한 과학자들은 위기의식을 느꼈다. DNA 재조합 기법을 통해 전에 없던 새로운 병원체가 만들어져 환경이나 공중보건에 심대한 위협을 가할 수 있다는 우려가 현실로 다가왔기 때문이었다. 고든 회의 참석자들은 이러한 우려에 공감하고 미국과학원(National Academy of Sciences)과 의학원(Institute of Medicine)에 이를 경고하는 공개서한을 발송했다. 그에 대한 후속 조치로 이듬해 여름 미국과학원 산하에 버그가 의장을 맡은 재조합 DNA 위원회(일명 '버그 위원회')가 구성되었다. 버그는 이 해 6월에 《사이언스Science》와 《네이처》 등에 공개서한을 보내 특정한 DNA 재조합 실험을 과학자들이 자발적으로 일시중지(moratorium)해줄 것을 요청했다.[31] 이는 과학자들 스스로가 자신들의 연구에 내포된 위험

---

31 김동광, 「생명공학과 시민참여에 관한 연구―재조합 DNA 논쟁 사례를 중심으로」(고려대학교 박사학위논문, 2004).

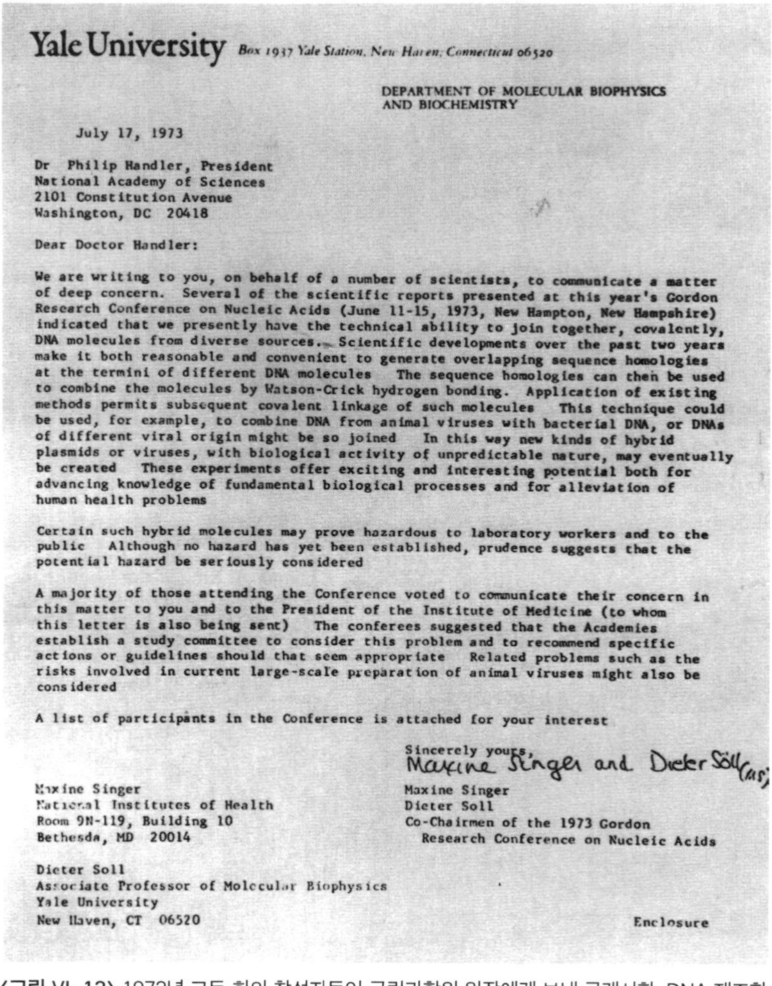

Yale University
Box 1937 Yale Station, New Haven, Connecticut 06520

DEPARTMENT OF MOLECULAR BIOPHYSICS
AND BIOCHEMISTRY

July 17, 1973

Dr Philip Handler, President
National Academy of Sciences
2101 Constitution Avenue
Washington, DC 20418

Dear Doctor Handler:

We are writing to you, on behalf of a number of scientists, to communicate a matter of deep concern. Several of the scientific reports presented at this year's Gordon Research Conference on Nucleic Acids (June 11-15, 1973, New Hampton, New Hampshire) indicated that we presently have the technical ability to join together, covalently, DNA molecules from diverse sources. Scientific developments over the past two years make it both reasonable and convenient to generate overlapping sequence homologies at the termini of different DNA molecules The sequence homologies can then be used to combine the molecules by Watson-Crick hydrogen bonding. Application of existing methods permits subsequent covalent linkage of such molecules This technique could be used, for example, to combine DNA from animal viruses with bacterial DNA, or DNAs of different viral origin might be so joined In this way new kinds of hybrid plasmids or viruses, with biological activity of unpredictable nature, may eventually be created These experiments offer exciting and interesting potential both for advancing knowledge of fundamental biological processes and for alleviation of human health problems

Certain such hybrid molecules may prove hazardous to laboratory workers and to the public Although no hazard has yet been established, prudence suggests that the potential hazard be seriously considered

A majority of those attending the Conference voted to communicate their concern in this matter to you and to the President of the Institute of Medicine (to whom this letter is also being sent) The conferees suggested that the Academies establish a study committee to consider this problem and to recommend specific actions or guidelines should that seem appropriate Related problems such as the risks involved in current large-scale preparation of animal viruses might also be considered

A list of participants in the Conference is attached for your interest

Sincerely yours,
Maxine Singer and Dieter Söll (us)

Maxine Singer
National Institutes of Health
Room 9N-119, Building 10
Bethesda, MD 20014

Dieter Soll
Associate Professor of Molecular Biophysics
Yale University
New Haven, CT 06520

Maxine Singer
Dieter Soll
Co-Chairmen of the 1973 Gordon
Research Conference on Nucleic Acids

Enclosure

〈그림 VI-13〉 1973년 고든 회의 참석자들이 국립과학원 원장에게 보낸 공개서한. DNA 재조합이 새로운 병원체를 만들어내 공중보건에 미칠 위험에 관해 경고했다.

성을 인지하고 연구의 중단을 선언한 초유의 사태였고, 앞서 벡위드와 샤피로의 사례에서 보듯 과학자들이 1960년대를 휩쓸었던 '과학자의 사회적 책임'이라는 문제의식의 자장권 내에 놓여 있음을 보여주었다.

이어 과학자들은 1975년 2월에 미국 캘리포니아 주 아실로마에서 연구 재개를 위해 DNA 재조합의 위험성을 최소화하는 구체적인 방안을 논의하는 학술회의를 개최했다. 모두 140명의 과학자들과 소수의 기자, 법률가들

〈그림 VI-14〉 아실로마 회의에 참석해 토론 중인 제임스 왓슨과 시드니 브레너(위), 그리고 지침 최종 권고안을 논의 중인 맥신 싱어, 노턴 진더, 시드니 브레너, 폴 버그(아래).

이 참석해 3박 4일간 진행된 이 회의에서는 DNA 재조합 연구 규제를 위한 지침을 마련하기 위한 논의가 진행되었다. 참석자들은 DNA 재조합 실험을 그에 수반되는 위험의 정도에 따라 여러 등급으로 나누었고, 이들 각각에 대해 위험을 경감할 수 있는 방안을 제시하고자 했다. 회의에서는 크게 두 가지 '봉쇄'의 방법이 제시되었는데, 물리적 봉쇄(physical containment)는 실험실과 그 바깥 공간 사이에 다양한 수준의 물리적 장벽을 두어 잠재적 병원체가 밖으로 나갈 수 없게 막는 것을 의미했고, 생물학적 봉쇄(biological containment)는 실험에 사용하는 박테리아의 생존 능력을 제한해 설사 그것이 실험실 밖으로 빠져나가더라도 문제를 일으킬 수 없게 하는 것을 의미했다.[32] 이러한 아실로

마 회의의 권고안은 NIH 산하에 만들어진 재조합 DNA 자문위원회 (RAC)를 거치며 구속력을 지닌 규제 지침으로 만들어졌다. 1976년 6월에 NIH는 DNA 재조합 실험들을 그 위험에 따라 분류하고 각각에 대한 봉쇄 수준을 정한 지침을 발표했고, 이로써 DNA 재조합 실험에 대한 과학자들의 자발적 연구중단은 막을 내렸다.[33]

그러나 아실로마 회의와 뒤이은 NIH 규제 지침의 제정은 DNA 재조합을 둘러싼 논쟁에 종지부를 찍지 못했고, 오히려 이를 더욱 활성화시키는 결과를 가져왔다. 아실로마 회의는 DNA 재조합 실험이 제기하는 문제를 이 기법으로 만들어질 수 있는 잠재적 병원체의 통제라는 기술적 문제로 한정하고, 더 큰 논란을 야기할 수 있는 DNA 재조합 실험의 윤리적 · 사회적 함의는 피하고자 했는데, 과학계 일각에서는 이러한 책략에 동의하지 않았다. 가령 노벨상 수상자인 컬럼비아대학의 생물학자 어윈 샤가프는 NIH가 제정한 규제 지침이 일종의 "연막"이자 "바보짓"이라고 비판하면서 동료 과학자들에게 연구의 윤리적 함의를 고려할 것을 촉구했고, 칼텍의 로버트 신사이머는 NIH 지침이 건강상의 위해에만 협소하게 초점을 맞춰 유전자 접합이 진화의 경로에 미칠 영향을 간과하고 있다고 비판했다.[34] 이처럼 저명한 과

---

32 물리적 봉쇄에는 P1에서 P4까지 네 가지 단계가 있어 뒤로 갈수록 봉쇄의 정도가 강해졌다. 이 중 P4의 경우에는 연구자가 호스로 산소를 공급받는 우주복 같은 옷을 입고 이중문을 거치며 에어 샤워를 한 후 출입해야 하는 기밀실에서 실험을 해야 했다. 그리고 생물학적 봉쇄는 사용되는 박테리아를 약화시킨 정도에 따라 EK1에서 EK3까지 세 가지 단계가 있었다.

33 Nicholas Wade, *The Ultimate Experiment: Man-Made Evolution* (New York: Walker & Co., 1977), chaps. 5-7.

학자들이 보기에 NIH 지침은 DNA 재조합 실험에 내재한 불확실성 때문에 다분히 임의적인 성격을 갖고 있었을 뿐 아니라, 적어도 두 가지 중요한 사회적·윤리적 쟁점들을 다루지 않고 있었다. 먼저 아실로마 회의는 DNA 재조합 병원체가 우연히 생겨나 실험자의 부주의 혹은 사고로 인해 방출될 가능성만을 다루고 있었고, 가령 군대에 의해 의도적으로 만들어져 사용될 가능성(즉 생물학전에서의 활용)은 과학의 범위를 넘는 문제로 여겨 지나쳐버렸다. 또한 아실로마 회의는 이러한 기법이 장기적으로 인간 유전자를 조작하는 데 활용되어 나타날 수 있는 우생학적 가능성을 다루지 않았다. 보스턴에 위치한 민중을 위한 과학(Science for the People) 같은 급진과학운동 단체들은 바로 이런 점에 착안해 DNA 재조합 기법이 가져올 수 있는 좀 더 포괄적인 사회적·윤리적 함의를 지적하고 나섰다.[35]

이러한 과학계 내부의 의견대립은 NIH 지침 제정 이후 DNA 재조합 연구가 재개되면서 이것의 위험성과 함의를 둘러싼 대중 논쟁으로 확산되었다. 미국의 몇몇 도시들에서는 DNA 재조합 기법에 대한 반대가 위험성이 높은 실험을 수행하는 유전공학 실험실의 신규 건설을 저지하는 운동으로 발전했다. 일례로 하버드대학과 MIT 인근에 위치한 케임브리지 시에서는 1976년 여름 하버드대학이 P3 실험시설의

---

34 위의 책, p. 56.
35 Everett Mendelsohn, ""Frankenstein at Harvard": The Public Politics of Recombinent DNA Research," Everett Mendelsohn (ed.), *Transformation and Tradition in the Sciences: Essays in Honour of I. Bernard Cohen* (Cambridge: Cambridge University Press, 1984), pp. 320–321.

〈그림 VI-15〉 1977년 3월 미국과학원에서 열린 재조합 DNA 포럼에서 DNA 연구의 우생학적 함의에 대해 항의하는 민중을 위한 과학 회원들.

신축 허가를 요청하자 시장 앨프리드 벨루치의 요청에 따라 시 의회가 청문회를 거쳐 높은 위험을 수반하는 유전공학 실험을 한시적으로 금지하는 조치를 취했다. 이어 시 의회는 일반 시민들로 구성된 케임브리지실험심사위원회(Cambridge Experimental Review Board, CERB)를 구성해 시 의회에 대한 자문 역할을 하도록 했고, CERB는 5개월간에 걸쳐 전문가들의 증언을 청취하고 자체적인 숙의 과정을 거친 후 NIH 지침에 더해 추가적인 안전조치를 취하면 해당 실험을 허용해도 좋다는 권고안을 내놓았다.[36] 비슷한 시기 미국 내에서는 케임브리지 시를 전례로 삼아 수십 개에 달하는 다른 지자체들이 DNA 재조합 실험 규제를 위한 자체 법령 마련에 나섰고, 뒤이어 1977년부터는 의회가 연방 차원에서의 규제 법률을 제정하는 작업을 시작했다. 이와 같은 일

---

36 위의 글, pp. 322-326.

〈그림 VI-16〉 1977년 《보스턴 글로브》(왼쪽)와 《로스앤젤레스 타임스》에 실린 DNA 연구 관련 만평. DNA 연구는 자연의 섭리를 거스르는 것이며, 이에 대해 과학자의 책임이 요구된다는 의미를 전달하고 있다.

반 시민들의 정책 영역 진출은 과학자들이 서로 다른 종들 간에 유전자를 뒤섞어 '새로운 생명 형태'를 만들어내는 것—다시 말해 과학자들이 '신 노릇(playing God)'을 하는 것—에 대한 대중의 증폭된 불안감을 그 배경으로 하고 있었다.[37] DNA 재조합 논쟁을 다룬 수많은 기사와 만평에서 과학자들의 오만함과 그것이 빚어낸 비극의 상징과도 같은 프랑켄슈타인의 이미지를 흔히 찾아볼 수 있었다는 사실은 이를 잘 보여준다.[38] 이처럼 1970년대 중반까지는 DNA 재조합의 군사적·우생학적 오용과 그것이 빚어낼 수 있는 환경 재난의 가능성을 지적

---

37 Jon Turney, *Frankenstein's Footsteps: Science, Genetics and Popular Culture* (New Haven: Yale University Press, 1998), chap. 9.
38 가령 케임브리지 시에서의 논쟁을 다룬 《워싱턴 스타*The Washington Star*》의 기사 제목은 "하버드는 프랑켄슈타인식의 생명조작을 하기에 적합한 장소인가?(Is Harvard the Proper Place for Frankenstein Tinkering?)"였다. Mendelsohn, "Frankenstein at Harvard", p. 317.

하는 디스토피아적 전망이 힘을 발휘했던 시기였다.

그러나 1970년대 후반부터는 이러한 대중적 흐름에서 위기의식을 느낀 과학자들의 전략이 대체로 성공을 거두었다. 과학자들은 일반 대중의 정책 진출이라는 새로운 상황에 직면해 내부적인 의견대립을 중단하고 단일한 목소리를 내기 시작했다. 그들은 DNA 재조합의 위험을 과학자들이 잘 관리해 나갈 수 있음을 보여줌과 동시에, 유전공학이 가져올 수 있는 장밋빛 미래를 그려내 대중과 의회 의원들을 설득하는 전략을 취했다. 그들은 DNA 재조합의 위험이 기존에 생각했던 것보다 크지 않음을 보여주는 최신 연구들을 소개하는 한편으로, DNA 재조합으로 만들어진 박테리아를 써서 인간에게 유용한 단백질 치료제를 생산하는 이른바 '박테리아 공장'의 전망이 실현가능함을 제넨테크의 사례를 통해 보여주고자 했다. 여기서 그들이 주로 사용했던 전략은 DNA 재조합의 "잠재적" 위험과 "현실적" 이득을 대비시키는 것이었다. 다시 말해 생물학 무기의 생산이나 인간을 유전적으로 개량하는 우생학의 악몽 등은 그 실현가능성이 희박한 먼 미래의 일로 간주하는 반면, DNA 의약품으로 쓰일 수 있는 단백질의 대량생산, 콩과 식물의 뿌리혹박테리아를 이식해 스스로 질소고정을 하는 작물, 인간의 유전병 치료 등은 당장이라도 눈앞에 닥칠 수 있는 현실적 희망으로 제시하는 식이었다. 이러한 유토피아적 전망 제시를 통해 지역이나 주 정부, 연방 의회의 규제를 피하고 과학자들의 자율규제(self-regulation)를 이루려는 노력은 결국 성공을 거두었다.[39] 이에 따라 1978년 7월에는 NIH의 DNA 재조합 실험 규제가 크게 완화되었고, 1981년경부터는 사실상 사문화되었다. 1980년대 들어 DNA 재조합에 대한 규제가 약화되고 이에 대한 투자가 폭증하면서 세계는 본격적으로 유전공학의 시대로 진입했다.

3 | 유전공학의 응용과 대중문화의 반향

제넨테크의 증시 상장과 함께 시작된 1980년대는 유전공학의 시대가 될 것으로 여겨졌다. 초기에 DNA 재조합 기법의 잠재력에 대해 미온적이던 거대 제약회사가 생명공학 벤처기업들의 뒤를 따라 움직이기 시작했다. 제약회사 일라이 릴리(Eli Lilly)는 제넨테크가 재조합 박테리아를 이용해 생산해낸 인슐린 단백질에 대한 동물실험을 1979년에 시작했고, 식품의약품국(FDA)의 시판 허가를 받은 후인 1982년 10월부터는 상업적 생산에 나섰다. 월가의 투자가들도 유전공학 붐에 동참했고, 1984년까지 생명공학 분야에 도합 30억 달러의 막대한 금액을 투자했다.[40]

1970년대 말 DNA 재조합의 규제를 둘러싼 논쟁 과정에서 과학자들은 이 기법을 이용해 미래에 가능해질 다양한 성과들을 제시했다. 이는 샤가프나 신사이머 같은 과학계 내부의 비판자들에 대응하고 대중을 자기편으로 끌어들이기 위한 전략이었다. 그들은 박테리아를 이용한 인간의 단백질 생산처럼 비교적 검증된 응용 방향도 내놓았

---

39 Susan Wright, "Legitimating Genetic Engineering," *Perspectives in Biology and Medicine* 44:2 (2001): 235-247.
40 Hughes, "Making Dollars Out of DNA".

지만, 아울러 당시로서는 다분히 먼 가능성으로 보였던 동물과 식물에 대한 DNA 재조합의 응용도 제시했다.[41] 1980년대 이후 유전공학에 막대한 자금이 투자되면서 이러한 다양한 응용 방향들은 농업과 의료 산업을 근본적으로 뒤바꿀 혁명적 기술로 떠받들어지며 경쟁적으로 연구되었다. 그러나 시간이 흐르면서 이러한 기술들은 시장에서 소비자들에 의해 거부되거나 애초 약속했던 것에 필적할 만한 성과를 거두지 못했다. 여기서는 유전공학의 수많은 응용들 중에서 유전자변형작물, 유전자치료, 이종장기이식 등 세 가지 영역을 집중적으로 살펴보도록 하자.

먼저 농업에 대한 응용에서는 유전자변형(genetically modified, GM)작물과 여기서 유래한 유전자변형식품이 1980년대부터 상업화의 길을 걷기 시작했다. 초기의 기대는 대단히 거창했다. 과학자들은 뿌리혹박테리아와 콩과 식물의 질소고정 유전자를 벼나 밀 같은 작물에 옮겨 넣어 질소 비료를 주지 않아도 되게 함으로써 산업화된 농업에서 흔히 나타나는 강과 바다의 부영양화와 적조 현상을 줄일 수 있게 될 거라고 내다보았다. 또한 물의 어는점보다 낮은 북극해를 헤엄치는 넙치의 부동(不凍) 유전자를 주요 작물에 이식해 작물이 냉해를 입지 않도록 막을 수 있을 것으로 예측하기도 했다. 그러나 이러한 기대들은 좀처럼 충족되지 못했다. 콩과 식물의 질소고정 능력을 다른 작물로 이식하는 것은 생각보다 훨씬 힘든 일로 판명되었다. 관련된 유전

---

41 Wade, *The Ultimate Experiment*, chap. 10.

자의 수가 너무 많아 동시에 옮겨 넣기가 쉽지 않았기 때문이다.[42] 또 부동 유전자를 이식한 일명 '아이스 마이너스(ice minus)' 작물은 해당 유전자가 퍼져나갈 경우 생태계뿐 아니라 해당 지역의 기후 패턴까지 바꿔놓을 수 있다는 환경적 우려가 커지면서 실현되지 못했다.[43]

이에 따라 1980년대 중반 이후 거대 화학회사 몬산토(Monsanto)가 개발, 시험재배, 상업화 과정을 주도한 유전자변형작물은 앞서와 같이 거창한 목표가 아니라 훨씬 더 소박한 목표를 내걸었다. FDA의 승인을 얻어 1994년 역사상 최초의 유전자변형식품으로 기록된 플레이브 세이브(Flavr Savr) 토마토는 과실의 숙성과 관련된 유전자를 저해해서 토마토의 보관 및 유통 기간을 늘린 상품이었는데, 시장에서 별다른 반응을 얻지 못하면서 이내 퇴출되고 말았다.[44] 이어 1996년부터 상업적 재배가 시작된 제초제저항성 작물과 해충저항성 작물은 각각 몬산토의 제초제인 라운드업(Roundup)에 내성을 갖도록 변형된 작물과 토양 박테리아인 바실러스 투린지엔시스(Bt)의 독소 유전자를 도입한 작물로서, 농부들이 제초제와 농약을 덜 자주 뿌리고 경작을 할 수 있게 해주었다. 라운드업 내성 작물과 Bt-작물은 재배의 편의성에 힘입어 대두, 옥수수, 면화, 유채 등 주요 작물에 도입되어 2000년대 접어들면서 널리 경작되는 인기 있는 작물이 되었다. 그러나 이 역시 1980

---

42 매완 호, 『나쁜 과학』(당대, 2005).

43 제러미 리프킨, 『바이오테크 시대』(민음사, 1999), 3장.

44 Belinda Martineau, *First Fruit: The Creation of the Flavr Savr Tomato and the Birth of Biotech Foods* (New York: McGraw-Hill, 2001).

〈그림 VI-17〉 유전자변형작물과 식품에 대한 반대운동에 나선 활동가들의 시위 장면. '유전자 오염'을 우려해 유전자변형작물의 시험 재배지를 파괴하거나(위) 유전자변형식품 유통에 반대하는(아래) 의미를 전달하고 있다.

년대에 기대했던 것과 같은 엄청난 성공을 거두지는 못했다. 1990년대 후반부터 유전자변형식품은 그것을 섭취하는 사람의 건강에 대한 위해가능성과 이를 대규모로 재배했을 때 나타날 수 있는 환경 파괴의 가능성 때문에 계속해서 논란을 빚어왔고, 특히 서유럽 지역에서는 유전자변형식품과 작물에 대한 거부감이 지금까지도 강하게 남아 있다.

홍미로운 것은 유전자변형작물의 상업적 재배가 시작되고 변형 유전자의 환경적 확산에 대한 대중적 우려가 커진 1990년대 중반 이후 SF영화들에서 이를 반향하는 작품들이 등장하기 시작했다는 점이다. H. G. 웰스의 고전 SF소설을 세 번째로 영화화한 1996년작 〈모로 박사의 섬The Island of Dr. Moreau〉은 천재적인 미친 과학자가 외딴섬에 위치한 실험실에서 원숭이의 유전자를 변형해―원작에서는 원숭이에 대한 외과적 수술을 통해―이를 인간에 가까운 존재로 바꾸려 시도하다가 파멸하는 모습을 그렸다. 이듬해 개봉한 〈미믹Mimic〉은 뉴욕에서 신종 아동 전염병을 근절하기 위해 그 매개체인 바퀴벌레에 대한 천적 곤충을 유전자 변형을 통해 만들어내 방출했다가 생기는 환경 재난을 다루었고, 1999년에 공개된 〈딥 블루 씨Deep Blue Sea〉는 알츠하이머병 치료법을 알아내기 위해 인간 유전자를 주입한 상어가 지능이 높아지면서 우리를 탈출해 벌이는 살육극을 그려냈다. 이러한 작품들은 공통적으로 유전자 변형된 생명체가 환경 속으로 방출되어 인간의 통제를 벗어날 때 나타날 수 있는 재난을 그려냈다는 점에서 이 문제에 관한 대중의 우려를 반향한 측면이 크다.[45]

1980년대 이후 각광받은 유전공학의 또 다른 응용 분야는 의학적 치료 영역이다. 먼저 대표적인 것으로 1970년대에 이미 이름을 갖게 된 유전자치료(gene therapy) 분야가 있다. 이는 유전병에 걸린 사람 개개인 혹은 앞으로 유전병을 발현할 가능성이 있는 생식세포(정자, 난자, 수정란, 배아 등)의 DNA를 변형해 유전병을 근본적으로 치료하는 것을 가리킨다. 이 중 전자를 체세포 유전자치료, 후자를 생식세포 유전자치료라고 부른다.[46] 이 중 후자의 경우에는 해당 치료를 받은 수정란이나 배아가 나중에 성인이 되었을 때 그 이후의 모든 자손들에게서도 그 질병이 완전히 제거된다는 점에서 우생학을 둘러싼 윤리적 논란이 훨씬 더 컸고, 이 때문에 현재까지 한 번도 시도되지 못했다. 반면 전자의 경우에는 윤리적 논란은 덜한 반면, 사람들의 몸속에 있는 문제의 세포 내지 장기까지 교정 유전자를 전달하는 것이 가장 풀기 힘든 과제였다. 일반적으로는 흔히 '벡터'라고 불리는 바이러스에 전달할 DNA를 재조합해 몸속에 주입하는 방법을 많이 썼지만, 이는 정확도와 성공률이 떨어질 뿐 아니라 예기치 못한 치명적 부작용을 일으킬 가능성이 있었기 때문이다. 일례로 1999년에는 미국에서 오르니틴트랜스카복실화효소결핍증(OTCD, 유전자 결함으로 암모니아를 제대로 대사하지 못하는 병)에 걸린 18세 청년이 교정 유전자를 담은 아데노바이러스 벡터를 주사받은 후 3일 만에 사망하는 사건이 있었고, 2002년 프랑스에서는 유전자치료를 받던 여러 명의 환자들에게 백혈병이 발병하는 사

45 김명진, 『할리우드 사이언스』, pp. 209-215.
46 LeRoy Walters and Julie Gage Palmer, *The Ethics of Human Gene Therapy* (New York: Oxford University Press, 1997).

건이 있었다. 이러한 사건들은 유전자
치료에 대한 대중적 기대를 끌어내렸
음은 물론이고, 치료에 대한 두려움을
크게 키워 이 분야를 크게 후퇴시킨
것으로 흔히 평가받고 있다.

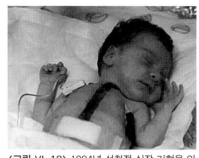

<그림 VI-18> 1984년 선천적 심장 기형을 안
고 태어나 사상 최초로 비비의 심장을 이식받은
후 3주 만에 사망한 "베이비 패(Baby Fae)".

　　유전자치료와 함께 각광받았던 또
하나의 의료적 응용은 이종장기이식
(xenotransplantation)이다. 20세기 들어
외과적 수술법과 이식수술 기법의 발전으로 오늘날에는 몸 안의 장기
가 망가져도 적절한 대체 장기를 찾기만 하면 이를 이식해 생명을 연
장하는 것이 가능해졌다. 그러나 문제는 장기의 수요가 공급을 훨씬
상회하며, 사람들의 수명이 길어지고 인구가 노령화되면서 그러한 불
균형이 점점 더 커지고 있다는 점이다. 이에 대해 1980년대부터 인간
이 아닌 다른 동물의 장기를 임시 혹은 영구적으로 인간에게 이식하
는 이종장기이식 방법이 시도되어 왔다. 이때 문제는 다른 동물의 장
기를 몸 안에 이식하면 이에 대해 격렬한 면역 거부반응이 일어나 장
기가 미처 제 기능을 하기도 전에 면역계의 맹렬한 공격을 받아 망가
져버리며, 설사 발달된 면역억제제를 투여하는 경우에도 결과가 달라
지지 않는다는 사실이다. 이에 따라 유전공학자들과 의사들은 인간이
아닌 동물(처음에는 원숭이, 나중에는 돼지)에 인간의 유전자를 주입해
동물 장기를 인간 단백질로 둘러쌈으로써 면역 거부반응을 우회하려
시도했다. 그러나 이러한 시도 역시 인간 면역계에 대한 불완전한 지

식 탓에 완전히 성공을 거두지 못했으며, 더 나아가 이런 이식을 통해 동물에서 인간으로 새로운 병원체가 넘어올 가능성을 완전히 배제하지 못함으로써 역시 숱한 기술적 · 윤리적 논란에 휩싸여 있다.[47]

이상에서 본 것처럼 유전공학의 초창기였던 1970년대 후반과 1980년대 초반에 크게 선전되었던 유전공학의 가능한 응용 분야들은 상당부분 실패를 맛보거나 적어도 애초 기대되었던 만큼의 성과를 거두지 못했다. 이에 따라 이미 1980년대 중 · 후반이 되면 월가의 투자가 줄어들고 실망과 환멸의 목소리들이 나오기 시작했다.[48] 이는 유토피아를 가져올 수 있을 것으로 크게 떠받들어졌던 새로운 기술 분야가 또 하나의 '정상 기술'로 탈바꿈하는 과정을 다시 한 번 잘 보여준다.

3. 새로운 재생산기술과 인간복제: 인공생명의 꿈과 악몽

1 | 시험관아기를 둘러싼 대중 논쟁

인공생명, 즉 실험실에서 새로운 생명(특히 인간과 같은 고등생명)을 창조해낸다는 생각은 오래전부터 사람들을 사로잡아온 주제였다. 이는 앞서 다뤘던 다른 주제들과 마찬가지로 픽션으로부터 크게 영향을 받

---

47 필립 레일리, 『천재의 유전자, 광인의 유전자』(시공사, 2002), 16장.
48 Robert Teitelman, *Gene Dreams: Wall Street, Academia, and the Rise of Biotechnology* (New York: Basic Books, 1989).

았다. 1818년 영국의 작가 메리 셸리가 쓴 소설 『프랑켄슈타인』은 이러한 흐름에서 선구적인 역할을 했고, 이후 H. G. 웰스의 『모로 박사의 섬』(1896), 카렐 차페크의 『R.U.R.』(1921) 등의 고전들이 그 뒤를 이었으며, 1931년 발표된 올더스 헉슬리의 『멋진 신세계』는 20세기의 소비주의적 경향과 생명조작이라는 주제를 결합시켜 이후 두고두고 대중문화에서 인용되는 단골 텍스트가 되었다. 이러한 픽션들에는 당대 과학계의 성과도 영향을 미쳤다. 19세기 실험생물학의 발전은 이 모든 흐름에서 근간을 이뤘고, 『멋진 신세계』 같은 작품은 20세기 초 생물학자 자크 러브의 화학적 단성생식 유도 실험(수정되지 않은 난자에 화학적 처리를 해서 발생 과정을 유도하는 것)으로부터 영감을 얻었다. 러브의 시도는 "실험실에서의 생명 창조(creating life in the laboratory)" 시도로 널리 언론에 보도되기도 했다.[49]

1970년대에 실현된 인간 재생산의 의료화—흔히 '시험관아기(test-tube baby)'의 탄생으로 더 잘 알려진—는 이러한 픽션에서의 전망을 현실로 바꿔놓은 사건이었고, 그런 점에서 많은 사람들에게 크게 충격을 주었다. 인간 재생산의 의료화는 1960년대 말에서 1970년대 말 사이에 걸쳐 영국에서 점진적으로 성취되었는데, 이는 경구용 피임약의 개발을 통해 인간의 생식세포 발달에 대한 연구가 진전되고 인공수정, 정자 냉동, 배아 이식 등 가축 번식 기술이 발전한 성과를 그 배경으로 깔고 있었다. 그러나 앞서 살펴본 동시대의 DNA 재조합 기법과 마찬

---

49 Turney, *Frankenstein's Footsteps*, pp. 68-69.

가지로, 이 역시 과학 내적인 요인 못지않게 당대 영국 사회의 복잡한 과학적·제도적 맥락에 힘입은 바가 컸다. 영국에서는 노동당 정부가 집권한 1960년대 중후반에 일련의 제도적·법률적 개혁이 단행되었는데, 그것의 일환으로 1967년에 낙태법(Abortion Act)이 통과되었다. 이 법은 이전까지 불법으로 간주되었던 낙태를 임산부의 신체적·정신적 건강 보전을 위해 필요할 때나 심각한 장애가 있는 아이를 낳을 우려가 있을 때에 한해 허용했고, 이 과정에서 임산부의 사회적 환경을 고려에 넣도록 했다. 여성의 권리 신장을 위해 옹호되었던 이 법은, 그러나 영국 사회에 의도치 않은 영향을 미쳤다. 1960년대 이후 점점 더 많은 아기들(특히 미혼모의 아기)이 낙태되면서, 불임 부부들이 입양할 수 있는 아기들의 수가 급격하게 줄어든 것이었다. 영국에서는 낙태법 통과 후 불과 2년 만에 자발적 입양을 주선하던 기관의 3분의 1이 문을 닫았을 정도였다. 이는 원치 않는 아이를 낳지 않을 권리만큼이나 원하는 아이를 가질 수 있는 권리를 누려야 한다는 목소리에 힘을 실어주었다.[50]

케임브리지대학의 발생학자 로버트 에드워즈와 올햄 종합병원의 산부인과 의사 패트릭 스텝토가 인간 시험관수정(in vitro fertilization)의 연구와 임상 적용에 나선 것이 바로 이 즈음이었다. 사실 시험관수정 기법을 인간에 적용할 수 있다는 '진지한' 논의가 시작된 것은 1944

---

[50] Michael Mulkay, *The Embryo Research Debate: Science and the Politics of Reproduction* (Cambridge: Cambridge University Press, 1997), pp. 6–11.

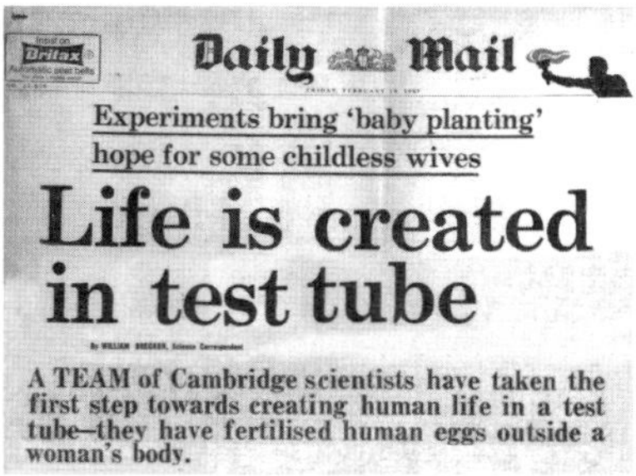
Daily Mail

Experiments bring 'baby planting' hope for some childless wives

Life is created in test tube

A TEAM of Cambridge scientists have taken the first step towards creating human life in a test tube—they have fertilised human eggs outside a woman's body.

〈그림 VI-19〉 1969년 스텝토와 에드워즈가 최초의 인간 시험관수정을 공표하자 이를 '시험관에서의 생명 창조'로 크게 보도한 영국 일간지《데일리 메일》1면.

년의 일이었지만, 1960년대 이전에는 과학적 · 기술적 방법의 미숙함과 사회적 거부감으로 인해 이를 감히 시도하려 한 과학자와 의사들이 거의 없었다. 그러나 앞서 서술한 제도적 변화와 그 여파는 과학자들이 그간 터부시하던 이 문제에 뛰어들 수 있게 길을 열어주었다. 에드워즈와 스텝토는 1960년대에 복강경을 써서 여성의 난자를 추출하는 기법을 개척했고, 1969년에는 시험접시에서 정자와 난자의 수정이 가능하다는 사실을 처음으로 확인하고 이를 학계에 공식 보고했다.[51] 이어 스텝토는 1970년 초에 BBC의 과학 다큐멘터리 시리즈인 '호라이즌(Horizon)' 프로그램에 출연해 거기서 만난 불임여성을 시험관수정으로 돕겠다고 약속했다. 이러한 사건들을 계기로 시험관아기 기술에 대한 찬반 여부를 놓고 격렬한 대중 논쟁이 불붙었다.

흥미로운 점은 이 논쟁이 현존하는 기술이 아니라『멋진 신세계』같은 대중문화 텍스트의 연장선상에서 이뤄졌다는 사실이다. 언론에서는 수정란이나 배아가 아닌 "아기"를 시험관에서 대량생산하는 미래를 그려냈고, 생물공학을 통해 국가 간에 서로 우수한 아기를 생산

51 José Van Dyck, *Manufacturing Babies and Public Consent: Debating the New Reproductive Technologies* (London: Macmillan, 1995), p. 61.

<〈그림 VI-20〉 루이스 브라운의 탄생을 독점 보도한《데일리 메일》의 호외.

해내기 위해 경쟁하는 우생학적 군비 경쟁을 떠올렸으며, 이를 최초의 핵 폭발에 견주면서 생물학의 미래에 대해 불안감을 표시했다. 이에 대해 과학자들은 이 기술이 불임부부에 가져다줄 이득을 강조하면서 언론에서 제기된 우려들을 "시험관 환상(test-tube fantasy)"으로 일축했다. 반면 레온 카스, 마크 라페, 폴 램즈 등 몇몇 생명윤리학자들은 시험관아기의 탄생이 앞으로 우생학적 미래로 이어질 '미끄러운 경사길'이 될 수 있다는 논변을 펼치며 관련 연구의 중단을 촉구했고, 나중에 제임스 왓슨이나 막스 페루츠 같은 과학자들도 이러한 주장에 가세했다.[52] 논란은 1970년대 내내 이어졌고, 미국에서는 시험관에서 수정된 배아의 착상에 대해 사실상의 연구중단 조치가 발효되었다. 이는 영국 과학자들의 잠재적 경쟁자를 제거하는 결과로 이어졌다.

'세기의 아기(Baby of the Century)'로 일컬어진 최초의 시험관아기 루이스 브라운이 태어난 것은 1978년 7월 25일의 일이었다. 이에 앞서 에드워즈와 스텝토는 1977년 말에 불임부부에게서 얻은 정자와 난자를 수정해 얻은 배아를 여성의 몸속에 착상시켰고, 1978년 초에 임

---

52 Turney, *Frankenstein's Footsteps*, pp. 167-179

신 사실을 언론을 통해 공개했다. 뒤이어 언론의 비상한 관심이 이어졌고, 관련된 기사가 폭주했으며, 해당 부부에 대한 독점 인터뷰를 따내기 위한 치열한 물밑 경쟁이 전개됐다. 언론은 대체로 이러한 시도에 대해 찬사를 보내며 환영했지만, 그 와중에 『멋진 신세계』를 인용하며 미래에 대한 불안과 두려움을 표시한 기사들도 있었고, 당시 논란이 되고 있던 DNA 재조합과의 결합가능성에 대해 우려를 표시하기도 했다. 루이스 브라운의 탄생 이후에는 출산과정과 태어난 아기가 '정상'이었음을 강조한 기사들이 줄줄이 나왔는데, 이는 거꾸로 아기가 정상이 아닐 가능성에 대한 불안감이 잠재해 있었음을 보여준다.[53]

1980년대 들어 시험관아기는 실험적 기술의 영역에서 벗어나 점차 일상적으로 활용되는 기술의 영역으로 접

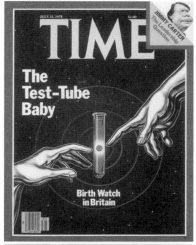

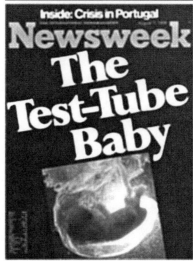

〈그림 VI-21〉 루이스 브라운의 탄생을 보도한 주간지 《타임》과 《뉴스위크》의 표지. 미켈란젤로의 〈천지창조〉를 원용한 그림이나 태아의 초음파사진 등이 시험관아기 기술의 SF적 이미지를 강조하고 있다.

53 위의 책, pp, 182-186.

어들었다. 새로운 기술적 혁신도 이어졌는데, 1980년대에는 냉동 정자, 1990년대 들어서는 냉동 난자 및 배아를 이용한 착상과 출산에 성공한 사례들이 나타났다. 이제 정자, 난자, 수정란, 배아 같은 생식세포는 애초에 그것을 공여한 사람들로부터 독립된 '자율성'을 획득하게 되었고, 이는 생명이 시작되는 지점에 대한 심오한 철학적·정책적 논의를 촉발시켰다. 또한 시험관아기 시술의 일상화는 이 시술을 거쳐 만들어졌으나 (잠재적) 부모가 더 이상 원치 않게 된 배아(일명 '잔여 배아')를 가지고 과학 연구를 할 수 있는 법률적 선례를 만들어냈다. 영국에서는 도덕철학자 메리 워녹이 위원장을 맡은 일명 '워녹 위원회'의 제안에 따라 1990년에 인간수정및발생학법(Human Fertilisation and Embryology Act)이 제정되어 수정 후 14일 이내의 배아에 대한 과학 연구를 허용했다. 이는 14일 이내의 배아—일명 '전배아(pre-embryo)'—는 나중에 척추가 되는 원시선(primitive streak)이 아직 나타나지 않았기 때문에 완전한 인간이 아니라는 판단에 입각한 것으로, 이후 주요 국가들에서 관련 정책을 수립할 때 중요한 선례를 제공했다.[54]

2 | 동물복제에서 인간복제로

1990년대 말에는 생명공학에서 중대한 과학적·상업적 함의를 갖는 또 하나의 진전이 있었다. 과학자들이 고등동물을 복제하는 데 성공을 거둔 것이다. 복제, 즉 클로닝(cloning)은 살아 있는 생명체와 유전

---

54 Mulkay, *The Embryo Research Debate*.

적으로 동일한 '복사본'을 만드는 것을 말한다. 식물의 경우 이는 줄기나 가지를 꺾어 접붙이기를 하면 쉽게 얻을 수 있다는 사실이 이미 고대부터 알려져 있었다. 그러나 유성생식을 하는 고등동물의 경우 이를 가능케 하기란 쉽지 않았다. 1920년대 후반에 독일의 발생학자 한스 슈페만은 핵을 제거한 도롱뇽의 난자에 도롱뇽 배아의 핵을 삽입해 일종의 동물 복제를 성공했다고 발표했다. 이후 이와 똑같은 과정을 다 자란 성체 동물에 대해서도 적용할 수 있을 거라는 희망 섞인 예측이 나오기도 했으나, 이러한 시도는 번번이 실패했다. 1951년 미국의 로버트 브리그스와 토머스 킹은 개구리의 배아 세포를 이용한 복제에 성공했으나, 좀 더 분화된 세포로부터 나온 핵을 이용했을 때는 실패했다. 이는 다른 연구팀에서 나온 비슷한 연구결과와 맞물려, 성체 동물의 복제는 불가능하다는 인식을 강화시켰다.[55]

이러한 인식을 뒤집어놓은 것이 1990년대 중반 스코틀랜드 로슬린 연구소의 이언 윌머트 연구팀이었다. 윌머트는 '적절한 조건'에서 핵을 채취하는 것이 성체 동물에 대한 복제의 성공을 좌우하는 관건이라고 믿었다. 이를 위해 같은 연구팀의 키스 캠벨은 세포를 저영양 상태에서 배양함으로써 휴지기인 G0 상태로 만드는 방법을 고안해냈다. 그들은 이 방법을 써서 6세 된 암양의 유선(乳腺) 세포의 핵을 빼낸 후 핵을 제거한 난자에 이식하였고, 277번의 실패 끝에 1996년 7월 '돌리'라고 이름 붙인 복제양을 출산시키는 데 성공했다.[56]

---

55 Heilbron (ed.), *The Oxford Companion to the History of Modern Science*, p. 161.

동물복제는 DNA 재조합과 같은 유전공학의 기법과 함께 적용했을 때 가장 유용성이 커진다. 윌머트 자신이 애초에 동물복제에 나서게 된 배경도 이른바 "분자 농장(molecular farming)", 즉 동물의 유전자를 조작해 혈액응고제처럼 인간이 필요로 하는 단백질을 생산하게 하는 과정의 효율을 증진시키기 위해서였다. 이와 같은 동물은 배아 단계에서 인간의 유전자를 삽입하는 방식으로 만들어지지만, 정작 태어난 유전자조작 동물 중에서 원하는 단백질을 발현시키는 것은 5퍼센트에 지나지 않았다. 그러나 일단 유전자조작에 성공한 동물을 복제할 수만 있다면, 이러한 전 과정의 효율이 비약적으로 향상될 거라는 것이 윌머트의 생각이었다. 생명공학 기업인 PPL 세러퓨틱스(PPL Therapeutics)가 윌머트의 연구를 후원했던 이유도 바로 여기에 있었다.[57]

1997년 2월 《네이처》에 발표된 돌리의 탄생은 곧바로 엄청난 반향을 불러왔다. 돌리와 이를 탄생시킨 이언 윌머트는 금세 유명인사가 되었고, 돌리는 대중의 폭발적인 관심 속에 언론보도의 집중적인 표적이 되었다. 이후 돌리가 정상적인 생식 과정을 거쳐 여러 마리의 새끼 양을 낳았을 때, 돌리가 보통의 양보다 짧은 텔로미어―염색체 끝부분에 있는 반복되는 DNA 서열을 가리키며, 세포가 노화되면 이것이 점점 짧아진다―를 가진 것으로 밝혀졌을 때, 또 6세 때 심한 폐기종과

56   지나 콜라타, 『복제양 돌리』(사이언스북스, 1998).
57   로저 하이필드 · 이언 윌머트, 『복제양 돌리 그 후』(사이언스북스, 2009).

〈그림 VI-22〉 복제양 돌리에 대한 언론의 취재 경쟁. 복제기술에 대한 열광적 관심을 잘 보여준다.

관절염으로 인해 안락사로 생을 마감했을 때도 언론과 대중의 큰 관심을 끌었다. 일각에서는 돌리가 정상적인 양의 수명을 누리지 못한 것을 복제기술의 불완전성과 문제점이 드러난 결과로 받아들이기도 했다.

돌리의 탄생이 크게 관심을 끈 것은 성체 포유동물의 복제가 곧 복제인간 탄생으로 이어질 수 있는 가능성을 제시해준 것으로 여겨졌기 때문이다. 물론 돌리의 탄생 이전에도 인간복제에 대한 과학적 상상은 널리 퍼져 있었다. 20세기 초부터 인간복제에 대한 기대와 우려가 이미 제기되기 시작했는데, 초기에는 유토피아적 낙관이 지배적이었지만, 1970년대 이후 시험관아기를 둘러싼 논란이 가열되면서 점차 디스토피아적 시각이 커졌다. 특히 과학저술가이자 기자인 데이비드 로

〈그림 VI-23〉 돌리와 돌리가 낳은 새끼양 보니(왼쪽), 그리고 죽은 후 박제로 만들어져 스코틀랜드국립박물관에 보존된 돌리와 이언 윌머트(오른쪽).

비크가 1978년에 펴낸 가짜 논픽션 『복제인간*In His Image*』은 이미 복제인간이 성공적으로 태어난 적이 있으며 저자 자신이 조수로서 그 일을 도왔다는 충격적인 주장을 담아 센세이션을 일으켰다.[58] 아울러 1970년대에는 복제인간을 다룬 고전 SF소설과 영화들이 다수 등장했다. 낸시 프리드먼의 정치 스릴러 소설 『그 누구의 아들도 아닌 조슈아 *Joshua, Son of None*』(1973)는 케네디 대통령의 암살 당시 얻은 신체조직으로 대통령의 복제인간을 만들어 미국을 이끌게 하려는 시도를 그렸고, 아이라 레빈의 소설로서 영화로도 만들어진 『브라질에서 온 소년 *The Boys from Brazil*』(1976)은 히틀러를 복제해 제3제국의 부활을 꿈꾸는 나치 잔당들의 음모를 묘사했다. 케이트 윌헬름의 서정적인 재앙 이후 소설 『노래하던 새들도 지금은 사라지고*Where Late the Sweet Birds Sang*』

58　데이비드 로비크, 『복제인간』(사이언스북스, 1997).

(1976)는 핵전쟁으로 추정되는 대재난 이후 인간의 생식능력이 사라지면서 이를 대신해 만들어진 복제인간들이 겪은 운명을 그렸다.[59]

그러나 돌리의 탄생은 이처럼 막연하게만 존재했던 SF적 전망을 당장 현실에서 가능한 일처럼 바꿔놓았다. 특히 시험관아기 시술의 확산으로 정자와 난자 같은 인간의 생식세포를 쉽게 구할 수 있게 된 상황을 감안하면 더욱 그러했다. 이에 따라 복제인간에 관한 논의는 완전히 새로운 지평으로 접어들었다. 돌리의 탄생이 공표되자 세계 각국의 정부와 국제기구들은 인간복제의 가능성에 대한 우려를 표명했고, 불과 몇 년 만에 대다수의 산업 국가들이 인간복제를 금지하는 법률을 제정했다. 복제인간을 탄생시키는 것은 대다수 사람들에게 개인의 자기정체성에 혼란을 빠뜨리고 인간성을 파괴하고 친족관계를 어지럽히는 등 반인륜적인 범죄로 여겨졌다. 그러나 다른 한편으로는 사람들의 반대에도 불구하고 복제인간이 언젠가는 분명 태어날 거라는 전망이 우세했고, 이는 많은 사람들에게 그것에 얽힌 흥미롭고도 때로 우스꽝스러운 가능성들을 생각해보게 했다. 언론에는 아인슈타인을 여럿 복제해 과학의 진보를 더욱 앞당기면 어떨까, 아니면 마이클 조던을 다섯 명 복제해 농구 드림팀을 만들면 어떨까 하는 식의 농담에 가까운 풍자들이 오갔다.[60]

---

59 José Van Dijck, *Imagenation: Popular Images of Genetics* (New York: New York University Press, 1998), pp. 54–61, 80–82, 85–86. 이 소설들 중 일부는 국내에도 번역되었다. 아이라 레빈, 『브라질에서 온 소년들』(시작, 2008); 케이트 윌헬름, 『노래하던 새들도 지금은 사라지고』(아작, 2016).

60 Dorothy Nelkin · M. Susan Lindee, "Cloning in the Popular Imagination," *Cambridge*

〈그림 VI-24〉복제된 여자 아기 이브를 탄생시켰다고
주장한 클로네이드 대표 브리지트 부아셀리에 박사와 라
엘리안 운동의 창시자 라엘.

2000년대로 접어들면서 인간복제에 관한 대중적 논의는 크게 두 갈래로 진행됐다. 한편에서는 몇몇 '괴짜' 과학자와 종교집단들이 현행법에 저촉되는 문제를 무릅쓰고서도 복제인간을 탄생시키는 연구에 나서겠다고 선언하면서 크게

사회적 파장이 일었다. 키프로스 출신의 미국 과학자 파노스 자보스와 이탈리아의 생식의학자 세베리노 안티노리는 2001년 복제인간을 탄생시킬 준비가 완료되었다고 선언해 파문을 일으켰으며, 인류는 UFO를 타고온 외계인들이 스스로를 복제해 탄생시킨 것이라는 교리에 기반한 종교집단 라엘리안은 클로네이드(Clonaid)라는 자회사를 설립해 2002년 12월 이브라는 이름의 최초의 복제인간을 탄생시켰다고 발표해 세상을 경악으로 몰아넣었다. 그러나 이들의 시도나 성공 주장은 도중에 중단되었거나 성공에 대한 구체적 물증을 제시하지 못해 과학계로부터 무시되었고, 그들 이후에는 비슷한 시도를 한 과학자들이 아직 나오지 않고 있다.

반면 같은 시기에 생명과학계의 주류는 복제된 배아를 여성에게 착상시켜 복제인간을 만들려는 이러한 시도를 반인류적인 것으로 비

Quarterly of Healthcare Ethics 7 (1998): 145-149.

판하면서도, 복제 배아의 생성 그 자체는 여전히 필요하다는 주장을 폈다. 요컨대 생식용 복제(reproductive cloning)는 금지하되 치료용 복제(therapeutic cloning)는 허용하자는 것이었다. 이는 1998년 배아 줄기세포가 처음 분리된 이후 줄기세포 연구가

〈그림 VI-25〉 2005년 12월 16일에 열린 기자 회견 자리에서 배아복제 줄기세포가 없음을 시인하는 황우석 전 서울대 교수.

세계적으로 각광받기 시작한 새로운 상황과 연관되어 있다. 줄기세포(stem cell)는 인간의 신체를 구성하는 모든 세포로 분화할 수 있는 만능 세포를 말하는데, 시험관아기 시술을 시도하다가 남은 배아나 출산 후 탯줄에 들어 있는 혈액(제대혈), 성인의 골수 등에서 얻을 수 있다. 그런데 환자 자신의 체세포 핵을 이식해 복제 배아를 만들고 거기서 줄기세포를 추출하면 면역거부반응이 없는 이식용 세포나 장기를 만들어낼 수 있을 거라는 기대감이 높아지면서 인간 '배아'복제가 새롭게 쟁점으로 부각되기 시작했다. 인간 배아복제는 이른바 '환자맞춤형' 줄기세포를 만들어낼 수 있는 잠재력을 갖고 있지만, 성체로 발달할 수 있는 잠재력을 가진 배아를 파괴해야 줄기세포를 만들 수 있고 복제 배아를 만드는 과정에서 수많은 난자를 필요로 하는 점 때문에 뜨거운 논란의 대상이 되었다. 이를 둘러싼 논란은 환자맞춤형 줄기세포를 실제로 만들었다고 발표했다가 이것이 과학적 사기였음이 드러난 2005년의 '황우석 사건'을 계기로 정점에 도달한 후 수그러들기 시작했다.[61] 그리고 2006년 윤리적으로 논란이 덜한 유도분화다능줄기

세포(induced pluripotent stem cell, iPSC)가 발견된 이후에는 배아복제 연구 자체가 과학자들과 대중의 관심에서 멀어지게 되었다.

3 | 생명공학에 대한 전망: 과거와 미래

지금까지 살펴본 1970년대 이후 생명공학의 여러 세부 분야들의 흐름은 초기에 그것을 둘러싸고 유토피아와 디스토피아의 극단적 전망이 대립하는 모습을 보여주었다. DNA 재조합 기법, 유전자변형작물과 식품, 유전자치료, 이종장기이식, 시험관아기, 인간복제 등 이 주제에 속하는 다양한 분야들은 한편으로 해당 기술의 발전과 상업적 성공이 가져올 일확천금의 꿈에 의해 추동되었고, 이는 1980년대 이후 과학의 상업화라는 흐름과 잘 부합했다. 이러한 기술들은 인류가 처한 수많은 문제들, 그러니까 인구폭발로 인한 식량난, 환경오염, 유전병으로 인한 고통, 고령화과 만성병의 창궐 등 온갖 문제들을 모두 해결해줄 수 있는 마술 같은 수단으로 칭송받았다. 아울러 생명공학 분야들의 발전은 인간의 무한한 창조성을 상찬하고, 자연계를 인간이 원하는 방향으로 빚어낼 수 있는 원재료로 보며, 이를 통해 자연과 인간을 더욱 완벽한 존재로 만들고자 하는 욕망에 의해 추동되기도 했다. 이는 계몽사조기 이후 힘을 얻은 인간의 이성과 능력에 대한 무한한 신뢰와 낙관에 그 뿌리를 두고 있다.

---

61 Joan Haran et al., *Human Cloning in the Media: From Science Fiction to Science Practice* (London: Routledge, 2008), pp. 76–81, 84–88.

그러나 다른 한편으로 생명공학은 화학적 오염보다 훨씬 더 통제하기 어려운 생물학적 오염의 가능성, 실험실에서 변형된 신종 병원체에 의한 공중보건의 재난, 인간을 완벽한 존재로 만들려는 유토피아적 욕구가 어긋날 때 빚어질 수 있는 우생학의 악몽, 개인의 자기정체성과 인간성의 파괴 등 수많은 디스토피아적 전망에 의해 강력한 저항을 받아왔다. 생명공학은 재물의 신에 봉사하는, 순수성을 잃고 변질된 학문으로 공격받았고, 인간이 자신에게 주어진 본분을 넘어서 '신 노릇'을 하려 든다는 우려의 대상이 되기도 했다. 이는 인간의 능력에 대한 회의적 태도, 과거의 참담한 실패에 대한 반성, 1960년대 이후 나타난 깨지고 부서지기 쉬운 생태계에 대한 인식 등에 기반을 두었다.

생명공학을 바라보는 이러한 양 극단의 입장들은 1980년대 이후 월가의 유전공학 투자 열풍이 꺼지고 생명공학의 여러 산물들이 일상적 제품으로 등장하며 그것에 대한 기대치가 현실에 맞게 조정되면서 수그러드는 듯 보였다. 그러나 2010년대로 접어들면서 새롭게 등장한 크리스퍼(CRISPR/Cas9) 기술, 일명 '유전체 편집(genome editing)' 기술은 1970년대와 1980년대 초를 뜨겁게 달궜던 유전공학 열풍을 되살리려는 조짐을 보이고 있다. 크리스퍼 기술은 종전의 DNA 재조합 기술에 비해 훨씬 더 정확하고 광범위한 차원에서 유전자 녹아웃 및 대체를 가능케 해주는 혁명적 기술로 널리 인정받고 있으며, 그런 점에서 그간 기대가 현저하게 낮아진 유전자변형작물, 유전자치료, 이종장기이식 등 다양한 관련 분야들을 다시금 되살려낼 거라는 기대와 함께 그에 수반된 문제점들까지도 함께 끌고 들어올 거라는 깊은 우려

〈그림 VI-26〉 과학 분야에서 일어난 '올해의 대약진'으로 크리스퍼를 꼽은 《사이언스》 2015년 12월 18일자와 크리스퍼를 특집으로 다룬 《네이처》 2016년 3월 10일자 표지.

를 받고 있기도 하다.[62] 지난 2~3년 동안 과학계에서 급격하게 부각된, 부활한 양 극단의 전망이 다시 한 번 단기적인 유행에 그칠지, 아니면 새로운 기술혁명 및 그에 수반된 사회적 변화의 시발점이 될지는 앞으로 좀 더 두고 봐야 할 것으로 보인다.

62 김홍표, 『김홍표의 크리스퍼 혁명』(동아시아, 2017); 전방욱, 『DNA혁명 크리스퍼 유전자 가위』(이상북스, 2017).

VII

결론:

20세기 기술의 상상력,
어떻게 볼 것인가

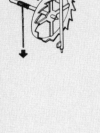

지금까지 우리는 2차대전 이후부터 1980년대까지 해당 시기를 주름잡았던 네 가지 기술 분야들의 발전 과정과 그것의 대중적 재현에 대해 살펴보았고, 그 속에서 해당 기술에 대한 과장된 양 극단의 전망, 즉 유토피아적 전망과 디스토피아적 전망이 해당 기술의 발전 경로에 심대한 영향을 미쳤음을 확인했다. 그렇다면 이제 질문을 던져볼 수 있다. 이러한 경향은 과거 한때 나타났다가 지금은 더 이상 찾아볼 수 없게 된 것일까, 아니면 지금 새롭게 등장하고 있는 기술(emerging technology) 분야들에서도 계속해서 나타나고 있는 것일까?

　이에 대한 답변은 새롭게 등장하고 있는 기술의 대표 주자로 흔히 간주되는 나노기술(nanotechnology)과 신경과학(neuroscience) 분야를 들여다봄으로써 얻을 수 있다. 이 두 가지 기술은 1990년대 이후 새롭게 각광받고 열광의 대상이 된 기술 분야로서, 모두 학제적 융합 분야이며 하나가 아닌 복수의 기원에서 유래했다는 공통점이 있다. 두 분야는 1970년대 생명공학 분야가 선구적으로 보여준 것처럼, 오늘날 과학과 기술의 구분이 모호해진 테크노사이언스의 영역에 속하며, 국가경쟁력, 신산업성장동력 등 경제적 잠재력에 대한 기대로 인해 선진 산업국가들에서 대대적인 국가적 지원을 받고 있는 분야라는 공통점도 있다. 그러나 우리의 관심사에 비춰 가장 흥미로운 점은, 두 분야가 1990년대 이후 SF적 상상력이 일종의 클리셰로 자리 잡았을 정도로 대중문화의 활발한 재현 대상이 되어왔으며, 그런 상상력이 기술 발전과 밀접한 연관관계를 맺어왔다는 사실이다. 두 분야는 앞서 살펴본 기술들과 마찬가지로 극단적인 열광(유토피아)과 비관(디스토피아) 사이를 오가는 반응을 벗어나지 못했다. 그러나 두 기술이 앞선 기술들과 달라진 점도 있다. 기술 개발의 주체들이 앞선 시기 생명공학이 겪은 실패를 거울 삼아 해당 기술의 발전으로 인한 문제점이 나타나기 전에 미리 이에 대해 고민하고 대응책을 모색하는 '선제적' 대응을 추구해왔다는 것이다. 원래 인간게놈프로젝트(Human Genome Project)에서 유래한 윤리적 · 법적 · 사회적 함의(ethical, legal, and social implications, ELSI) 연구가 이러한 분야들에서는 자연스러운 과학 연구의 연장으로 자리를 잡았고, 이에 따라 나노윤리(nanoethics)나 신경윤리(neuroethics) 같은 분야들이 의식적으로 육성되기도 했다.

결론을 대신한 이 장에서는 두 가지 기술 중에서 나노기술의 사례를 집중적으로 살펴보며 앞서 지적한 내용들을 확인해 본 후, 우리가 그로부터 끌어낼 수 있는 교훈에는 어떤 것이 있는지 생각해보려 한다.

1. 익숙한 패턴의 반복?: 1990년대 나노기술

나노기술은 통상적으로 1-100나노미터(nm, 10^{-9}m) 규모에서 이뤄지는 연구 및 기술개발을 가리키는 말이다. 나노기술은 그러한 극미의 규모에서 생겨나는 새로운 성질과 응용가능성을 활용해 다양한 구조와 장치를 제작하는 것을 목표로 하며, 더 나아가 원자 규모에서 대상을 통제하고 조작할 수 있는 능력을 통해 기존 산업의 근본적 변화를 이뤄낼 수 있을 것이라는 믿음도 존재한다. 나노기술의 미래에 대해서는 2000년대 이후 각종의 장밋빛 전망들이 줄곧 제시돼 왔는데, 2004년 미국 연방정부의 나노기술 R&D 지출이 10억 달러를 돌파했고, 2020년까지 나노 관련 상품의 국제 시장이 3조 달러에 달할 것이며 2백만 명의 첨단 노동력이 창출될 거라는 시장 예측이 나온 바도 있다.

이러한 낙관적 시장 예측은 대중문화로도 옮겨붙었다. 한때 기술의 첨단임을 나타내기 위해 아무 곳에나 '아토믹(atomic-)', '컴퓨터(computer-)', '바이오(bio-)'라는 수식어를 갖다붙인 것처럼, 오늘날에는 '나노(nano-)'라는 수식어가 그야말로 범람하고 있다. 애플이 출시한 초소형 mp3 플레이어에는 (정작 나노기술과 별로 상관이 없음에도) '아이팟 나노'라는 이름이 붙었고, '나노 세탁기' '나노 찜질기' '나노 정력 속옷' 등등 얼른 보아 아무런 연관성을 찾을

〈그림 VII-1〉 홍콩의 거리에서 볼 수 있는 '나노 정력 속옷' 광고 간판.

수 없는 상품들에 '나노'라는 용어가 아무데나 붙어 있는 것을 흔히 볼 수 있다. 이는 오늘날 '나노'라는 단어가 일종의 유행이자 첨단의 상징으로서의 지위를 누리게 되었음을 보여준다.[1]

그렇다면 나노기술은 과거 어떤 경로를 거쳐 오늘날과 같은 모습으로 자리 잡게 된 것일까? 나노기술에는 널리 알려진 '기원 신화'가 있다. 많은 사람들은 노벨상 수상자인 저명한 물리학자 리처드 파인만이 1959년 12월 29일에 칼텍에서 했던 "바닥에는 풍부한 공간이 있다 There's Plenty of Room at the Bottom"라는 제목의 강연이 오늘날 나노기술로 이어진 기본 아이디어를 제시했다고 믿는다. 파인만의 강연은 SF 작가 로버트 하인라인의 1942년 중편소설 「월도Waldo」에서 영향을 받아 극미 단위의 조작에 관한 다분히 낭만적인 공상을 담고 있었다. 그는 이 자리에서 "내가 아는 한 물리학의 원리는 대상을 원자 단위로 조작할 가능성을 부정하지 않습니다. 이는 어떤 법칙을 위배하는 시도가 아닙니다. 이는 원리상 성취가 가능한 일인 것입니다. (…) 나는 이러한 발전이 필연적이라고 생각합니다"라고 주장했다.[2] 그러나 이러한 그의 주장이 일부 청중들에게 깊은 인상을 남긴 것은 사실이지만, 이것이 오늘날의 나노기술 발전과 어떤 연관성을 갖는지에 대해서는 구체적 연결고리가 제시된 바 없다. 이후 '나노기술'이라는 용어가 처음

---

1 Colin Milburn, *Nanovision: Engineering the Future* (Durham: Duke University Press, 2008), pp. 8-11.
2 이인식 엮음, 『나노기술이 미래를 바꾼다』(김영사, 2002). 하인라인의 「월도」는 로버트 하인라인, 『하인라인 판타지』(시공사, 2017)에 번역 수록돼 있다.

등장한 것은 1970년대의 일이었다.
1974년 일본 과학자 다니구치 노리
오가 하이픈(-)이 들어간 "나노-기술
(nano-technology)"이라는 용어를 고
안했는데, 이는 당시 일본의 전자 및
기계산업이라는 맥락에서 도출된 단

〈그림 VII-2〉 1959년 12월에 칼텍에서 강연
하고 있는 리처드 파인만.

어였다. 그는 1마이크로미터 이하의 정밀도를 갖는 정밀 기계제작을
가리켜 나노-기술로 칭했는데, 이 역시 나중에 각광받게 되는 나노기
술의 주요 응용과는 다소 거리가 있었다.

　1980년대에 접어들면서 나노기술의 등장에서 의미 있는 기술적 진
전이 나타나기 시작했다. 1981년에 컴퓨터업계의 거두인 IBM의 취
리히 연구소에 있던 게르트 비니히와 하인리히 로러가 새로운 기술
적 수단인 주사터널링현미경(scanning tunneling microscope, STM)을 발
명한 것이다. 이는 탐침에 전압을 걸어 물질의 표면 위로 움직일 때 흐
르는 미세한 터널링 전류의 변화를 증폭해 개별 원자들을 "볼" 수 있
고 물질 표면의 굴곡을 그려낼 수 있는 장치였다. 두 사람은 이 공로를
인정받아 1986년에 노벨 물리학상을 공동으로 수상했다. 같은 해에는
비슷한 원리에 입각한 원자간력현미경(atomic force microscope, AFM)
도 발명되었다. 이러한 두 장치는 대상을 원자 규모로 보는 것뿐 아니
라 여기에 걸린 전압의 크기를 변화시킴으로써 원자들을 미세 조작하
는 것도 가능하게 했다. 실제로 1990년에 학술지 《네이처》에는 IBM
연구소의 도널드 아이글러와 에르하르트 슈바이처가 쓴 논문이 실렸

<그림 VII-3> 1990년 두 명의 IBM 연구원이 STM으로 35개의 크세논 원자를 움직여 '쓴' IBM 글자.

는데, 그들은 STM으로 35개의 크세논 원자를 움직여 철 표면 위에 IBM 이라는 글자를 표시하는 데 성공했다. 이는 당장의 실용성보다는 다분히 상징적 가치가 강한 '장난'에 가까웠지만, 그럼에도 이전까지 불가능한 것으로 여겨졌던 원자 단위의 조작이 가능함을 실제로 보여주었다는 점에서 의미가 컸다.[3]

1980년대에는 나노입자(nanoparticle)와 나노구조(nanostructure) 분야에서도 중요한 진전이 있었다. 1985년 화학자 리처드 스몰리 등이 탄소 원자들로 이뤄진 벅민스터풀러린(buckminsterfullerene)이라는 새로운 구조를 발견한 것이었다. 이는 60개의 탄소 원자들이 마치 축구공과 같이 내부가 텅 비어 있는 공 모양으로 결합된 구조로서 독특한 형태 때문에 흔히 '버키볼(buckyball)'로 불렸다. 지름이 1나노미터 정도인 이 구조는 탄소 원자가 결정체 모양(다이아몬드)이나 얇은 판 모양(흑연)으로만 결합한다는 종래의 과학적 견해를 깨뜨렸고, 스몰리 등은 그러한 공로를 인정받아 1996년에 노벨 화학상을 공동으로 수상했다. 뒤이어 1991년에 일본 과학자 이지마 스미오는 탄소 원자들이 공 모양이 아닌 속이 빈 빨대 모양으로 결합한 탄소 나노튜브(carbon nanotube)라는 새로운 구조를 발견했다. 탄소 나노튜브는 나노 규모에서 생겨나는 양자역학적 효과 때문에 여러 가지 흥미로운 물성을

3 도날 P. 오마투나, 『나노윤리』(아카넷, 2015), pp. 40-41.

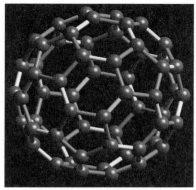

〈그림 VII-4〉 흔히 '버키볼'로 불리는 벅민스터 풀러린(C^{60})의 결합 구조.

지녀 과학자들의 관심을 끌었다. 이는 같은 굵기의 강철 섬유보다 강도가 100배나 컸고 속이 비어 있어 무게는 6분의 1밖에 안 나갔으며, 전기적으로는 구리보다 전기 전도도가 더 컸고, 때로는 반도체로도 사용할 수 있었다.[4]

이처럼 흥미로운 과학적 발견들이 잇따르면서 나노 과학기술 분야는 점차 제도화의 길을 걸었다. 1980년대 말부터 나노기술과 관련된 고급 수준의 교과서가 등장했고, 학부 및 대학원에 인기 있는 강의도 개설되었으며, 관련 주제의 학술회의와 포럼들이 줄줄이 열리는가 하면, 나노기술 관련 주제의 논문들을 싣는 전문 학술지가 생겨나고 이러한 발견들의 상업화를 위한 창업기업이 등장하기도 했다. 이는 나노 수준의 현상들을 활용하는 다양한 분야의 진전들이 '나노기술'이라는 하나의 간판 하에 모이기 시작했음을 의미했다.

그렇다면 나노기술의 발전에서 그것의 미래에 대한 다양한 전망들은 어떤 역할을 했을까? 우리는 이 질문에 대해서도 서로 극단적으로 대립하는 두 개의 상을 찾아볼 수 있다. 여기서 가장 중요한 역할을 했던 인물은 흔히 "나노세계의 모세"로 불렸던 미국의 과학자이자 저

---

4 위의 책, pp. 42-46.

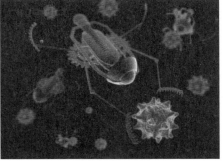

〈그림 VII-5〉 "나노세계의 모세"로 불렸던 K. 에릭 드렉슬러와 그가 전망한 나노 '어셈블러'.

술가인 K. 에릭 드렉슬러를 꼽아야 할 것이다. 그는 나노기술의 맹아기였던 1986년에 『창조의 엔진Engines of Creation』이라는 책을 써서 나노기계의 대량생산이 가져올 유토피아적 전망을 제시했다.[5] 그는 단백질만 한 크기의 가상의 자동 기계인 '어셈블러(assembler)'가 원자들을 하나씩 쌓아올려서 거의 모든 물질이나 대상을 저렴한 비용으로 만들어내는 것이 앞으로 가능해질 것이며, 이는 우리가 알고 있는 기존의 산업 분야들을 완전히 바꿔놓는 혁명을 일으킬 것이라고 주장해 대중적 파장을 일으켰다. 같은 해에 그는 포사이트 연구소(Foresight Institute)를 설립해 나노기술을 비롯한 미래 첨단기술의 전망을 널리 퍼뜨리는 역할을 자임했다. 여기서 그는 맞춤형 나노입자, 더러워지지 않는 똑똑한 나노섬유, 환경을 정화하는 나노기계, 나노공장, 나노봇, 나노수술 장치 등 다양한 나노기술의 응용가능성을 제시했다. 그는 대

5   에릭 드렉슬러, 『창조의 엔진』(김영사, 2011).

중화에만 머무르지 않고 나노기술에 관한 학술적 · 전문적 기여도 남겼다. 1989년에 스탠퍼드대학에 나노기술을 주제로 한 최초의 대학원 강의를 개설했으며, 1992년에는 최초의 고급 나노기술 교재를 집필하기도 했다.[6]

이러한 드렉슬러의 주장에 대한 과학자들의 평가는 대체로 회의와 냉소로 나타났다. 그들은 현실과 SF의 경계를 오가는 드렉슬러의 주장을 무시하면서 이러한 주장들과 '진짜' 나노과학을 구분하려는 노력을 기울였다. 그러나 나노과학기술자들의 평가와는 별개로, 드렉슬러의 논의는 정책결정자들이 나노기술에 주목하게 하는 데 중요한 기여를 했다. 가령 드렉슬러는 1992년 6월에 열린 의회 청문회에 출석해 "분자 규모의 통제는 더 깨끗하고 효율적인 제조업 기술의 기반"이 될 수 있다는 주장을 폈고, 이러한 주장은 1990년대 중반 이후 나노기술 국가 연구 프로그램을 발족시키려는 노력에서 일정한 역할을 했다. 나노기술 국가 연구 프로그램의 발족에서는 국립과학재단(NSF)의 미하일 로코가 중심적인 역할을 맡았는데, 그는 냉전 종식 이후 세계에서 미국의 국가 과학기술정책을 재구성할 필요성이 제기된다고 하면서, 그런 맥락에서 미국이 나노기술 같은 새로운 첨단기술에 선제적으로 "깃발을 꽂을"—마치 아폴로 우주선이 달에 그랬던 것처럼—필요가 있다고 주장했다. 특히 나노기술에 대한 새로운 국가적 지원 프로그램은 새로운 세대의 과학자와 엔지니어들을 끌어들일 수 있을 뿐 아니

---

6 Milburn, *Nanovision*, pp. 28-34.

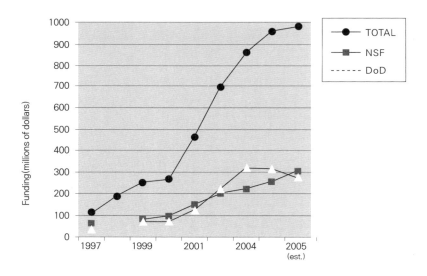

〈그림 VII-6〉 나노기술에 투자된 미국 정부의 지원액 변천 추이. NNI가 출범한 2001년을 계기로
지원액이 급증하는 것을 볼 수 있다. 이러한 나노기술 지원에는 드렉슬러와 같은 과장된 유토피아
적 전망과 수사가 큰 역할을 했다.

라, 1990년대 들어 생물학에 밀려 지원이 저조해진 물리학, 화학, 공학
에 대한 지원을 늘리는 효과도 가져올 수 있을 터였다.[7]

이러한 주장에 힘입어 2000년 미 행정부는 국가나노기술계획
(National Nanotechnology Initiative, NNI)을 출범시켰고, 의회는 2001년
연방 예산으로 4억 6500만 달러를 배정했다. NNI의 추진 과정에서는
드렉슬러의 주장을 무색케 하는 수준의 유토피아적 전망과 수사가 난
무했다. '나노-바이오-정보-인지과학'이 수렴해 새로운 융합 과학기

7 W. Patrick McCray, "Will Small Be Beautiful?: Making Policies for Our Nanotech
Future," *History and Technology* 21 (2005): 177-203, 인용은 pp. 183, 192.

술 분야가 등장할 것으로 내다보는가 하면, 나노기술이 인류에게 "황금기"와 "획기적 전환점"을 가져다줄 것이며, 이는 곧 "과학기술의 새로운 르네상스가 코앞에 닥쳤음"을 의미한다는 식이었다. 리처드 스몰리 같은 일부 나노과학자들은 분자 나노기계에 대한 드렉슬러의 전망이 과학적으로 불가능하다고 주장함으로써 이처럼 과장된 수사를 가라앉히려 애썼지만, 정작 나노기술에 대한 국가적 지원을 얻어내기 위해서는 그들 역시 유사하게 과장된 전망에 호소했던 것이다. 이로 인해 2000년대 초반에 나노기술에 대한 국가적 지원 프로그램이 시작되던 시점에서는 나노기술 "그 자체"와 나노기술에 대한 유토피아적 전망을 구분하는 것이 사실상 불가능한 지경에 이르렀다.[8]

한편 이와는 정반대로 나노기술의 발전이 우리가 일찍이 경험하지 않은 전대미문의 위험과 재난을 가져올 것이라는 어두운 전망도 제기되었다. 흥미로운 점은 이러한 디스토피아적 전망 역시 많은 부분 드렉슬러의 책에서 유래했다는 사실이다. 드렉슬러는 1986년 발표한 『창조의 엔진』에서 주로 나노기술의 발전이 가져올 유토피아적 미래를 묘사했지만, 지면의 일부를 미래에 대한 경고에도 할애했다. 그는 분자 나노기계가 스스로 증식해 지구 전체를 뒤덮은 후 초목 같은 유기체들을 마치 회색 점액질(grey goo)처럼 바꿔놓을 수 있다는 대재난의 시나리오를 제시해 통제되지 않은 나노기계의 발전을 경계했다.[9]

---

8   위의 글, pp. 191, 194.
9   Milburn, *Nanovision*, pp. 111–116.

〈그림 VII-7〉 GNR 기술의 위험성을 경고한 빌 조이의 글이 실린 《와이어드》 표지.

〈그림 VII-8〉 나노 디스토피아의 현실적 모습을 그려내어 대중의 나노기술 인식에 큰 영향을 미친 마이클 크라이튼의 소설 『먹이』.

이러한 드렉슬러의 어두운 미래 전망은 2000년 선 마이크로시스템즈(Sun Microsystems)의 공동 설립자이자 기술담당 부사장이었던 빌 조이가 《와이어드Wired》에 발표한 유명한 에세이 「미래에 왜 우리는 필요 없는 존재가 될 것인가Why the Future Doesn't Need Us」로 이어졌다. 그는 이 글에서 유전공학, 나노기술, 로봇공학의 머릿글자를 딴 일명 'GNR 기술'의 발전이 가져올 위험과 불확실성에 대해 경고의 메시지를 던졌다. 특히 나노기술과 관련해 그는 이것이 군사적으로 악용되거나 '인종청소'에 쓰일 수도 있다는 암울한 전망을 제시했다.[10]

이러한 디스토피아적 전망은 2000년대 들어 나노기술의 주요 분야 중 하나로 각광받던 나노입자들이 일종의 초미세먼지처럼 작용해 인간이나 동물, 생태계에 해를 끼칠 수 있다는 연구결과가 나오면서 구체적인 물증을 얻었다. 전자공학 분야에서 이미 널리 쓰이기 시작한 탄소 나노튜브는 동물을

---

10 빌 조이, 「미래에 왜 우리는 필요 없는 존재가 될 것인가」, 《녹색평론》 2000년 11/12월호.

이용한 독성학 실험에서 들이마셨을 때 호흡곤란을 유발했고, 나노입자는 너무나 작기 때문에 피부를 통해 침투할 수도 있고 혈류를 타고 뇌막을 통과해 뇌로도 유입가능하다는 연구결과도 나왔다. 나노입자의 위험성에 대한 우려가 커지면서 미국에서 나노 은입자를 사용했다고 광고하던 한국 기업의 세탁기에 대한 미국 환경청의 규제가 강화되는 등 가시적 조치도 뒤따랐다.[11]

나노기술에 대한 어두운 전망은 1990년대 이후 나노기술이 이전의 생명공학을 대신해 새로운 '프랑켄슈타인 기술'로 부각되는 결과로 나타났다. 실제로 이 시기부터 나노기술이 고도로 발전한 미래를 그려낸 나노픽션들이 속속 등장해 대중의 주목을 끌기 시작했다. SF작가 닐 스티븐슨이 1995년에 발표한 『다이아몬드 시대*Diamond Age*』는 '어셈블러'에 대한 드렉슬러의 전망이 실현된 가상의 미래를 자세하게 묘사했고, 베스트셀러 소설가 마이클 크라이튼이 2002년에 내놓은 『먹이*Prey*』는 나노기계의 의료적 활용가능성이 군사적 응용으로, 다시 폭주하는 나노기계의 묵시록적 위험으로 변모해가는 과정을 대중 소설의 필법으로 보여주었다.[12] 이러한 작품들은 나노기술에 대한 대중의 이해를 형성하는 데 크게 영향을 미친 것으로 평가되며, 나노기술 관련 대중 설문조사에서도 빠지지 않고 등장하는 문항으로 자리를 잡았다.

---

11 김명진, 「나노기술의 위험성, 어떻게 대처할 것인가」, 《함께사는길》 2007년 6월호.
12 닐 스티븐슨, 『다이아몬드 시대』(시공사, 2003); 마이클 크라이튼, 『먹이』(김영사, 2004).

2. 기술에 대한 과장과 비관을 넘어서

나노기술의 최근 사례에서 볼 수 있는 것처럼, 새로 등장하는 기술에 대해 과장되고 부풀려진 예측이 횡행하고, 유토피아와 디스토피아의 극단적 전망이 경합하며, 이것이 기술의 발전 궤적이나 이에 대한 대중의 인식에 심대한 영향을 미치는 모습은 지금도 현재진행형이다. 이는 나노기술이나 신경과학뿐 아니라 유비쿼터스 컴퓨팅, 합성생물학, 3D 프린팅, 빅데이터, 사물인터넷, 그리고 이 모든 것을 합쳐놓은 새로운 담론으로 최근 각광받고 있는 제4차 산업혁명 모두에서 유효하다. 우리는 이러한 현상을 어떻게 바라봐야 할까? 20세기 주요 기술들에 대한 기대와 우려, 환멸의 역사를 살펴보며 얻을 수 있는 교훈은 어떤 것일까? 기술에 대한 과장된 예측과 선전, 유토피아적 기대가 그에 걸맞는 수준의 디스토피아적 경고와 팽팽히 맞서다가 양자 모두가 급격하게 꺼지면서 다음 기술에 자리를 내주는 일을 반복하는 현대의 경향은 과연 바람직한 것일까? 기술의 미래에 대한 과장되고 (결과적으로) 틀린 예측이 사회적으로 가져올 수 있는 결과에는 어떤 것이 있을까?

먼저 이러한 과장된 예측들이 많은 경우 해당 기술에 직접적 이해관계를 가지고 있는 이들에 의해 만들어지고 유포되며, 이에 따라 사회 전체적으로는 편향되고 바람직하지 못한 결과로 이어질 수 있음을 지적할 수 있다. 앞서 살펴본 것처럼 1950년대 미국 정부의 (대부분 실패한) 핵기술 프로젝트에는 수십억 달러가 들어갔고, 1960년대 이후의 유인 우주탐사 프로젝트들에는 그것을 훨씬 상회하는 수천억 달러의 자금이 들어갔다. 냉전기 미-소 경쟁의 상징과도 같았던 아폴로 프로젝트는 논외로 친다고 해도, 1950년대 우주탐사의 전망을 뒤늦게 실현한 우주정거장과 우주왕복선 프로젝트는 최근 '정책 실패'이자 '실수'였다는 NASA의 자체 평가를 받았고, 일각에서는 '깃대 위에 오래 앉아 있기'의 첨단기술 버전에 불과하다는 굴욕적인 평가를 받기도 했다. 여기에 소요된 자금을 그와 경합했던 좀 더 '가치 있는' 사회적 목표를 위해 썼다면 어떤 결과를 가져올 수 있었을지는 그저 상상해 볼 따름이다.

아울러 이러한 예측이 대중의 과학기술 이해에 미치는 영향에 대해서는 작고한 미국의 과학사회학자 도로시 넬킨의 논의에 주목할 필요가 있다. 넬킨은 과학기술 언론보도를 비판적으로 조명한 저서 『셀링 사이언스Selling Science』에서 첨단기술에 대한 보도가 어떤 양상을 띠는지를 지적했다. 그녀에 따르면 "언론의 미래 예측은 경제사회적 동향에 따라 그때그때 달라지"지만 "매번 등장하는 신기술을 역사의 최첨단이자 우리의 삶을 변화시킬 프런티어로 내세우는 점은 변하지 않고 있다." 그녀는 1980년대 이후 컴퓨터와 생명공학에 관한 보도에서 이러한 점이 두드러진다고 지적하는데, 가령 새로운 컴퓨터의 개발은 '새로운 시대의 여명' '미래의 물결' '혁명적 변화의 동력'으로 그려졌고, 생명공학은 "다음 번 경제기적을 만들어낼 것으로 예상되는 과학 분야"로 묘사되었다.

아울러 넬킨은 과학을 '전도유망한 대약진'들과 동일시할 때의 위험에 대해서도 비판하고 있다. 과학언론은 흔히 '획기적'인 기술이 등장했을 때 '극적 사건'이니 '혁명'이니 하면서 당장에라도 큰일이 생길 것처럼 호들갑을 떨다가 애초의 약속이 실현되지 않거나 해당 기술의 위험성이 부각되면 이내 '그림의 떡'이었다는 둥, '일장춘몽'이었다는 둥 하면서 태도를 180도 바꾸는 널뛰기식 보도 행태를 흔히 보인다. 이런 보도 행태에 반복적으로 노출된 사람들은 (마치 오늘날 사람들이 정치인들을 대하는 태도와 비슷한) 냉소와 무관심을 나타내 보이게 되는데, 이는 과학기술이 현대사회에서 갖는 중요성에 비추어볼 때 결코 바람직하지 못한 결과라는 것이다.[13]

기술의 미래에 대한 과장광고를 일종의 병리적 문제이자 고치고 극복해야 할 현상으로 보는 넬킨과 달리, 경제학자 조지프 슘페터의 영향을 받은 진화경제학의 논의에서는 기술 발전에서 상상력이 담당하는 역할을 긍정적이고 필수적인 것으로 간주한다. 신고전파 경제학에서 기술을 정적이고 외재적인 것으로, 다시 말해 경제학의 직접적 탐구 대상이 아닌 것으로 간주하는 반면, 이와는 거리를 두는 제도주의적·진화적 접근에서는 기술혁신 과정의 '지저분함(messiness)'에 주목한다. 이에 따르면 혁신의 과정은 결코 틀에 박힌(routine) 것이 아니며, 그 결과를 완전히 예측할 수 있는 경우는 거의 없다. 혁신의 과정은 많은 부분 불확실성으로 특징지어지며, 따라서 혁신에 대한 투자역시 불충분하고 불완전한 정보 하에서 이뤄질 수밖에 없다.

13 도로시 넬킨, 『셀링 사이언스』(궁리, 2010).

여기서 미래에 대한 상상력이 끼어들 여지가 생겨난다. 미래 기술 혁신에 대한 투자는 현재 존재하지 않는 기술에 대한 투자이며, 기술의 발전 궤적은 결코 완전히 예측할 수 없으므로 혁신에 관한 결정은 중요한 의미에서 미래에 대한 기대, 추측, 상상력에 의해 동기부여를 얻을 수밖에 없다. 이러한 미래의 이미지는 종종 미래의 상태에 대한 확정적 재현—미래는 이렇게 될 수밖에 없다는 예언—이라는 외피를 쓰고 있지만, 그럼에도 우리가 현재 가지고 있는 지식만으로는 완전하게 내다볼 수 없으며, 그런 의미에서 이런 상상을 제시하는 사람들은 상당한 정도의 자유를 누릴 수 있다.[14]

기술의 발명, 개발, 혁신 과정에서 상상력(과 과장광고)이 담당하는 역할은 기술사의 실제 사례들과도 잘 부합한다. 19세기 말 이후의 성공한 발명가와 기업가들 중 많은 수는 실제로 이러한 작업에 능한 인물들이었고, 자신의 발명 아이디어를 (때로 심히 부풀려) 대중과 잠재적 투자자 앞에 제시함으로써 혁신 과정을 이끌었다. 19세기 말의 대표적인 독립발명가인 토머스 에디슨은 아마 이를 잘 보여주는 대표적인 사례일 것이다. 그는 축음기의 발명으로 '멘로 파크의 마술사'라는 별칭을 얻게 된 이후부터 언론이 자신에게 쏟는 관심을 귀찮아하면서도 필요에 따라 이를 잘 이용했고 자신의 대중적 이미지를 세심하게 관리해 나갔다. 에디슨은 발명에서 혁신에 이르는 전 과정에 들어갈

---

14 Jens Beckert, *Imagined Futures: Fictional Expectations and Capitalist Dynamics* (Cambridge, MA: Harvard University Press, 2016), pp. 170-175.

자금을 댈 투자자를 항상 필요로 했고, 투자자들은 대개 해당 기술의 가치나 잠재력에 대해 잘 알지 못했기 때문에, 그러한 기술이 폭넓게 사회에 도입된 미래상을 용의주도하게 만들어내 일반 대중, 투자자, 규제기관을 설득하는 것이 필요했다.[15] 최근 들어 에디슨과 종종 비교되곤 하는 기업가 스티브 잡스 역시 이러한 대중적 이미지를 직조하는 데 일가견이 있는 인물이었다. 이는 초기의 애플 II와 매킨토시 개발, 그리고 애플 사에 다시 복귀한 이후의 i-시리즈 개발과 선전 과정에서 잘 엿볼 수 있다.[16]

기술의 미래에 대한 (심히 과장된) 상상력과 선전을 기술 발전의 정상적이고 필수적인 일부분으로 보는 입장은 미국의 연구 및 자문회사인 가트너(Gartner, Inc.)가 제안한 과장광고 주기(hype cycle)의 개념에서 정점에 달한다. 가트너는 오늘날의 혁신 과정에서 과장광고를 어디서나 찾아볼 수 있음을 지적하며, 이는 기술 발전 초기에 자연스럽게 나타나는 현상임을 강조한다. 가트너에 따르면 기술의 발전 과정은 기술 촉발 → 부풀려진 기대의 정점 → 환멸 → 계몽 → 생산성 안정의 5단계를 거쳐 사회에 도입된 안정된 기술로 자리를 잡는다. 가트너는 오늘날의 첨단기술들 각각이 이러한 단계들 중 어디쯤에 위치해 있는지를 파악하는 일이 중요하다고 하면서, 혁신에 대한 투자에서 성공을 거두기 위해서는 주기상의 적절한 지점을 골라 '올라타는' 것이 핵심

---

15 휴즈, 『현대 미국의 기원』, 1-2장.

16 Steve Jobs: One Last Thing, directed by Jonathan Challis et al. (PBS documentary, 2011).

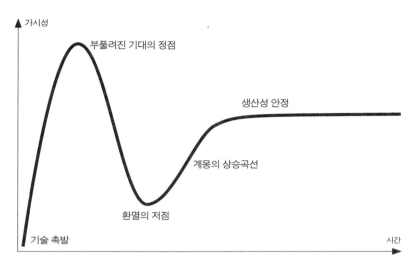

〈그림 VII-9〉 가트너 과장광고 주기의 단계들. 기술이 처음 등장한 후 과장된 기대가 부풀어오르다가 정점에 도달한 후 급격하게 기대가 꺼지면서 환멸의 저점에 이르고 이후 서서히 기술에 대한 기대가 현실화되면서 안정된 '정상 기술'로 변모해가는 과정을 보여준다.

적이라고 말한다.[17] 이러한 인식 속에서는 기술에 대한 과장광고가 낳을 수 있는 부정적 결과에 대한 가치판단을 더 이상 찾아볼 수 없다.

 미래 기술에 대한 상상력과 과장광고를 다루는 앞서의 입장들에는 나름의 약점과 아쉬운 점들이 존재한다. 넬킨과 같은 비판적 입장은 실제 역사를 통해 돌이켜 보았을 때 그러한 상상력과 과장광고가 수행한 '긍정적' 역할을 평가절하하거나 무시한다는 문제점을 안고 있다. 그리고 이를 '자연화'하려 시도하는 진화경제학과 경영학의 논의

17 Jackie Fenn and Mark Raskino, *Mastering the Hype Cycle: How to Choose the Right Innovation at the Right Time* (Cambridge, MA: Harvard Business School Press, 2008).

들에서는 그러한 과장광고가 야기할 수 있는 사회적 비용이나 재원 낭비, 형평성 결여와 같은 가치판단의 문제가 결여돼 있다. 이러한 양극단을 넘어서는 대안은 어디서 찾을 수 있을까?

최근 기술사회학과 기술정책 영역에서 기대의 사회학(sociology of expectations)으로 불리는 새로운 분야는 이에 대해 한 가지 가능성을 제공하고 있다. 1990년대 중반에 하로 판 렌테, 아리 립 같은 네덜란드 학자들에 의해 개척된 이 분야는 2000년대 들어 《기술분석과 전략관리Technology Analysis & Strategic Management》 같은 학술지에 특집호와 논문들이 수록되는 등 저변을 더욱 넓혔다.[18] 이 분야에서 연구하는 학자들은 미래 기술에 대한 상상력, 예측, 전망이 제시되고 이것이 받아들여지(거나 거부되)는 역동적 과정을 사회학적으로 분석하고 있다는 점에서 사회운동이나 진화경제학, 경영학의 시각을 대변했던 앞서의 입장들과는 구분된다.

기대의 사회학은 먼저 특정 기술이 발전한 미래에 대한 예측이 결코 미래의 경로에 대한 단순한 '표상'(representation)이 아님을 지적하며, 미래 기술에 대한 기대가 어떻게 결과에 영향을 미치는지, 다시 말해 이미지가 갖는 수행성(performativity)의 측면을 강조한다. 특히 기술

---

18 Nik Brown, "A Sociology of Expectations: Retrospecting Prospects and Prospecting Retrospects," *Technology Analysis & Strategic Management* 15:1 (2003): 3–18; Mads Borup et al., "The Sociology of Expectations in Science and Technology," *Technology Analysis & Strategic Management* 18:3/4 (2006): 285–298; Harro van Lente, "Navigating Foresight in a Sea of Expectations: Lessons from the Sociology of Expectations," *Technology Analysis & Strategic Management* 24:8 (2012): 769–782.

발전 초창기에 이러한 가상의 기대는 '예측된' 결과를 만들어내려는 노력에 공간과 자원을 제공하고 특정한 기술 궤적을 자명하고 곧 실현될 것으로 제시함으로써 미래의 불확실성을 줄이고 관련 행위자들을 특정한 방식으로 자리매김하는 효과를 가져올 수 있다.

아울러 기대의 사회학은 이러한 상상력, 기대, 예측이 곧이곧대로 받아들여지는 일은 좀처럼 없으며, 해당 기술(혹은 그것이 실현된 미래)에 반대하는 사람들에 의해 상상된 미래가 얼마나 믿을 만한 것인지를 놓고 일종의 권력투쟁이 필연적으로 벌어질 수밖에 없음을 지적한다. 반대자들은 미래 기술에 대한 상상력이 그 주창자들의 이해관계를 반영하고 있다며 그러한 상상력이 내포한 정치적 측면을 드러내려 애쓰는 반면, 주창자들은 기술의 미래 궤적을 "사회, 정치적 영향 바깥에 있는 듯 보이는 힘"에 의해 결정되는 것으로 그려내고 싶어한다. 이러한 투쟁은 미래 기술(들)에 투입되는 자원의 배분에 영향을 미치고 대안적 미래의 가능성을 좁힐 수 있다는 점에서 대단히 큰 실질적 중요성을 갖는다.[19]

과학기술 '기대의 사회학'은 과거의 기술을 둘러싼 유토피아와 디스토피아적 전망의 교차를 바라볼 때 흥미로운 통찰을 제공해준다. 그러나 그것이 오늘날의 현실 속에서 당면한 현상에 대처할 수 있는 실천적 지침을 주는 것은 아니다. 가령 한국 사회를 휩쓸고 있는 4차 산업혁명(혹은 그것의 일부로 포함된 자율주행차나 인공지능 의료 프로그램)

---

19 Beckert, *Imagined Futures*, pp. 184-185.

에 대한 열풍에 대해 우리는 어떤 태도를 취해야 할까? 실현될 가능성이 희박한 과장된 예측은 해당 기술의 발전과 대중 인식에 도움이 못 된다며 이를 비판해야 할까, 아니면 이는 기술 발전 과정에서 으레 나타나는 자연스러운 과정의 일부이므로 그러려니 하고 넘겨야 할까? 그도 아니면, 그러한 담론을 유포하는 주체를 찾아내 그것과 연관된 정치사회적 이해관계를 폭로하고 대항담론을 조직해 그것과 맞서 싸워야 할까? 아마도 답은 이 모든 것 사이에 어딘가에 위치할 것이다.

마지막으로 생각해볼 점을 두 가지 정도 짚어보며 논의를 마무리하도록 하자. 먼저 '결과가 좋으면 다 좋다'는 식의 과도한 자연화 시도는 경계할 필요가 있다. 사실 많은 역사적 에피소드들은 바로 그런 식의 결론을 암암리에 내포한 듯 보인다. 성공한 발명가의 과장광고는 기술의 잠재력을 이해하지 못한 일반 대중과 투자자를 설득하기 위해 불가피했던 영웅적 시도로 승인하는 반면, 실패한 발명가의 과장광고는 사기에 가까운 잘못된 행동이자 실패할 수밖에 없었던 시도로 제시하는 식의 논의는 기술의 미래에 대한 상상력, 기대, 예측이 갖는 의미, 역할, 힘을 이해하는 데 별반 도움이 되지 못한다.

두 번째로 생각해볼 만한 점은 특정 기술을 선전하는 행위자의 믿음이 갖는 '진정성'을 과연 유의미한 요소로 간주해야 하는가 하는 문제이다. 자신이 제시하는 해당 기술의 미래 이미지를 철석같이 믿었는지, 아니면 스스로도 긴가민가하면서도 경제적 필요나 이해관계 때문에 이를 밀어붙인 것인지는 우리가 그런 이미지를 어떻게 받아들여야 할지에 과연 유의미한 차이를 만들어내는가? 이 질문에 대해서는 얼른 판단을 내리기가 어렵다. 앞으로 좀 더 많은 숙고가 필요한 이유다.

그림 출전

•

II-1. https://collections.nlm.nih.gov/catalog/nlm:nlmuid-101459367-img

II-2. wikipedia

II-3. wikimedia commons

II-4. wikimedia commons

II-5. wikimedia commons

II-6. https://cosmosmagazine.com/technology/five-visionary-ideas-inspired-by-sci-fi

II-7. wikipedia

II-8. wikimedia commons

II-9. https://www.japantimes.co.jp/wp-content/uploads/2017/01/n-hiroshima-a-20170125.jpg

II-10. wikimedia commons

II-11. https://wearethemutantsdotcom.files.wordpress.com/2017/01/june1947.jpeg

II-12. http://content.time.com/time/covers/0,16641,19451231,00.html

II-13. http://chum338.blogs.wesleyan.edu/files/2011/02/New-Yorker-cover-1946.jpg

II-14. https://www.youtube.com/watch?v=LWH4tWkZpPU

II-15. http://glasstone.blogspot.kr/2013/06/ward-wilson-anti-nuclear-deterrence.html

II-16. https://www.extremetech.com/wp-content/uploads/2013/03/6a00d83542d51e69e20147e1e99fc5970b.jpg

II-17. http://www.titan2icbm.org/compx.jpg

II-18. https://ofcourseitsallluck.files.wordpress.com/2014/07/h-bomb-hideaway-family-seated-in-a-kidde-kokoon-an-underground-fallout-shelter-united-press-photo-1955.jpg

II-19. http://www.dailymail.co.uk/news/article-3783336/A-Bomb-sunrise-Stunning-photos-atomic-bomb-tests-Nevada-desert-seen-Los-Angeles-1950s.html

II-20. https://www.theatlantic.com/photo/2011/05/when-we-tested-nuclear-bombs/100061/

II-21. https://makingmaps.files.wordpress.com/2011/03/nuclearsplat_title.jpg

II-22. wikimedia commons

II-23. Paul Boyer, *By the Bomb's Early Light: American Thought and Culture at the Dawn of the Atomic Age* (New York: Pantheon, 1985), p. 156.

II-24. https://www.historyonthenet.com/authentichistory/1946-1960/1-cworigins/19470503_Colliers_Magazine_pg12.jpg, https://www.historyonthenet.com/authentichistory/1946-1960/1-cworigins/19470503_Colliers_Magazine_pg13.jpg

II-25. wikimedia commons

II-26. https://assets.hemmings.com/story_image/253371-1000-0@2x.jpg?rev=2

II-27. wikimedia commons

II-28. https://2.bp.blogspot.com/-doxlroAMK2s/V3Mka7gOOZI/AAAAAAAANGA/aH-K61IXsD5AYTwH8S24Xd_v8ZhFEBX3-ACLcB/s1600/Fig4.png

II-29. wikimedia commons

II-30. http://3.bp.blogspot.com/-Us8mgjltjlo/TXyC9YfnZ0I/AAAAAAAAV-0/VpPC-tIU5XeE/s1600/Atoms%2Bfor%2BPeace%2B1953%2BDwight%2BEisenhower%2Bat%2BUN%2B2.jpg

II-31. wikimedia commons

III-1. https://www.wikiart.org/en/gustave-dore/a-voyage-to-the-moon

III-2. wikimedia commons

III-3. wikimedia commons

III-4. https://er.jsc.nasa.gov/seh/sketch_of_gun.jpg, https://farm4.static.flickr.com/3927/15537370132_886be1f6cb_b.jpg

III-5. http://www.thehistoryblog.com/wp-content/uploads/2015/05/Title-page.jpg

III-6. https://alchetron.com/Konstantin-Tsiolkovsky

III-7. http://www.emiter.com.mk/sliki/za_napisi/2011/2/3386/2_emiter_3_RN1.jpg

III-8. wikimedia commons, https://static.thisdayinaviation.com/wp-content/uploads/tdia/2015/03/84-8949h.jpg

III-9. wikimedia commons

III-10. http://ekladata.com/eo_LmilGNkOhMu68meFF8balBSA.jpg

III-11. http://ifi.ie/wp-content/uploads/2017/07/Frau-Im-Mond-4-1024x782.jpg

III-12. wikimedia commons

III-13. wikimedia commons

III-14. http://ww2today.com/7th-july-1943-hitler-gives-the-go-ahead-for-the-v-2-programme

III-15. http://www.daviddarling.info/images2/Aggregate_series_rockets.jpg

III-16. http://2.bp.blogspot.com/-C7PxiZMOuu8/UHyXoqsPAII/AAAAAAAAAQI/3GV0quvnHDQ/s640/die+rakete1.gif

III-17. http://2.bp.blogspot.com/-sRn_grIdG8s/UboL3RZiV-I/AAAAAAAAI3s/8CTLhqPwbAQ/s1600/Amazing+Stories+June+1940.JPG

Ⅲ-18.   http://horrornews.net/wp-content/uploads/2012/02/Destination-Moon-post-
        er-1.jpg

Ⅲ-19.   https://images.fineartamerica.com/images-medium-large/wernher-von-braun-
        and-willy-ley-nasavrs.jpg

Ⅲ-20, 21   http://www.rmastri.it/spacestuff/wernher-von-braun/colliers-articles-on-
        the-conquest-of-space-1952-1954/

Ⅲ-22.   https://i.ytimg.com/vi/9-phxCxTlzQ/maxresdefault.jpg

Ⅲ-23.   http://www.yesterland.com/moonrocket.html, http://disney.wikia.com/wiki/
        Space_Station_X-1

Ⅲ-24.   https://www.tampereclub.ru/uploads/posts/2011-10/1318649372_gagarin-06.
        jpg

Ⅲ-25.   wikimedia commons

Ⅲ-26.   https://dyn1.heritagestatic.com/lf?set=path%5B1%2F5%2F8%2F5%2F7%2F15
        857887%5D&call=url%5Bfile%3Aproduct.chain%5D

Ⅲ-27.   wikimedia commons

Ⅲ-28.   wikipedia

Ⅲ-29.   http://stuffblackpeopledontlike.blogspot.kr/2014/06/send-me-up-drink-jokes-
        major-tom.html

Ⅲ-30.   wikimedia commons

Ⅲ-31.   wikimedia commons

Ⅲ-32.   http://space.nss.org/stanford-torus-space-settlement/

Ⅲ-33.   wikimedia commons

Ⅲ-34.   wikimedia commons

Ⅲ-35.   http://www.theblackvault.com/documentarchive/wp-content/uploads/2015/03/
        hi-852-columbia-debris-03916459.jpg

Ⅲ-36.   https://www.nasa.gov/pdf/55583main_vision_space_exploration2.pdf

Ⅲ-37.   https://jezebel.com/aliens-real-1789566852

Ⅲ-38.   http://www.newtechnolog.com/elon-musk-shares-one-of-the-best-shots-
        of-falcon-heavy-rockets-in-space-x/

Ⅳ-1.   http://cdn.blog.hu/na/napitortenelmiforras/image/Gy%C3%B6rgy%20
        S%C3%A1ndor/uj_mappa/usebti.jpg

Ⅳ-2.   https://farm8.staticflickr.com/7687/26768908656_4aa6fd60f9_o.jpg

Ⅳ-3.   http://warfare.netau.net/14/Jazari-Machine_Pouring_Wine-large.htm

Ⅳ-4.   wikimedia commons

Ⅳ-5.   Lisa Nocks, *The Robot: The Life Story of a Technology* (Westport, CO: Greenwood
        Press, 2007), p. 24.

Ⅳ-6.   wikimedia commons

IV-7. http://noelpecout.blog.lemonde.fr/files/2015/12/verdan-peau-descartes.jpg

IV-8. https://exhibits.museogalileo.it/images/nex/foto_1024/105648_1024.jpg, Jessica Riskin, "The Defecating Duck, or, the Ambiguous Origins of Artificial Life," *Critical Inquiry* 29 (2003), p. 614.

IV-9. https://cdn-images-1.medium.com/max/1600/0*PnddJpRWRI0tsr8t.jpeg

IV-10. wikimedia commons

IV-11. http://galeriedesmerveilles.jaquet-droz.com/sites/musee/files/styles/large_desktop/public/D_WRITER-MESSAGE.jpg, Jessica Riskin, "Eighteenth-Century Wetware," *Representations* 83 (2003), p. 103.

IV-12. Jessica Riskin, "Eighteenth-Century Wetware," *Representations* 83(2003), p. 111. Jessica Riskin, "The Defecating Duck, or, the Ambiguous Origins of Artificial Life," *Critical Inquiry* 29 (2003), p. 605.

IV-13. wikimedia commons

IV-14. Jessica Riskin, "The Defecating Duck, or, the Ambiguous Origins of Artificial Life," *Critical Inquiry* 29 (2003), p. 626.

IV-15. wikimedia commons, http://smgco-images.s3.amazonaws.com/media/W/P/A/medium_2000_1076.jpg

IV-16. wikimedia commons

IV-17. Robert Kanigel, *The One Best Way: Frederick Winslow Taylor and the Enigma of Efficiency* (New York: Penguin, 1997), photograph insert

IV-18. https://media.ford.com/content/fordmedia/fna/us/en/features/game-changer--100th-anniversary-of-the-moving-assembly-line/jcr%3Acontent/par/image_71f.img.jpg/1500056947938.jpg

IV-19. http://geaciprianobarata.blogspot.kr/2017/06/fordismo-e-toyotismo.html

IV-20. wikipedia

IV-21. https://cdn.cultofmac.com/wp-content/uploads/2015/02/TTT_Elektro002.jpg

IV-22. https://babel.hathitrust.org/cgi/imgsrv/download/pdf?id=mdp.39015063056744;orient=0;size=100;seq=14;attachment=0, https://farm5.static.flickr.com/4007/4314101829_cb049222f4_b.jpg

IV-23. wikimedia commons

IV-24. wikimedia commons

IV-25. https://i2.wp.com/www.interactivearchitecture.org/wp-content/up-loads/2015/11/Purpose-Behaviour-and-Teleology-digram-01.jpg

IV-26. http://explorepahistory.com/kora/files/1/2/1-2-918-25-ExplorePAHistory-a0h7f5-a_349.jpg, wikimedia commons

IV-27. http://cyberneticzoo.com/wp-content/uploads/2009/09/ElsieV1_Lifep2-1024x1015.jpg

IV-28. http://www.nytimes.com/2011/08/16/business/george-devol-developer-ofrobot-arm-dies-at-99.html

IV-29. https://static1.squarespace.com/static/58bcd493ff7c50f6287ccf18/t/58bcf4
a2c4d04bb59a58cb1e/1488778475955/hal-9000-chess.jpeg, http://www.
tamaleaver.net/wordpress/wp-content/uploads/2011/11/01.1_2001_SHIP_Vs_
POD1.jpg, wikimedia commons

IV-30. https://www.charlestoncitypaper.com/charleston/1970s-colossus-the-
forbin-project-is-more-relevant-than-ever/Content?oid=6112034, https://1.
bp.blogspot.com/-btG_2YQOVUU/U1EYvUP7yAI/AAAAAAAA5ac/gQPCOil-
4q0/s1600/westworld.jpg

IV-31. wikimedia commons, http://www.aistudy.com/ai/images/shrdlu.gif

IV-32. wikimedia commons

IV-33. https://www.garmaonhealth.com/wp-content/uploads/2015/02/Ray-Kurzweil-
Singularity-Is-Near.jpg

IV-34. https://www.booktopia.com.au/http_coversbooktopiacomau/big/97803000651
21/the-fourth-discontinuity.jpg

V-1. wikimedia commons

V-2. wikimedia commons

V-3. wikimedia commons

V-4. wikimedia commons

VI-1. wikimedia commons

VI-2. Merriley Borell, *Album of Science: The Biological Sciences in the Twentieth Cen-
tury* (New York: Charles Scribner's Sons, 1989), p. 221.

VI-3. wikimedia commons

VI-4. https://sciplexity.files.wordpress.com/2013/05/dnapaper.jpg

VI-5. https://78.media.tumblr.com/tumblr_lo1hwzSFNc1qeu6ilo1_400.jpg, https://
ichef-1.bbci.co.uk/news/660/media/images/60251000/jpg/_60251254_photo-
51-print-qp867-a4.jpg

VI-6. https://www.nature.com/nature/focus/crick/pdf/crick227.pdf

VI-7. wikimedia commons

VI-8. Eric J. Vettel, *Biotech: The Countercultural Origins of an Industry* (Philadelphia:
University of Pennsylvania Press, 2006), p. 94.

VI-9. http://bancroft.berkeley.edu/Exhibits/Biotech/Images/6-17ALG.JPG

VI-10. https://cdn-images-1.medium.com/max/1600/1*F-IzOoLHsx1r14tbecK5hg.
jpeg

VI-11. http://img.timeinc.net/time/magazine/archive/covers/1981/1101810309_400.
jpg

Ⅵ-12. http://bancroft.berkeley.edu/Exhibits/Biotech/Images/6-9lg.jpg

Ⅵ-13. James D. Watson and John Tooze, *The DNA Story* (San Francisco: W.H. Free-
man, 1981), p. 5.

Ⅵ-14. https://libraries.mit.edu/archives/exhibits/asilomar/index1.html

Ⅵ-15. https://profiles.nlm.nih.gov/ps/retrieve/ResourceMetadata/DJBBRQ

Ⅵ-16. James D. Watson and John Tooze, *The DNA Story* (San Francisco: W.H. Free-
man, 1981), pp. 115, 181.

Ⅵ-17. http://discovermagazine.com/~/media/Images/Issues/2013/April/crop-wars-2.
jpg, https://hiveminer.com/Tags/frankenfood

Ⅵ-18. https://news.llu.edu/clinical/baby-fae-chronology

Ⅵ-20. http://www.dailymail.co.uk/health/article-5066909/Interview-world-s-test-
tube-baby.html

Ⅵ-21. http://img.timeinc.net/time/magazine/archive/covers/1978/1101780731_400.
jpg

Ⅵ-22. http://libraryblogs.is.ed.ac.uk/towardsdolly/files/2013/07/dolly-and-photogra-
phers-murdo-macleod-roslin-annual-report-1996-to-1997-3.jpg

Ⅵ-23. http://aulascienze.scuola.zanichelli.it/come-te-lo-spiego/2016/09/30/una-
pecora-di-nome-dolly/, https://pmgbiology.files.wordpress.com/2015/10/
dolly-national-museum_680x462.jpg

Ⅵ-24. https://www.cbsnews.com/news/clone-proof-on-hold/

Ⅵ-25. http://www.newscham.net/news/view.php?board=news&nid=31540

Ⅵ-26. http://www.sciencemag.org/sites/default/files/highwire/covers/350/6267/350-
6267-cover.gif, https://innovativegenomics.org/news/crispr-everywhere-
dawn-of-the-gene-editing-age/

Ⅶ-1. http://farm4.static.flickr.com/3236/2871811789_d7f0aed568.jpg

Ⅶ-2. http://www.kurzweilai.net/there-s-plenty-of-room-at-the-bottom

Ⅶ-3. https://www.wired.com/2009/09/gallery-atomic-science/

Ⅶ-4. https://www.popsci.com/technology/article/2010-03/buckyballs-could-put-
fast-spreading-cancer-cells-suspended-animation

Ⅶ-5. https://pbs.twimg.com/media/CuA_X3hXEAAVfu1.jpg, http://www.arts.rpi.
edu/~ruiz/mediastudio/LECTURES/NANOTEC/Nanotec.htm

Ⅶ-6. W. Patrick McCray, "Will Small Be Beautiful?: Making Policies for Our Nanotech
Future," *History and Technology* 21 (2005), p. 178.

Ⅶ-7. https://www.wired.com/wp-content/uploads/archive/images/article/maga-
zine/1604/st_15joy_f.jpg

Ⅶ-8. wikipedia

Ⅶ-9. wikimedia commons

찾아보기

•

20세기 기술의 문화사

1판 1쇄 펴냄 2018년 4월 30일
1판 8쇄 펴냄 2023년 10월 25일

지은이 김명진

주간 김현숙 | **편집** 김주희, 이나연
디자인 이현정, 전미혜
영업·제작 백국현 | **관리** 오유나

펴낸곳 궁리출판 | **펴낸이** 이갑수

등록 1999년 3월 29일 제300-2004-162호
주소 10881 경기도 파주시 회동길 325-12
전화 031-955-9818 | **팩스** 031-955-9848
홈페이지 www.kungree.com
전자우편 kungree@kungree.com
페이스북 /kungreepress | **트위터** @kungreepress
인스타그램 /kungree_press

ⓒ 김명진, 2018.

ISBN 978-89-5820-521-0   93400